21世纪 技能创新型人才培养系列教材
机械设计制造系列

AutoCAD 2021
技能与应用

主　编◎王铁军　谢世芳

副主编◎于维斌　朱奕纯　陈志富
　　　　黄雪锋

参　编◎凌利兴　施悦鸿　梁景明
　　　　梁世妃　罗月媚　黄洪恩
　　　　杨晓伟　高　芹　朱思进
　　　　廖振林　张卫涛　杨　华
　　　　王铁豹

主　审◎郭玉刚

中国人民大学出版社
·北京·

图书在版编目（CIP）数据

AutoCAD 2021 技能与应用 / 王铁军，谢世芳主编
. -- 北京：中国人民大学出版社，2023.7
21 世纪技能创新型人才培养系列教材. 机械设计制造
系列
ISBN 978-7-300-31793-9

Ⅰ. ① A… Ⅱ. ①王… ②谢… Ⅲ. ① AutoCAD 软件 -
教材 Ⅳ. ① TP391.72

中国国家版本馆 CIP 数据核字（2023）第 096813 号

21 世纪技能创新型人才培养系列教材·机械设计制造系列

AutoCAD 2021 技能与应用

主　编：王铁军　谢世芳
副主编：于维斌　朱奕纯　陈志富　黄雪锋
参　编：凌利兴　施悦鸿　梁景明　梁世妃　罗月媚　黄洪恩　杨晓伟　高　芹　朱思进
　　　　廖振林　张卫涛　杨　华　王铁豹
主　审：郭玉刚
AutoCAD 2021 Jineng yu Yingyong

出版发行	中国人民大学出版社		
社　　址	北京中关村大街 31 号	**邮政编码**	100080
电　　话	010 - 62511242（总编室）	010 - 62511770（质管部）	
	010 - 82501766（邮购部）	010 - 62514148（门市部）	
	010 - 62515195（发行公司）	010 - 62515275（盗版举报）	
网　　址	http://www.crup.com.cn		
经　　销	新华书店		
印　　刷	北京七色印务有限公司		
开　　本	787 mm × 1092 mm　1/16	**版　　次**	2023 年 7 月第 1 版
印　　张	20.5	**印　　次**	2023 年 7 月第 1 次印刷
字　　数	482 000	**定　　价**	54.80 元

党的二十大报告指出，教育、科技、人才是全面建设社会主义现代化国家的基础性、战略性支撑。教育是国之大计、党之大计。职业教育是我国教育体系的重要组成部分，肩负着"为党育人、为国育才"的神圣使命。本教材以习近平新时代中国特色社会主义思想为指导，深入贯彻落实党的二十大精神，将思想道德建设与专业素质培养融为一体，着力培养爱党爱国、敬业奉献，具有工匠精神的高素质技能人才。

AutoCAD 是欧特克（AutoDesk）公司开发的用于工程、机械、建筑、电子等技术设计领域的计算机辅助设计软件包，是工程设计人员必备的创新设计工具。

一、课程性质与编写依据

CAD 课程是理工科及设计类专业必修的专业基础课程。在职业教育的"三教"改革中，教材是基础。其中"1+X"证书和新型活页教材成为职业教育改革的重要方向，这就要求对教材进行体系、架构、形式等方面的创新。为此，本教材在计算机辅助设计中做了改革尝试，主要是为满足职业院校对"计算机辅助设计"课程的教学需求，满足行业和企业对高质量设计人才的需求。

本教材以"培养岗位核心素养"为立足点，依据相关专业的课程方案和 CAD 课程标准编写。本教材遵循职业教育的类型特征和学科特点，按"模块化—项目化—任务化"的编写模式，对 CAD 的应用进行了详细介绍。通过本教材的学习，学生不仅能掌握基本 CAD 工具的应用，而且还能熟练运用 CAD 进行不同任务案例的绘制与设计。

二、本教材的编写理念、内容与特色

1. 编写理念

本教材以立德树人为宗旨，根据学生特点及课程标准，突出四大编写理念：突出以生为本的自主学习，突出能力为本的合作探究学习，突出课程思想导向的专业素养学习，突出行动导向的岗课赛证融通学习。

以生为本：以学生的认知及创新思维为根本，促进学生自主学习，将学生易学、学好置于首位。

能力为本：学生"能做什么"比"知道什么"更重要，知识与技能、态度与情感皆为能力。

课程思想导向：将课程思政融入每个任务学习的全过程，从内容到评价环环育人。

行动导向：知行合一，由学习目标确定行动方向，将课程标准、岗位标准及技能标准相互融通，通过任务实训培养技能，实现以做定学。

2. 编写特色

（1）内容特色。

本教材突出岗位实践项目的应用：第一，注重在岗位应用中培养学生的技能，进而培养学生的岗位核心素养。第二，将知识理论和技能操作分解到项目任务的各个环节中。第三，每个项目都安排了项目评价标准及操作技巧等内容。第四，针对 CAD 的"1+X"考证，直接对标计算机辅助设计中级证书标准，并提供了相似的任务，在习题中增加了任务的数量。第五，每个模块自成一体，任务可以根据教学实际增加或减少，方便移植。第六，较以往 CAD 教材，本教材在理念上加强了课程思政融合与岗课赛证的融通，在内容上强化了三维实体和三维曲面的应用。

（2）课程特色。

本课程属于校级精品课、"双高"建设专业课程。

（3）教学资源特色。

本教材有完善的教学资源包，包括教学 PPT、教学训练素材、教学大纲、电子教案、课堂案例、技能实训习题、任务微视频等，并在书中配有二维码，学生可在课余利用碎片化时间扫描二维码自主学习，提高效率。

（4）编写团队特色。

本教材联合中山市、江门市、东莞市等职业学校部分骨干教师和中山市港利制冷有限公司的设计部工程师进行编写。参编人员主要有机电设计类专业教师和计算机产品设计骨干教师。

3. 编写内容与课时分配

本教材分为 6 个学习模块，其中有 19 个项目，49 个课堂教学任务。6 个模块分别为：AutoCAD 2021 基础，平面 CAD 基本绘图，平面 CAD 精确绘图，AutoCAD 2021 三维实体，CAD 三维曲面和网格，图形输入、输出与打印。本教材覆盖了课标及考证的全部内容，体现了岗位技能融入课程、竞赛技能融入项目、证书标准融入任务、核心素养融入思政的特点。教材设计思路和功能结构如下：

项目任务需求介绍。按模块项目内容具体设计岗位任务，并对任务进行了说明。

学习目标。针对核心素养设计任务学习目标，通过技能训练实现目标。

任务分析。针对岗位任务，通过技能工具应用分析提示任务制作思路，通过技能点拨提示核心技能要点。

任务实施。遵循设计思维，分块分步骤实现任务。

课程资源。根据任务需要，建设课程的素材性资源和自主学习必备资源，并在平台上提供完整丰富的数字化资源。

学时分配。本教材学习建议学时分配为 88 学时。其中，理论 26 学时，实训 62 实时，具体如表 1 所示。

表 1　学时安排参考表

内容	理论学时	实训学时	小计
模块 1	4	6	10
模块 2	6	12	18
模块 3	4	18	22
模块 4	6	14	20
模块 5	4	10	14
模块 6	2	2	4
合计	26	62	88

三、教材配套资源和使用建议

本教材教学建议在机房完成。机房为配备多媒体教学系统的网络机房，操作系统为 Windows 7 以上。

教学活动根据任务内容，遵循学生的经验和兴趣，引导学生按任务实施步骤展开学习，把握好教学重点，合理分配时间，最终完成任务。

处理好项目任务的知识与技能检测，重视学习过程评价，对学生学习过程及结果进行多维度评价，评价依据参考各项目的评价标准。

本教材配套完备的教学资源，数字资源发布在中国人民大学出版社网络平台上，教师和学生可以通过电脑端和手机微信端浏览和下载数字资源。资源包括 CAD 教学大纲、教案、教学 PPT 及完整的教学任务视频，方便学习者自主学习。

本教材适合职业院校计算机、家具设计、机械设计、机电产品设计等理工科专业人员学习，也可以作为成人大专相应专业和自考人员的参考用书。

四、编写人员与任务分工

本教材由王铁军、谢世芳担任主编，于维斌、朱奕纯、陈志富、黄雪锋担任副主编，全书由王铁军统稿和定稿。

模块 1 由王铁军、谢世芳编写；模块 2 的项目 1 和项目 2 由梁景明编写，项目 3 和项目 4 由梁世妃编写；模块 3 的项目 1 和项目 2 由朱奕纯编写，项目 3 和项目 4 由罗月媚编写；模块 4 的项目 1 和项目 2 由黄雪锋和朱思进编写，项目 3 由于维斌和高芹编写，项目 4 由杨晓伟编写；模块 5 的项目 1 由施悦鸿编写，项目 2 由凌利兴编写；模块 6 由黄洪恩编写。陈志富、王铁豹对教材的模块化结构及任务设计提供了具体的指导方案，张卫涛、廖振林和杨华对教材的内容进行了校对与修改。此外，郭玉刚对本教材进行了审核。

由于时间仓促，加之编者水平有限，书中难免存在疏漏之处，恳请广大读者批评指正。

编者

C O N T E N T S 目录

模块 5　CAD 三维曲面和网格

模块 6　图形输入、输出与打印

模块 1

AutoCAD 2021 基础

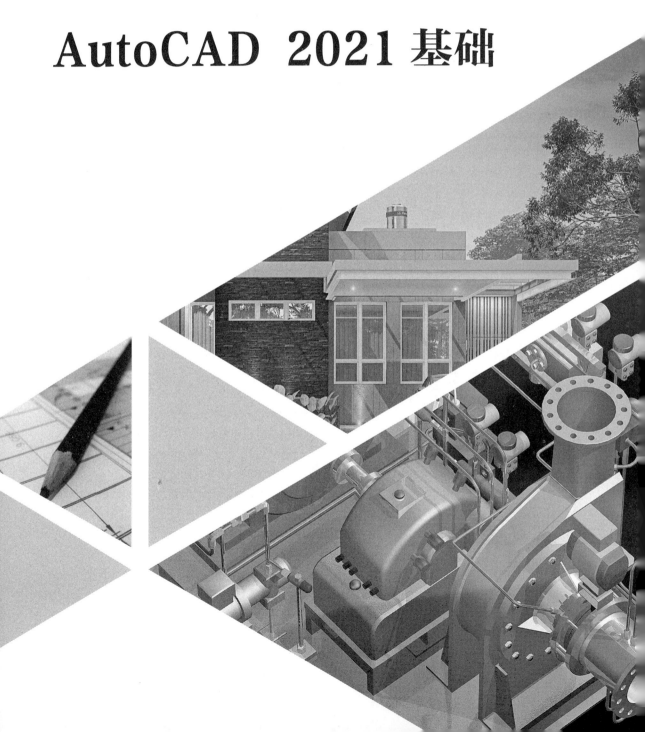

内容提要

本模块共 4 个项目。

项目 1：走进 AutoCAD 2021。学习 AutoCAD 2021 的功能、应用、工作界面、文件管理。

项目 2：AutoCAD 2021 坐标体系。学习世界坐标系和用户坐标系、直角坐标和极坐标、绝对坐标和相对坐标。

项目 3：AutoCAD 2021 绘图设置。学习绘图界限设置、绘图单位设置、图层设置、当前线型设置及精确绘图工具的设置。

项目 4：平面设计基础。学习机械制图国标规范及平面几何基础。

本模块常用绘图命令如表 1.0.1 所示。

表 1.0.1　本模块常用绘图命令

序号	命令说明	命令	快捷键	序号	命令说明	命令	快捷键
1	直线	LINE	L	11	取消前一步的操作	UNDO	Ctrl+Z
2	多边形	POLYGON	POL	12	实现作图窗口和文本窗口的切换	—	F2
3	多段线	PLINE	PL	13	选择图形中的对象	—	Ctrl+A
4	圆	CIRCLE	C	14	打开选择对话框	—	Ctrl+M
5	新建图形文件	NEW	Ctrl+N	15	对象自动捕捉控制	OSNAP	F3
6	打开图像文件	OPEN	Ctrl+O	16	栅格显示模式控制	GRID	Ctrl+G 或 F7
7	保存文件	SAVE	Ctrl+S	17	正交模式控制	ORTHO	Ctrl+L 或 F8
8	退出	QUIT	Alt+F4	18	栅格捕捉模式控制	SNAP	Ctrl+B 或 F9
9	重复执行上一步命令（回车）	MULTIPLE	Ctrl+J	19	极轴模式控制	—	Ctrl+U 或 F10
10	重做	REDRAW	Ctrl+Y	20	对象追踪模式控制	—	Ctrl+W 或 F11

>> 项目 **1**

走进 AutoCAD 2021

项目要求

了解 AutoCAD 2021 的功能、应用领域，掌握 AutoCAD 2021 的安装、启动、退出，熟悉用户界面以及文档的创建、打开和保存。

项目目标

了解 AutoCAD 2021 的功能；熟练操作 AutoCAD 2021 软件的启动与退出；熟悉 AutoCAD 2021 软件的工作界面；掌握 AutoCAD 2021 创建、保存和打开图形文件的操作方法。

重点难点

项目重点

AutoCAD 2021 的安装、启动与退出；熟悉 AutoCAD 2021 用户界面；AutoCAD 2021 文档的创建、保存与打开。

项目难点

AutoCAD 2021 的环境设置。

实训概述

任务 1.1　启动 AutoCAD 2021。介绍 AutoCAD 2021 的主要功能以及常用安装、启动和退出方法。

任务 1.2　AutoCAD 2021 工作界面。介绍 AutoCAD 2021 软件的工作界面。

任务 1.3　AutoCAD 2021 文件管理。介绍 AutoCAD 2021 新建、打开和保存文件的方法。

本项目评价标准如表 1.1.1 所示。

表 1.1.1　项目评价标准

序号	评分点	分值	得分条件	判分要求（分值作参考）
1	工作界面	50	工作界面设置正确	没有按要求设置要扣分（每项扣）
2	文件管理	40	文件名、扩展名、保存位置设置正确	有错扣分（每项扣）
3	启动和退出 AutoCAD	10	操作正确	必须全部正确才得分

任务 1.1　启动 AutoCAD 2021

🎯 任务需求

顺利启动 AutoCAD 2021，对 AutoCAD 2021 有一个初步的认识。

📚 知识与技能目标

了解 AutoCAD 2021 的基本功能；了解 AutoCAD 2021 软件安装的软硬件环境；掌握 AutoCAD 2021 的启动、退出方法。

启动 AutoCAD
2021

📖 任务分析

AutoCAD 的功能及在各行业中的广泛应用；AutoCAD 2021 软件的启动和退出方法。

🎓 任务详解

一、AutoCAD 2021 概述

1. AutoCAD 2021 的应用领域

AutoCAD 2021 是由欧特克（Autodesk）公司开发的计算机辅助绘图和设计软件，其功能强大并且市场占有率极高，广泛应用于城市规划、建筑、测绘、机械、电子、造船、飞机、汽车、服装等多个领域。

2. AutoCAD 2021 的基本功能

（1）绘制与编辑图形。

AutoCAD 2021 的主要功能是绘制与编辑图形。丰富的绘制与编辑工具不仅能让用户轻松地绘制直线、圆、矩形等基本二维图形，而且还能轻松地绘制长方体、圆柱体等基本三维实体和三维造型。

（2）标注图形尺寸。

AutoCAD 2021 系统中包含了完整的尺寸标注和编辑工具，利用这些工具，用户可以对各种图形进行标注和修改。

（3）渲染与着色。

对三维实体造型进行渲染和着色，为其设置光源、场景并赋予材质，就可以得到效果更为逼真的三维实体造型。

（4）控制视图显示。

在 AutoCAD 2021 中可以从多种角度来观察图形对象，也可以在布局空间创建多个视口，从不同的角度同时观察一个图形对象。AutoCAD 2021 系统还为用户提供了多种缩放和移动图形的工具。

（5）输出与打印。

AutoCAD 2021 以 DWG 格式保存自身的图形文件，它不仅能够输出 DWG 格式的文件，而且还可以输出其他格式的图形文件。AutoCAD 2021 也可以使用其他软件生成的图形文件。图形绘制完成后，可以先进行预览，查看图形的整体效果，布局安排合适后，再将图形打印在图纸上。

3. AutoCAD 2021 安装的软硬件环境

AutoCAD 是图形处理软件，对系统的要求比较高。为了保证 AutoCAD 2021 能够顺利地运行，对用户计算机的要求如下：

（1）操作系统可以是 Windows XP、Windows 7 或 Windows 8；

（2）推荐使用 Pentium 5 或 Athlon 双核处理器，16GHz 或更高频率带 SSE2 技术的 CPU；

（3）2GB RAM 或者更高的内存；

（4）1 024×768 真彩色显示器，推荐使用 1600×1050 或更高配置；

（5）6GB 以上的自由硬盘空间；

（6）Windows 支持的显示卡；

（7）鼠标、键盘和一些其他设备，如打印机和网络接口卡等。

二、AutoCAD 2021 的启动与退出

1. 启动 AutoCAD 2021

启动 AutoCAD 2021 中文版，可以通过以下方法。

方法 1：在桌面上双击 AutoCAD 2021 中文版快捷图标。

方法 2：在桌面左下角单击"开始"→"程序"→"Autodesk"→"AutoCAD 2021 Simplified Chinese"→"AutoCAD 2021－简体中文（Simplified Chinese）"命令。

2. 退出 AutoCAD 2021

退出 AutoCAD 2021 中文版，可以通过以下方法。

方法 1：直接单击 AutoCAD 主窗口右上角的关闭按钮。

方法 2：单击"应用程序按钮"→"退出 Autodesk AutoCAD 2021"命令。

方法 3：执行"文件"→"退出"命令。

方法 4：按组合键"Alt+F4"。

方法 5：在命令行中输入 QUIT。

任务 1.2 AutoCAD 2021 工作界面

任务需求

探索 AutoCAD 2021 的工作界面。

知识与技能目标

熟悉 AutoCAD 2021 的工作界面；基本了解各功能区的作用。

**AutoCAD 2021
工作界面**

任务分析

AutoCAD 2021 的工作界面由标题栏、菜单栏、工具栏、绘图区、命令行窗口、状态栏等部分组成。充分认识不同区域作用，为后续绘图打好基础。

任务详解

启动 AutoCAD 2021 后进入"草图与注释"工作空间，工作界面如图 1.1.1 所示。在快速访问工具栏中还可选择显示"三维基础"和"三维建模"工作空间。

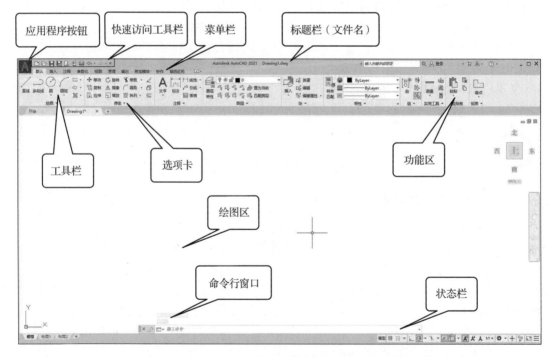

图 1.1.1 AutoCAD 2021"草图与注释"工作界面

（1）标题栏。标题栏位于屏幕的顶部，它显示当前打开的图形文件的名称。如果刚刚启动 AutoCAD 或当前图形未保存，则显示 Drawing1。单击标题栏右上角的各个按钮，可以实现 AutoCAD 2021 窗口的最小化、最大化（或还原）和关闭。

（2）菜单栏。菜单栏在标题栏的下方，它提供了 AutoCAD 2021 的所有菜单。菜单栏由文件、编辑、视图、插入、格式等 13 个菜单组成，几乎包括所有的功能和命令，如图 1.1.2 所示。用户只需要在某一菜单项上单击，便可打开其下拉菜单。

图 1.1.2　AutoCAD 2021 的菜单栏

（3）工具栏。工具栏是显示图片按钮行的控制条，图片按钮用来执行 AutoCAD 的命令。将鼠标移到工具栏中的按钮上时，会显示按钮的名称。在工具栏上单击鼠标右键可以选择工具栏的打开或关闭。

默认情况下，"绘图""修改""图层""注释""特性"等工具栏是处于打开状态的，工具栏如图 1.1.3 所示。

图 1.1.3　AutoCAD 2021 的工具栏

（4）绘图区。AutoCAD 2021 界面上最大的空白区是绘图区，也称绘图窗口。它是用户用来绘图的地方，所有的绘图结果都将反映在这个区域中。在 AutoCAD 2021 绘图区中有十字光标和坐标系，用户可以通过十字光标直接在绘图屏幕上定位。绘图区没有边界，利用视图缩放功能，可使绘图区无限增大或缩小。因此，无论多么大的图形，都可以置于其中，这也正是 AutoCAD 的方便之处。

（5）命令行窗口。命令行窗口位于绘图窗口的底部，用于接收用户输入的命令，并显示 AutoCAD 的提示信息，如图 1.1.4 所示。

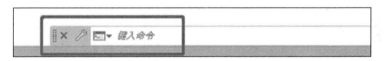

图 1.1.4　AutoCAD 2021 的命令行窗口

可以在命令行窗口浏览和编辑文字，以更正或重复命令。默认情况下，按组合键"Ctrl+C"将选定的命令文字复制到剪贴板，按组合键"Ctrl+V"将文字从剪贴板粘贴到文本窗口或命令行窗口。

（6）状态栏。状态栏位于工作界面的最下面，用来显示 AutoCAD 当前的状态，如十字光标的坐标和"对象捕捉""线宽"等绘图辅助功能按钮，如图 1.1.5 所示。

图 1.1.5　AutoCAD 2021 的状态栏

任务 1.3 | AutoCAD 2021 文件管理

AutoCAD 2021
文件管理

任务需求

管理 AutoCAD 2021 的相关文件。

知识与技能目标

掌握 AutoCAD 2021 文件的新建、打开、保存等操作方法。

任务分析

利用不同方法新建、打开和保存 AutoCAD 2021 的文件；灵活运用 AutoCAD 文件操作中的功能快捷键。

任务详解

一、新建图形文件（新建图纸集）

在用户绘制图形之前，先要创建新的图形文件。在 AutoCAD 2021 中，可以通过以下方法创建新图形。

方法 1：执行"文件"→"新建"命令；

方法 2：单击"标准"工具栏中的"新建"按钮；

方法 3：使用组合键"Ctrl+N"；

方法 4：在命令行中输入 NEW，并回车。

通过以上四种方法都可以打开"选择样板"对话框，如图 1.1.6 所示。

图 1.1.6 "选择样板"对话框

在"选择样板"对话框中，用户可以从样板列表中选择一个样板文件，这时在右侧的"预览"框中将显示该样板文件的预览图像，单击"打开"按钮，可以将选中的样板文件作为图纸样板来创建一个新的图形文件。也可选择无样板公制"acadiso.dwt"图形。

样板文件中通常包括与绘图相关的一些通用设置，如线型、文字样式、标注样式等，利用样板创建新的图形文件不仅提高了绘图的效率，还保证了图形的一致性。

二、打开图形文件（打开图纸集）

使用以下方法可打开已有的图形文件。

方法 1：执行"文件"→"打开"菜单命令；

方法 2：单击"标准"工具栏中的"打开"按钮；

方法 3：使用组合键"Ctrl+O"；

方法 4：在命令行中输入 OPEN，并回车。

执行上述操作后会出现"选择文件"对话框，如图 1.1.7 所示。在"选择文件"对话框的文件列表框中，选择需要打开的图形文件，在右侧的"预览"框中可以预览该图形文件。默认情况下，打开的图形文件的格式为"*.dwg"格式。用户可以通过"打开""以只读方式打开""局部打开""以只读方式局部打开"四种方式打开图形文件，每种打开方式都对图形文件进行了不同的限制。

图 1.1.7 "选择文件"对话框

三、保存图形文件

在使用计算机绘图过程中需要经常保存，以免由于死机、断电等突然事故使用户的工作受到影响。在 AutoCAD 2021 中，可以通过以下方法保存图形文件。

方法 1：执行"文件"→"保存"命令；

方法 2：单击"标准"工具栏中的"保存"按钮；

方法 3：使用组合键"Ctrl+S"；

方法 4：在命令行中输入 SAVE，并回车。

项目小结

通过三个任务学习 AutoCAD 2021 的启动和退出方法、工作界面以及文件管理。本项目内容是学习后面项目内容的基础。

实训与评价

一、基础实训

1. AutoCAD 2021 的功能有哪些？主要应用于哪些领域？

2. 将 AutoCAD 与其他常用软件作比较，它们在安装、启动和退出方法，工作界面以及文件的新建、保存与打开等方面有哪些异同点？

二、拓展实训

1. 列举生活中与 AutoCAD 应用相关联的实例。

AutoCAD 除了可以画机械图样，还可画电子线路图（电子 CAD）、建筑图（建筑CAD）、室内装修图等，用途广泛。

2. 上网查资料，你所用的哪些绘图设计软件可以与 AutoCAD 组合应用？组合应用后的功能有哪些变化？

>> **项目 ②**

AutoCAD 2021 坐标体系

项目要求

理解 AutoCAD 的坐标体系，熟练掌握直角坐标和极坐标、绝对坐标和相对坐标的输入方法。

项目目标

通过学习 AutoCAD 的坐标和坐标系培养空间感知能力及想象力；熟练设置世界坐标系和用户坐标系；熟练应用绝对直角坐标和绝对极坐标；掌握绝对直角坐标、绝对极坐标、相对直角坐标、相对极坐标和它们的表示方法，以及坐标在坐标系中的表示方法。

重点难点

项目重点

世界坐标系与用户坐标系的区别与联系；坐标与坐标系的关系；直角坐标和极坐标的表示方法；绝对坐标与相对坐标的区别与联系；用户坐标系在绘图中的应用。

项目难点

用户坐标系的灵活设置；正确表示和灵活应用坐标的方法与技巧。

实训概述

任务 2.1　坐标体系与坐标。介绍世界坐标系和用户坐标系，以及坐标的表示方法。

任务 2.2 四种坐标法绘制三角形。介绍用四种坐标法绘制三角形的操作过程。

通过直线命令绘制三角形，让读者理解并掌握点的坐标表示方法，以及绝对直角坐标、相对直角坐标、绝对极坐标、相对极坐标在绘图中的应用。

本项目评价标准如表 1.2.1 所示。

表 1.2.1　项目评价标准

序号	评分点	分值	得分条件	判分要求（分值作参考）
1	两种坐标体系	40	坐标体系设置正确	没有按要求设置要扣分（每项扣）
2	直角坐标	40	绝对直角坐标与相对直角坐标表示正确，操作正确	每错一项扣分
3	极坐标	20	绝对极坐标与相对极坐标表示正确，操作正确	每错一项扣分

任务 2.1　坐标体系与坐标

🎓 任务需求

学习世界坐标系和用户坐标系；学习坐标的不同表示方法。

📚 知识与技能目标

理解世界坐标系和用户坐标系；理解点的坐标表示方法；理解与应用绝对直角坐标和相对直角坐标；理解与应用绝对极坐标和相对极坐标。

坐标体系与坐标

📘 任务分析

设置世界坐标系和用户坐标系；灵活运用在两种坐标体系下表示四种坐标的方法。

🎓 任务详解

一、三维空间坐标体系

1. 世界坐标系

AutoCAD 提供了一个三维的空间绘图环境，通常我们的建模工作都是在这样一个空间中进行的。AutoCAD 系统为这个三维空间提供了一个绝对的坐标系，称为世界坐标系（World Coordinate System，WCS），这个坐标系存在于任何一个图形之中，并且不可更改。AutoCAD 默认的世界坐标系 X 轴正向水平向右，Y 轴正向垂直向上，Z 轴与屏幕垂直且正向由屏幕向外。

2. 用户坐标系

用户坐标系（User Coordinate System，UCS），是一种相对于世界坐标系的坐标系。与世界坐标系不同，用户坐标系可选取任意一点为坐标原点，也可以取任意方向为坐标轴正方向。用户可以根据绘图需要建立和调用用户坐标系。

在绘图过程中，AutoCAD 通过坐标系图标显示当前坐标系统，如图 1.2.1 所示。

世界坐标系　　　　　　　　　　　　　用户坐标系

图 1.2.1　AutoCAD 坐标系

二、AutoCAD 的坐标系和坐标表示方法

1. 直角坐标系

直角坐标系又称为笛卡尔坐标系，由一个原点［坐标为（0，0）］和两个通过原点的、相互垂直的坐标轴构成（见图 1.2.2）。其中，水平方向的坐标轴为 X 轴，以向右为其正方向；垂直方向的坐标轴为 Y 轴，以向上为其正方向。平面上任何一点 P 都可以用 X 轴和 Y 轴的坐标来定义，即用一对坐标值（x，y）来定义一个点。

例如，某点的直角坐标为（4，3）。

2. 极坐标系

极坐标系由一个极点和一个极轴构成（见图 1.2.3），极轴的方向为水平向右。平面上任何一点 P 都可以由该点到极点的连线长度 L（>0）和连线与极轴的夹角 α（极角，逆时针方向为正）所定义，极坐标的格式：$L<\alpha$。

例如，某点的极坐标为（5<30）。

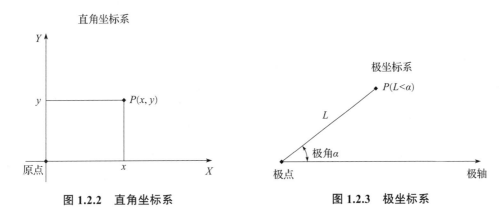

图 1.2.2　直角坐标系　　　　　　　　　　**图 1.2.3　极坐标系**

3. 坐标的表示方法

绝对坐标相对于原点来定位坐标值，但在某些情况下，用户需要直接通过点与点之间的相对位移来绘制图形，而不用指定每个点的绝对坐标，为此，AutoCAD 提供了使用相对坐标的办法。所谓相对坐标，就是某点与相对点的相对位移值，在 AutoCAD 中相对坐标用"@"标识。使用相对坐标时可以使用直角坐标系，也可以使用极坐标系，视具体情况而定。

在 AutoCAD 二维绘图中，点的坐标可以使用绝对直角坐标、绝对极坐标、相对直角坐标和相对极坐标四种表示方法。

（1）绝对直角坐标。

绝对直角坐标值是指下一操作点相对于坐标原点的坐标值，即是以原点（0，0）为基点来定义点（x，y）的方法。如图 1.2.4 所示，A 点的绝对直角坐标为（15，25.98）。

（2）绝对极坐标。

绝对极坐标用"线段长度 < 角度"表示。其中线段长度为当前点相对坐标原点的距离，角度表示当前点和坐标原点连线与 X 轴正向的夹角。如图 1.2.4 所示，A 点的绝对极坐标可表示为"30<60"。

（3）相对直角坐标。

相对直角坐标是指当前点相对于某一点的坐标值增量（坐标轴正向变化为正，负向变化为负）。相对直角坐标前加"@"符号，表示方法为（@x，y），表达意义是相对于某点的相对位置。如图 1.2.5 所示，C 点相对于 B 点的相对直角坐标为（@23，–11），C 点的绝对直角坐标为（43，23）（假设 A 点为坐标原点）。

（4）相对极坐标。

相对极坐标用"@距离 < 角度"表示，例如图 1.2.5 中 B 点的相对极坐标表示为"@40<60"，表示 B 点到 A 点的距离为 40，AB 点连线与 X 轴正向夹角为 60°。

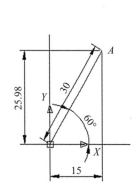
图 1.2.4　绝对坐标示意图

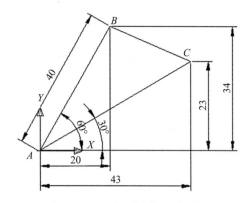
图 1.2.5　相对坐标示意图

三、AutoCAD 2021 命令调用

在 AutoCAD 系统中，所有功能都是通过执行命令实现的。熟练地使用 AutoCAD 命令有助于提高绘图的效率和精度。AutoCAD 提供了命令行窗口、菜单栏和工具栏等多种命令调用方式，用户可以利用键盘、鼠标等输入设备以不同方式调用命令。

1. 命令的调用方式

（1）命令行窗口。

命令行窗口位于 AutoCAD 绘图窗口的底部，用户利用键盘输入的命令、命令选项及相关信息都显示在该窗口中。在命令行窗口出现"命令："提示符后，利用键盘输入相应命令，并回车确认，该命令立即被执行。

例如要输入绘制直线命令（LINE），操作如下。

命令：LINE（或 L）

指定第一点：

指定下一点或［放弃（U）］：

AutoCAD 采取"实时交互"的命令执行方式，在绘图或图形编辑过程中，用户应特别注意命令行窗口中显示的文字，这些信息记录了 AutoCAD 与用户的交流过程。用户可利用 F2 功能键打开或关闭文本窗口查看命令的文本信息。

（2）下拉菜单和工具栏。

除键盘外，鼠标是最常用的输入设备。在 AutoCAD 中，鼠标键是按照下述规则定义的。

拾取键：指鼠标左键，用于拾取屏幕上的点、选择菜单命令选项或工具栏按钮等。
确认键：通常指鼠标右键，相当于 Enter 键，用于结束当前的命令。

移动鼠标，当光标移至下拉菜单选项或工具栏相应按钮，单击鼠标左键，相应的命令立即被执行。此时在命令行窗口会显示相应的命令及命令提示，与键盘输入命令不同的是此时在命令前有一下划线。

2. 命令的重复、终止、撤销与重做

在 AutoCAD 中，用户可以方便地重复执行同一条命令，终止正在执行的命令或撤销前面执行的一条或多条命令。此外，撤销前面执行的命令后，还可以通过重做来恢复。

（1）重复命令。

无论使用哪种方法输入一条命令后，当出现"命令："提示符时，按一下空格键或回车键，就可重复这个命令。也可以在绘图区中单击鼠标右键，从弹出的快捷菜单中选择"重复"选项。此外用户也可以在命令行窗口处单击鼠标右键，在弹出的快捷菜单中选择"最近使用的命令"选项，选择最近使用过的命令。

（2）终止命令。

命令执行过程中，用户在下拉菜单或工具栏中调用另一命令，将自动终止正在执行的命令。此外，可以随时按 Esc 键终止命令的执行。

（3）撤销命令。

应用"U"命令或单击"↰"按钮，可逐次撤销前面输入的命令。

任务 2.2　四种坐标法绘制三角形

任务需求

通过直线命令在世界坐标系中分别用绝对直角坐标、相对直角坐标、绝对极坐标和相对极坐标四种坐标的表示方法绘制图 1.2.6 所示的三角形。

四种坐标法绘制
三角形

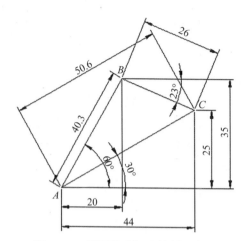

图 1.2.6　用四种坐标法绘制三角形

📚 **知识与技能目标**

　　理解世界坐标系和用户坐标系；根据方便绘图的原则合理创建并应用用户坐标系；能用四种坐标表示图形中的点；理解与应用绝对直角坐标和相对直角坐标；理解与应用绝对极坐标和相对极坐标。

📖 **任务分析**

　　要用直线命令绘制图 1.2.6 所示的三角形，弄清各点的坐标是本任务成图的关键。要求能在世界坐标系中准确给定点的四种相对应的坐标值，这是一个难点，也是学习的重点，要把握好绝对坐标与相对坐标、直角坐标与极坐标在表示方法上的区别与联系。

🎓 **任务详解**

　　切换到"AutoCAD 经典"工作空间。
　　绘制三角形时可以单击"视图"菜单→"平移"→"实时"，按住鼠标左键并拖动鼠标移动坐标系到中心位置，滚动鼠标滚轮可以实时缩放视图。

一、应用绝对直角坐标

命令调用："绘图"菜单→"直线"。
命令：LINE
指定第一点：0，0（指定坐标原点为点 A）
指定下一点或［放弃（U）］：20，35（输入 B 点的绝对直角坐标，若需要撤销该点，可输入 U 命令应用"放弃"选项，返回到上一点操作状态）
指定下一点或［放弃（U）］：44，25（输入 C 点的绝对直角坐标）
指定下一点或［闭合（C）/放弃（U）］：C（输入选项参数 C，闭合三角形完成三角形的绘制）

二、应用绝对极坐标

命令调用："绘图"菜单→"直线"。

命令：LINE
指定第一点：0，0（指定坐标原点为点 A）
指定下一点或 [放弃（U）]：40.3<60（输入 B 点的绝对极坐标）
指定下一点或 [放弃（U）]：50.6<30（输入 C 点的绝对极坐标）
指定下一点或 [闭合（C）/ 放弃（U）]：C（闭合三角形）

三、使用相对直角坐标

命令调用："绘图"菜单→"直线"。

命令：LINE
指定第一点：0，0（指定坐标原点为点 A）
指定下一点或 [放弃（U）]：@20，35（输入 B 点的相对直角坐标，也可以输入
"20，35"）
指定下一点或 [放弃（U）]：@24，-10（输入 C 点的相对直角坐标）
指定下一点或 [闭合（C）/ 放弃（U）]：C（闭合三角形）

四、使用相对极坐标

命令调用："绘图"菜单→"直线"。

命令：LINE
指定第一点：0，0（指定坐标原点为点 A）
指定下一点或 [放弃（U）]：@40.3<60（输入 B 点的相对极坐标）
指定下一点或 [放弃（U）]：@26<-23（输入 C 点的相对极坐标）
指定下一点或 [闭合（C）/ 放弃（U）]：C（闭合三角形）

项目小结

通过两个任务学习了 AutoCAD 的坐标体系，重点在于点的四种坐标表示方法以及用户坐标系在绘图中的作用和灵活设置。任务 2.1 的重点在于理解 AutoCAD 的坐标体系；任务 2.2 通过实训，练习世界坐标系与用户坐标系坐标值的表示方法，在世界坐标系里建立用户坐标系，在用户坐标系里以多种方式确定坐标点，点确定后就很容易理解二维图形和三维图形在坐标系中的位置关系和表现方法。

实训与评价

一、基础实训

1. 什么是用户坐标系？什么是世界坐标系？世界坐标系与用户坐标系有何联系？
2. 举例说明如何定义用户坐标系原点，如何旋转坐标轴。
3. 试举例说明：什么是直角坐标系；什么是极坐标系；二者的应用各有哪些特点。

4. 什么是绝对坐标？什么是相对坐标？二者有何区别和联系？

5. 请用"直线"命令创建如图 1.2.7 所示图形。

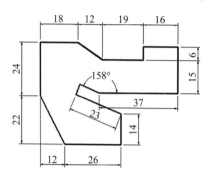 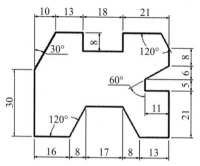

图 1.2.7　零件图 1

绘图提示：

在绘图过程中注意要从左下角坐标开始绘图。大部分线条能精确定位，有部分线条没有告诉具体尺寸，可以绘制成交叉线条，再使用相关编辑命令，即可圆满完成此图。

6. 请用"直线"命令创建如图 1.2.8 所示图形。

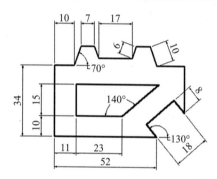 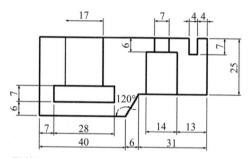

图 1.2.8　零件图 2

二、拓展实训

图 1.2.9 是用 AutoCAD 绘制的机械零件——法兰盘，完成以下练习。

（1）该零件的主视图、左视图分别由哪些基本图形组合而成？绘制时应该先画什么再画什么？

（2）为了方便绘图，试分析说明绘图时如何应用用户坐标系辅助绘图。

图 1.2.9　法兰盘

AutoCAD 2021 绘图设置

项目要求

正确进行绘图界限与绘图单位设置，图层设置，当前线型设置及精确绘图工具的设置。

项目目标

理解并能设置 AutoCAD 的绘图界限和绘图单位；正确使用 AutoCAD 的栅格、捕捉、正交、对象捕捉、自动追踪等精确定位功能定位点；正确理解图层的概念以及图层在绘图中的作用，正确使用图层对图形对象进行分组控制和管理；理解线型在绘图中的重要性，会设置线型来管理图形线条类型和宽度。

重点难点

项目重点

精确定位辅助工具的应用；图层的创建、删除及应用；加载并设置线型。

项目难点

图层的创建、删除及应用。

实训概述

任务 3.1　绘图环境设置。介绍绘图环境的设置内容和方法。

任务 3.2　绘制图案一。介绍绘图界限和绘图单位设置；理解并运用辅助工具精确定位坐标。

任务 3.3　绘制图案二。介绍通过创建图层分组管理图形对象元素的方法；设置图层线型、宽度、颜色；管理图层（添加、删除、冻结等）。

本项目评价标准如表 1.3.1 所示。

表 1.3.1　项目评价标准

序号	评分点	分值	得分条件	判分要求（分值作参考）
1	图形界限、单位、厚度	40	内容设置正确	没有按要求设置要扣分（每项扣）
2	图层创建与删除，当前线型、线宽、颜色设置	40	内容设置正确，操作正确	每错一项扣分
3	工具栏的设置	20	设置正确，操作正确	每错一项扣分

任务 3.1　绘图环境设置

任务需求

学习绘图界限和绘图单位设置，辅助绘图工具的使用，图层设置、当前线型设置及精确绘图工具的设置。

知识与技能目标

通过创建图层来分组管理图形对象元素；设置图层线型、宽度、颜色；管理图层（图层线型的显示、隐藏及切换）。

绘图环境设置

任务分析

设置图层线型、宽度、颜色及管理图层；创建合适的图层并灵活运用图层，使后续绘图更有条理。

任务详解

一、设置图形界限

AutoCAD 2021 将绘图区域视为一幅无限大的图纸，但用户在该区域中绘制的图形大小却是有限的。在绘图之前通过对绘图界限的设置定义用户的工作区域和图纸边界。图形界限是在绘图区域中的矩形边界，它并不等于整个绘图区域，主要作用是标记当前的绘图区域、定义打印区域、防止图形超出图形界限等。用户还可以通过选择"格式"菜单→"图形界限"命令来设置绘图界限。

二、设置绘图单位

每张图纸都有图形单位，但并不是所有图纸的图形单位都是一样的。AutoCAD

2021 在缺省情况下使用毫米作为绘图单位，使用十进制数值显示或输入数据，在绘图时只能以图形单位来确定绘图尺寸。用户还可以根据具体的需要设置其他的单位类型和数据精度。

用户可以通过新建文件然后选择"使用向导"来设置图形单位和角度等信息，还可以通过选择"格式"菜单→"单位"命令来设置绘图单位，如图 1.3.1 所示。

三、辅助绘图工具的使用

AutoCAD 辅助工具的设置主要集中在"草图设置"对话框中。草图的设置主要包括捕捉和栅格、追踪、对象捕捉及正交等。

命令调用："工具"菜单→"绘图设置"。

1. 捕捉和栅格

"捕捉"选项用于设定捕捉间距，"栅格"选项用于设置栅格间距。栅格是一些坐标定位的小点，提供直观的距离参照方式和位置参照方式，如果设置了图形界限，则只能在图形界限区域内显示栅格。"捕捉和栅格"选项卡如图 1.3.2 所示。

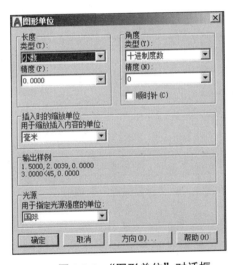

图 1.3.1 "图形单位"对话框

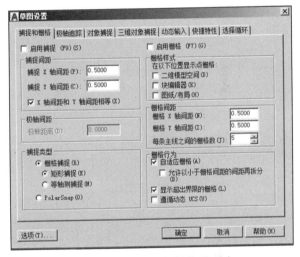

图 1.3.2 "捕捉和栅格"选项卡

2. 追踪

在 AutoCAD 2021 中，用相对图形中的其他点进行定位的方法称作追踪，追踪包括极轴追踪和对象追踪。当启用追踪功能时，用户可以根据屏幕上显示的极轴精确定位对象的位置，如图 1.3.3 所示。"极轴追踪"选项卡如图 1.3.4 所示。所谓对象捕捉追踪，是指系统在找到对象上的特定点后，继续根据设置进行正交或极轴追踪，如图 1.3.5 所示。

3. 对象捕捉

当用户在 AutoCAD 中绘制图形时，经常需要捕捉图形对象上的一些特殊点，如端点、交点、圆心、切点、象限点以及垂足等。用鼠标直接拾取这些特殊点可能十分困难，但利用对象捕捉功能就可以方便精确地拾取这些点。"对象捕捉"选项卡如图 1.3.6 所示。

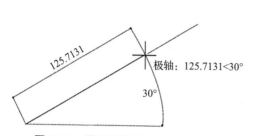

图 1.3.3　使用极轴追踪确定点的位置

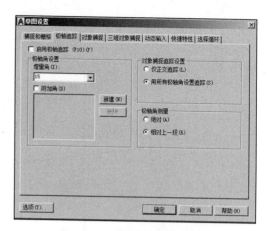

图 1.3.4　"极轴追踪"选项卡

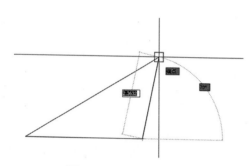

图 1.3.5　对象捕捉追踪

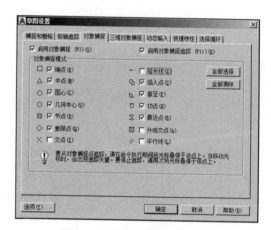

图 1.3.6　"对象捕捉"选项卡

4. 正交

在 AutoCAD 2021 中，需要经常绘制水平直线或者垂直直线。如果不借助辅助绘图工具则不易保证图形对象水平或垂直。AutoCAD 提供正交模式，设置正交模式后将使所画的线平行于 X 或 Y 轴。当为三轴模式时，它还会使直线平行于三个参考轴中的一个。

单击状态栏中的"正交"按钮，或者使用快捷键 F8 来打开或关闭正交模式。

四、线型

在绘制复杂的图形时，为了区别不同的对象，用户往往会采用多种线型来表示不同的图形。线型的设置主要包括线型和线宽。

1. 设置线型

线型是点、横线和空格等按一定规律重复出现而形成的图案，复杂线型还可以包含各种符号。如果为图形对象指定某种线型，则对象将根据此线型的设置进行显示和打印。

当用户创建一个新的图形文件后，通常会包括如下三种线型：

"ByLayer（随层）"：表示对象与其所在图层的线型保持一致。

"ByBlock（随块）"：表示对象与其所在块的线型保持一致。

"Continuous（连续）"：连续的实线。

除此之外，用户可使用的线型还有很多种。AutoCAD 系统提供了线型库文件，其中包含了数十种线型。用户可随时加载该文件，并使用其定义各种线型。如果这些线型仍不能满足用户的需要，则用户可以自行定义某种线型，并在 AutoCAD 中使用。

用户选择"格式"菜单→"线型"命令，或者在命令行中输入命令"linetype"，都会弹出"线型管理器"对话框，用户可以在"线型管理器"对话框中设置线型，如图 1.3.7 所示。

2.设置线宽

如果为图形对象指定线宽，对象将根据线宽的设置进行显示和打印。在 AutoCAD 2021 中用户可以根据具体需要改变线宽。

设置线宽的命令有以下三种方法：

方法 1：选择"格式"菜单→"线宽"命令。

方法 2：在状态栏的"线宽"按钮上单击鼠标右键，在弹出的快捷菜单中选择"设置"命令。

方法 3：在命令行中输入命令"lineweight"。

执行"线宽"命令后将会弹出如图 1.3.8 所示的"线宽设置"对话框。

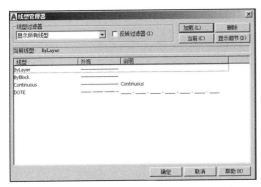

图 1.3.7　线型设置

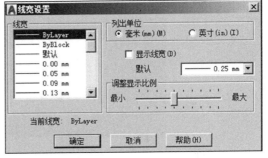

图 1.3.8　"线宽设置"对话框

五、颜色

在 AutoCAD 中是通过颜色索引（ACI）来指定颜色。同线型和线宽一样，颜色也具有"ByLayer（随层）"和"ByBlock（随块）"两种特性，此外 AutoCAD 还提供了 255 种颜色（包括 9 种标准颜色和 6 种灰度颜色）。

选择"格式"菜单→"颜色"或者在命令行中输入命令"color"，将会打开"选择颜色"对话框，如图 1.3.9 所示。

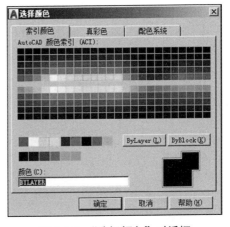

图 1.3.9　"选择颜色"对话框

六、图层

1. 图层的概念与功能

AutoCAD 中的图层好比一张透明纸，可以在每个图层上绘制不同的图形，然后将这些图层"叠加"起来，就可以看到所有的图形，也可以"抽掉"其中一些图层，使其形成新的图形。用户可以任意地选择其中一个图层绘制图形，而不会受到其他层上图形的影响。

例如在建筑图中，可以将地基、楼层、水管、电气和冷暖系统等放在不同的图层进行绘制；而在印刷电路板的设计中，多层电路的每一层都在不同的图层中分别进行设计。在 AutoCAD 中每个图层都以一个名称作为标识，并具有颜色、线型、线宽等各种特性和开、关、冻结等不同的状态。

利用图层可以把具有相同特征或相同颜色的几何图、文字和标注等进行分类管理，使绘图层次更明了，有助于提高绘图效率。

用户选择"格式"菜单→"图层特性"命令或者在命令行中输入命令"layer"等都将会打开"图层特性管理器"对话框，利用该对话框可以对图层各项进行详细设置，如图 1.3.10 所示。

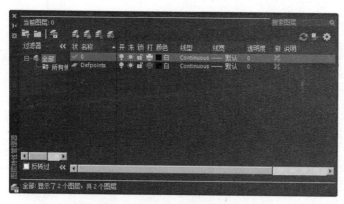

图 1.3.10　"图层特性管理器"对话框

2. 图层特性设置

（1）建立图层、命名图层、设置当前图层。

在一个新建的图形文件中，默认情况下，系统已经建立了图层 0。单击"图层特性管理器"对话框→"新建图层"按钮，在图层列表中即可新建一个图层。在 AutoCAD 中，每次只能创建一个图层，即图层 1、图层 2、……、图层 n。用户可以采用与重命名文件一样的方法对图层进行重命名。用户不能对图层 0 进行重命名。在 AutoCAD 中，用户只能在当前图层上绘制图形。要将图层置为当前图层，首先需选中该图层，然后单击"图层特性管理器"对话框→"置为当前"按钮。

图层的特性包括名称、颜色、线型、线宽。

（2）删除 / 恢复图层（PU 命令）。

用户要删除某一图层，需要先选中该图层，然后单击"删除图层"按钮，再单击"应用"按钮。

注意：0 层、Defpoints 层、当前层、含有实体的图层和外部应用依赖层是不能删除的。

（3）开 / 关图层。

默认情况下，图层都处于打开状态，单击打开标记，则会关闭该图层。当图层被关闭时，该图层上的图形对象不能显示在绘图窗口中，也不能打印输出。

（4）冻结 / 解冻图层。

默认情况下，图层都处于解冻状态，单击解冻标记，则会冻结该图层。当图层被冻结时，该图层上的图形对象不能显示在绘图窗口中，无法对其进行编辑，也不能打印输出。

（5）锁定 / 解锁图层。

默认情况下，图层都处于解锁状态，单击解锁标记，则会锁定该图层。当图层被锁定时，该图层上的图形对象仍然显示在绘图窗口中，但用户不能对其进行编辑操作。

任务 3.2 　绘制图案一

🔰 | 任务需求

应用绘图命令绘制图 1.3.11 所示的艺术图案，多边形内切圆半径为 75。

先绘制一个基本图案，然后通过阵列的方式形成批量印刷图案，大圆弧下端点为正六角形边的中点。

绘制图案一

📖 | 知识与技能目标

正确设置绘图界限；正确设置绘图单位；正确设置并创建图层；运用辅助工具精确定位坐标。

📙 | 任务分析

设置绘图界限与绘图单位；运用辅助工具精确定位坐标，进行绘图。

绘图前分析图形特征和数据尺寸来确定定位点。外圆和内圆同心，要先确定圆心，可以先画一个大圆，从圆心出发画小圆，再将大圆直径三等分，运用多段线绘制直径上的圆弧图案，然后阵列圆弧成图。

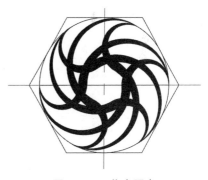

图 1.3.11 　艺术图案

🎓 | 任务详解

一、创建新的图形文件

选择"文件"菜单→"新建"命令，创建一个新的无样板公制"acadiso.dwt"文件。

二、设置绘图环境

1. 设置绘图单位

选择"格式"菜单→"单位"命令，设置绘图单位为"毫米"。

2. 启用"对象捕捉"

选择"工具"菜单→"绘图设置"命令（或在状态栏选择"捕捉设置"按钮），在"草图设置"对话框→"对象捕捉"选项卡中勾选"端点""中点""圆心""交点""节点""切点"复选框并确定，如图 1.3.12 所示。

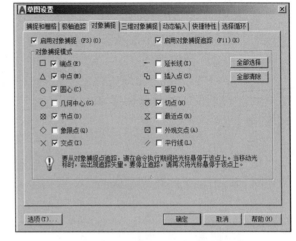

图 1.3.12 "对象捕捉"选项卡

3. 设置绘图界限

命令调用："格式"菜单→"图形界限"。

命令提示如下：

命令：LIMITS

重新设置模型空间界限：

指定左下角点或［开（ON）/关（OFF）］〈0 0000，0 0000〉（回车）

指定右上角点〈420 0000，297 0000〉：420，250（回车）

4. 设置图层

命令调用："格式"菜单→"图层"。

设置如下：

中心线：红色，线型为 CENTER，宽度 0.18。

轮廓线：白色，线型为 Continuous，宽度 0.35。

图层设置如图 1.3.13 所示。

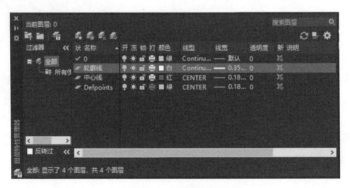

图 1.3.13 图层设置

三、绘制图案

1. 绘制中心线

进入中心线图层，绘制中心线。

2. 绘制大圆和正六边形

选择"圆"命令，绘制一个半径为 75 的圆。

命令调用："绘图"菜单→"圆"→"圆心、半径"。

命令：CIRCLE

指定圆的圆心或［三点（3P）/ 两点（2P）/ 相切、相切、半径（T）]：0，0（输入圆心坐标，也可以在绘图中心位置单击鼠标确定圆心位置）

指定圆的半径或［直径（D）]：75（输入圆的半径 75）

检查状态栏中"对象捕捉"是否处于开启状态（开启时凹下），否则需单击状态栏中的"对象捕捉"按钮开启此功能（注意检查"圆心"是否已勾选）。

命令调用："绘图"菜单→"多边形"。

命令：POLYGON

输入侧面数〈4〉：6

指定中心点：（捕获圆心）

输入选项：（外切于圆）

所得图形如图 1.3.14 所示。

技能点拨：鼠标指针在大圆上晃动，捕捉到圆心（有小圈提示），单击画圆。

3. 绘制圆直径的三等分点

命令调用："格式"菜单→"点样式"。

"点样式"对话框如图 1.3.15 所示。

在直径上画一条线段。

命令：LINE

命令调用："绘图"菜单→"点"→"定数等分"。

命令：DIVIDE（选择等分的对象）

输入线段数目：3

所得图形如图 1.3.16 所示。

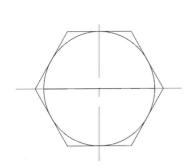
图 1.3.14　大圆及正六边形

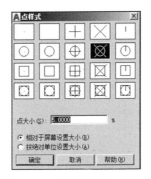
图 1.3.15　"点样式"对话框

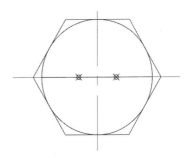
图 1.3.16　线段三等分点

4. 绘制图案

应用"多段线"画弧。

命令调用："绘图"菜单→"多段线"。

命令提示如下：

命令：PLINE

指定起点：（鼠标捕获圆的左象限点后单击，确定该点为"多段线"绘制的起点）

指定下一个点或［圆弧（A）/半宽（H）/长度（L）/放弃（U）/宽度（W）］：A（输入"圆弧"选项参数"A"，预备从起点开始绘制圆弧）

指定圆弧起点切向：（单击起点下方）

指定圆弧的端点或［角度（A）/圆心（CE）/方向（D）/半宽（H）/直线（L）/半径（R）/第二个点（S）/放弃（U）/宽度（W）］：W

指定起点宽度：0

指定端点宽度：10

（在下方画圆弧，单击左边第一个三分之一点，完成第一段线条）

指定圆弧的端点或［角度（A）/圆心（CE）/方向（D）/半宽（H）/直线（L）/半径（R）/第二个点（S）/放弃（U）/宽度（W）］：

指定起点宽度：10

指定端点宽度：0

在上方画圆弧，在圆的右象限端点单击，完成圆弧绘制。

同样的方法画第二条圆弧，得到如图 1.3.17 所示的图形。

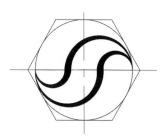

图 1.3.17　绘制圆弧

5. 环形阵列图案

命令调用："修改"菜单→"阵列"→"环形阵列"。

命令提示如下：

命令：ARRAYPOLAR

选择对象：（选所画图案）

指定阵列中心点：（选择圆心）

设置旋转项目数：3

其他不变，回车，完成如图 1.3.11 所示的图案。

任务 3.3　绘制图案二

任务需求

绘制如图 1.3.18 所示的平面图案，学习创建图层、分组管理图形对象元素以及设置图层线型、宽度等基本操作。

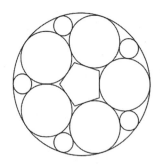

图 1.3.18　平面图案

绘制图案二

知识与技能目标

通过创建图层来分组管理图形对象元素；设置图层线型、宽度、颜色；管理图层（图层线型的显示、隐藏及切换）。

任务分析

绘制图 1.3.18 所示的图案时，先设置好线型、线宽，通过图层来设置和管理线型，然后绘制图形，绘制过程中不断切换图层以保证达到所需线型的要求。

任务详解

一、创建新的图形文件

选择"文件"菜单→"新建"命令，创建一个新的无样板公制"acadiso.dwt"文件。

二、设置图层

1. 新建图层

单击"图层"工具栏→"图层特性"按钮打开图层特性管理器，单击"新建图层"按钮，新建"标注""辅助线""轮廓线"三个图层，如图 1.3.19 所示。

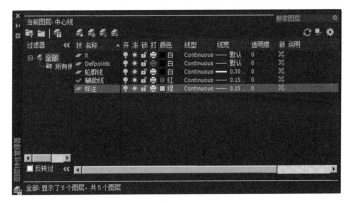

图 1.3.19　图层特性管理器

2. 设置图层线型和线宽

单击选定"外轮廓线"，设置为线宽"0.3 毫米"，黑色。单击选定"辅助线"，设置为连续线，绿色，线宽"0.15 毫米"。

三、绘制图形

1. 绘制正五边形

单击"图层"下拉按钮，弹出下拉框，选择"辅助线"图层并将其设置为当前图层。

命令调用："绘图"菜单→"正多边形"。

命令：POLYGON

输入侧面数为 5，绘制出一个正五边形。

2. 绘制五个相切圆

单击"图层"下拉按钮,弹出下拉框,选择"轮廓线"图层并将其设置为当前图层。以正五边形顶点为圆心,以其一边的边长为半径画圆。

命令调用:"绘图"菜单→"圆"。

命令:CIRCLE

指定圆的圆心或［三点(3P)/两点(2P)/相切、相切、半径(T)］:(确定圆心:单击图形工作区中心位置)

捕获顶点为"圆心",捕获边的中点为半径。

画五个同样的圆,如图1.3.20所示。

3. 绘制五个圆外的相切圆

命令调用:"绘图"菜单→"圆形"→"相切,相切,相切"。

命令:CIRCLE

捕获五个圆中任意三个的外边作为切点,画出相切圆。

4. 绘制正五边形内的多边形

单击"图层"下拉按钮,弹出下拉框,选择"辅助线"图层并将其设置为当前图层。

命令调用:"绘图"菜单→"圆形"→"相切,相切,相切"。

命令:CIRCLE

捕获五个圆中任意三个的内边作为切点,画出相切圆。

单击"图层"下拉按钮,弹出下拉框,选择"轮廓线"图层并将其设置为当前图层。

命令调用:"绘图"菜单→"正多边形"。

命令:POLYGON

输入侧面数〈4〉:5

指定正多边形的中心点或［边(E)］:(捕捉圆心)

输入选项［内接于圆(I)/外切于圆(C)］〈I〉:C

指定圆半径:(捕获切点)

回车确定完成正五边形的绘制,结果如图1.3.21所示。

再绘制五个相切的小圆,所得图案效果如图1.3.22所示。

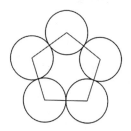
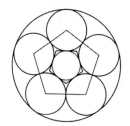
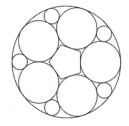

图1.3.20　五个相切圆　　图1.3.21　正五边形内的多边形　　图1.3.22　图案效果

5. 缩放图形调整比例

命令调用:"修改"菜单→"缩放"。

命令:SCALE

选择对象:(全选)

指定基点:(捕获图形中心)

指定比例因子：R（选择参照 R）

指定参照长度：1

指定新的长度：100

6. 标注图形

单击"图层"下拉按钮，弹出下拉框，选择"标注"图层并将其设置为当前图层。

命令调用："标注"菜单→"直径"。

项目小结

本项目介绍了 AutoCAD 2021 的绘图设置，即绘图界限与单位设置、图层设置、当前线型设置及精确绘图工具的设置及应用等。

实训与评价

一、基础实训

1. 试举例说明怎样设置图形界限及单位。

2. 什么是对象捕捉？怎样开启和关闭对象捕捉？常见的对象捕捉特殊点有哪些？

3. 说明如何开启和关闭状态栏中的"正交""栅格"设置等功能。

4. 什么是图层？什么是当前图层？图层特性包括哪些？

5. 试举例说明怎样新建、删除图层。

6. 怎样设置图层的线型、线宽和颜色？怎样显示和隐藏线宽？

7. 冻结图层后对绘制的图形有何影响？冻结图层有何特点？

二、拓展实训

1. 请应用图层和绘图工具绘制如图 1.3.23、图 1.3.24 所示零件图。

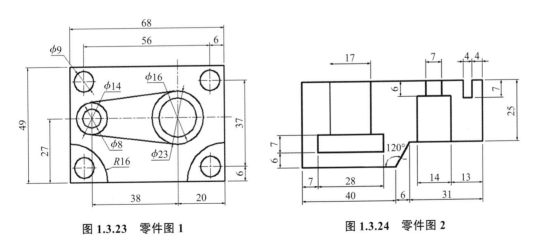

图 1.3.23　零件图 1　　　　　　图 1.3.24　零件图 2

2. 请应用图层和绘图工具绘制如图 1.3.25 所示图案。

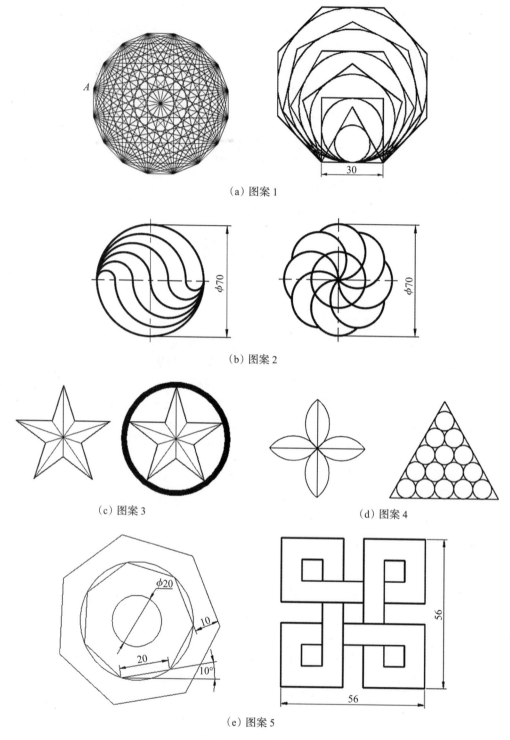

（a）图案 1

（b）图案 2

（c）图案 3

（d）图案 4

（e）图案 5

图 1.3.25　图案

平面设计基础

理解平面设计理念，认识平面、立体，掌握实体与平面的关系、投影和投影视图原理，以及平面几何体在三维空间的位置关系。

理解平面相关概念；理解平面、立体、实体；理解平面设计、实体创建的概念；理解投影原理；理解投影、投影视图原理；构建平面几何；理解并掌握平面图形中的点、线、面，以及它们在坐标系中的关系。

项目重点

理解平面、平面图形与立体图形的关系；理解投影、空间几何体投影视图原理；掌握平面图形中的点、线、面，以及它们在坐标系中的关系。

项目难点

分析几何体的平面图形以及它们的点、线、面在坐标系中的几何关系。

任务 4.1　平面几何基础。学习平面几何基础知识。

任务 4.2　绘制"螺栓"实体与平面图。介绍绘制"螺栓"立体图和对应的"螺栓"平面图形的方法，分析"螺栓"的空间关系及立体图的平面表示。

本项目评价标准如表 1.4.1 所示。

表 1.4.1　项目评价标准

序号	评分点	分值	得分条件	判分要求（分值作参考）
1	机械制图国标规范	40	理解并正确运用	没有按要求设置要扣分（每项扣）
2	平面几何知识	40	理解正确，操作正确	每错一项扣分
3	平面与实体的分析与操作	20	设置正确，操作正确	每错一项扣分

任务 4.1　平面几何基础

任务需求

学习平面设计相关知识，理解平面、立体、实体概念；理解投影、投影视图原理。

知识与技能目标

掌握平面相关概念；理解平面、立体、实体概念；理解平面设计和实体创建的概念；掌握投影和投影视图原理；理解并掌握平面图形点、线、面，以及它们在坐标系中的关系。

任务分析

识别并准确理解三视图；通过实体分析平面视图。

任务详解

一、平面概述

AutoCAD 可绘制平面和立体造型，如：平面有水平面、地平面、桌面、路面、盒面等，立体有长方体、球等。正确理解平面与实体的关系，为后续学习打下基础。

1. 面与几何实体

图 1.4.1（a）中的"桌面"是一个具有一定尺寸、边界和位置关系的面，从尺寸上可以了解面的大小，从边界上可以了解面的形状，从位置关系上确定"面"的空间位置，桌子"歪"了，"桌面"倾斜，形成斜面，即一定角度的面。图 1.4.1（b）中的"杯面"是一个曲面，从中可以了解面的大小和位置关系。

从以上分析可知，空间几何实体是由许多个不同大小、形状和位置关系的面组成的，可以用坐标来描述实体各个部分的空间位置关系，反过来通过坐标绘制具有一定空间位置关系的线和面，就可以设计出一个平面图形或空间三维实体。

（a）桌子

（b）杯子

图 1.4.1　实体造型

2. 平面设计

平面设计的基础含义包括点、线、面及它们的组织和排列（方向、位置、大小等），由点、线、面构成的不同的基本图形可以在平面上组合成新的图案。平面设计也可表现出立体空间感，但它并不是三维空间，是由图形对人的视觉引导作用而形成的幻觉空间。所谓视觉作用就是那些不存在，但人们的意识又能感觉到的东西，例如我们看到有棱的图形，会感到上面有轮廓线。

二、用平面图形描述空间实体问题

一个空间立体图形直观地描述了它的形体特征。长方体、圆柱体、锥体、台体、球体等是基本几何体，任何复杂的三维实体都可以由它们组合而成，它们描述了立体图形的具体特征。用图形来描述一个客观实体，也就是把实体的特征用平面图形来表示。

1. 投影

用一束光照射物体时，会产生与原物体相同或相似的影子，根据这个自然现象，总结出将空间物体表达为平面图形的方法，即投影法。

如图 1.4.2 所示，S 表示光源，H 表示平面，△ ABC 为被照射的三角形，△ abc 为 △ ABC 经光照射后在 H 平面上的影子。

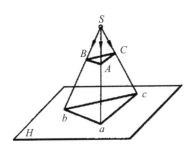
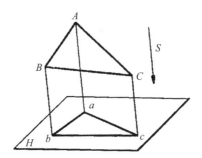

图 1.4.2　投影原理

2. 三视图

要把一个物体用图纸表示出来，需要用三维实体对应的平面图形来描述。

机械零件三维实体图与三个平面视图的关系如图 1.4.3 所示。左上图为从上向下投影在立体图下面的投影面上得到的平面图，即俯视图。左下图为从前向后投影在立体图后面的投影面上得到的平面图，即主视图或前视图。右下图为从左向右投影在投影面上形成的平面图，即左视图。三视图基本可以描述常规的实体（复杂的这里不讨论）。

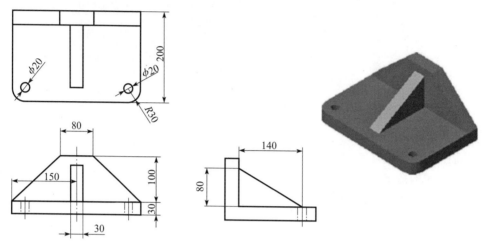

图 1.4.3   机械零件图投影

3. AutoCAD 对实体特征的描述

位置描述：AutoCAD 设置了一个固定的三维笛卡尔坐标系，称作世界坐标系（WCS），它描述的是三维关系量。实体中的每个点可以在三维空间中得到定位，它均可用世界坐标系的一组特定坐标值（X，Y，Z）来表示，如图 1.4.4 所示。

相对于世界坐标系，用户可以根据需要创建无限多的坐标系，即可以在三维空间的任意位置定义一个坐标系，这些坐标系称作用户坐标系（UCS）。所定义的用户坐标系位于世界坐标系的某一位置和某一方向。

尺寸描述：在坐标系中的每一个平面图形或立体造型都可以理想地认为由若干个点集组成，因为 AutoCAD 能固定地用坐标描述每个点，所以 AutoCAD 坐标体系通过坐标点表示实体的外部特征，包括位置、大小、形状等。

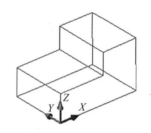

图 1.4.4   实体在空间中表示

任务 4.2　绘制"螺栓"实体与平面图

📋 任务需求

观察分析如图 1.4.5 所示的"螺栓"空间关系及立体图的平面表示，理解平面图与立体图在坐标系中的定形定位关系。按图示尺寸绘制"螺栓"立体图和对应的"螺栓"平面图形。

绘制"螺栓"实体
与平面图

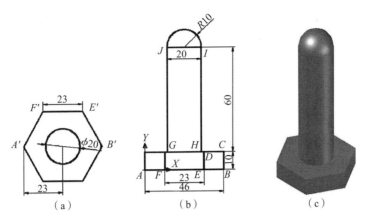

图 1.4.5 "螺栓"实体与平面图

📚 知识与技能目标

　　掌握实体组成、实体的平面表示方法；理解实体与平面图形在坐标系中的位置、尺寸大小和形状关系描述；掌握图形、用户坐标系、世界坐标系的隶属层次关系；提高识图能力和数据分析能力。

📖 任务分析

　　"螺栓"是常用的机械零件，其由一个圆柱体和一个正六棱柱组成。绘制"螺栓"可以帮助初学者分析理解三维实体的平面表示原理。"从立体到平面"需要学习者具备逻辑想象力，仔细想象各个细节。"从平面到立体"需要从"螺栓"的两个平面图想象"螺栓"实体。此任务既要绘制"螺栓"实体，也要绘制"螺栓"平面图，有助于初学者理解实体和平面的相互关系。

🎓 任务详解

一、绘制"螺栓"立体图

　　1. 绘制圆柱体

　　命令调用："绘图"菜单→"建模"→"圆柱体"。

　　命令提示如下：

　　命令：CYLINDER

　　指定底面的中心点或［三点（3P）/两点（2P）/切点、切点、半径（T）/椭圆（E）］：0，0，0（底面中心与原点重合）。

　　指定底面半径或［直径（D）］：10

　　指定高度或［两点（2P）/轴端点（A）］：80

　　应用"视图"菜单→"视口"→"四个视口"。

　　应用"视图"菜单→"三维视图"，打开"俯视图""前视图""左视图""西南等轴测"，并将它们分别分布于四个视口，如图 1.4.6 所示。切换到西南等轴测图可以观察圆柱体轮廓线框图。应用"视图"菜单→"视觉样式"→"真实"来观察实体。

比较图 1.4.6 所示的四个图形，俯视图描述的是柱体形状特征；前视图描述的是圆柱体的高度和宽度特征；左视图是描述的是圆柱体轮廓线条；等轴测图展示实体，立体感强，很逼真。四个图形象地描述了圆柱体"点、线、面、体"的关系。俯视图和前视图两个平面图形描述了圆柱体的形状和大小，若这两个图单独放在一起，可以想象出它表现的是一个圆柱。

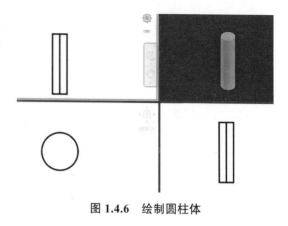

图 1.4.6　绘制圆柱体

2. 绘制球体

将视图切换到"俯视图"。

命令调用："绘图"菜单→"建模"→"球体"。

命令：SPHERE

指定中心点或 [三点（3P）/ 两点（2P）/ 切点、切点、半径（T）]：0，0，80

指定半径或 [直径（D)]〈10　0000〉：10（球体半径和圆柱体半径相同）

3. 绘制正六棱柱

将"俯视图"切换到"仰视图"。

先绘制正六边形，然后应用"拉伸"命令，绘制正六棱柱。

（1）以圆柱底面圆心为中心点绘制正六边形。

命令调用："绘图"菜单→"正多边形"。

命令提示如下：

命令：POLYGON

输入侧面数〈4〉：6

指定正多边形的中心点或 [边（E）]：0，0，0

技能点拨：指定正六边形底面中心点坐标为世界坐标系原点（0，0，0），表明正六棱柱的底面在世界坐标系中的位置关系。若绘制的图形在左下角，可应用"视图"菜单→"平移"→"实时"命令按住鼠标左键实时平移图形到适当位置，按右键可退出"实时平移"。

输入选项 [内接于圆（I）/ 外切于圆（C)]〈I〉：I（输入参数 I）

指定圆的半径：23

技能点拨：输入外接圆的半径 23，即正六边形的定形尺寸。

（2）拉伸正六边形创建正六棱柱。

命令调用："绘图"菜单→"建模"→"拉伸"。

命令提示如下：

命令：EXTRUDE

当前线框密度：ISOLINES=4，闭合轮廓创建模式 = 实体

选择要拉伸的对象或 [模式（MO)]：_MO　闭合轮廓创建模式 [实体（SO）/ 曲面（SU)]〈实体〉：_SO

选择要拉伸的对象或 [模式（MO)]：找到 1 个（单击正六边形，选择拉伸对象，

然后单击鼠标右键确认）

选择要拉伸的对象或［模式（MO）］：

指定拉伸的高度或［方向（D）/路径（P）/倾斜角（T）/表达式（E）］〈80 0000〉：10（按 Enter 键确认，拉伸完成正六棱柱实体创建）

应用"视图"菜单→"三维视图"→"西南等轴测"命令，观察绘制好的图形。

（3）合并圆柱体、球体与正六棱柱，创建组合实体。

当前圆柱体、球体与正六棱柱还是位置关系为相交的三个独立几何体，需要应用"并集"命令合并形成组合体。

命令调用："修改"菜单→"实体编辑"→"并集"。

命令提示如下：

命令：UNION

选择对象：找到 1 个（单击球体后单击鼠标右键确认，系统提示找到 1 个实体）

选择对象：找到 1 个，总计 2 个（单击圆柱体后单击鼠标右键确认，系统提示找到 2 个实体）

选择对象：找到 1 个，总计 3 个（单击正六棱柱后单击鼠标右键确认，系统提示找到 3 个实体）

选择对象：（按 Enter 键确认，完成 3 个实体的合并编辑）

技能点拨：如图 1.4.7 所示，"三维视图"便于从不同方位观察图形的实体特征。应用"视图"菜单→"视觉样式"→"真实"命令来观察实体，实体更具有客观质感。

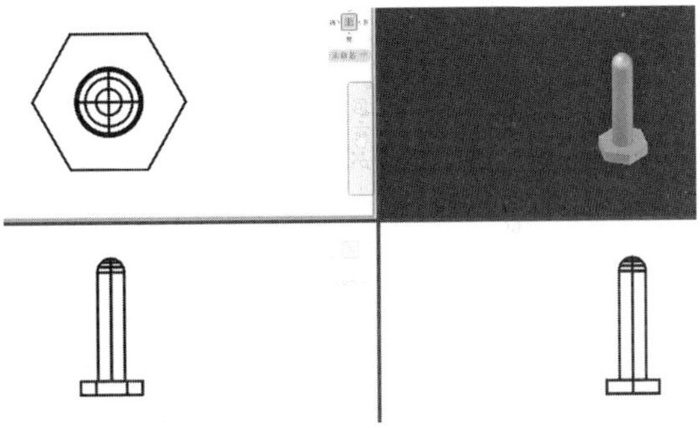

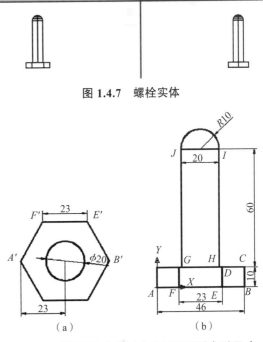

图 1.4.7　螺栓实体

二、绘制"螺栓"平面图

绘制完成"螺栓"几何体后，再来绘制表现"螺栓"几何特征的平面图形，这样有助于从平面图分析出立体图。需要注意的是绘制"螺栓"立体和平面图形的步骤和思维都有所不同。"螺栓"实体对应的平面图形定形尺寸如图 1.4.8 所示。

图 1.4.8　"螺栓"实体对应的平面图形定形尺寸

1. 绘制 R20 圆

命令调用："绘图"菜单→"圆"→"圆心、直径"。

命令：CIRCLE

指定圆的圆心或［三点（3P）/两点（2P）/切点、切点、半径（T）］：0，0，0
［指定圆心：输入世界坐标系原点坐标（0，0，0）］

指定圆的半径或［直径（D）〈20 0000〉：D

指定圆的直径〈40　0000〉：20（输入直径 20）

技能点拨：选择"圆心、直径"命令，确定圆心为世界坐标系原点（0，0，0），完成定位，直接输入直径 20，完成定形。

2. 绘制边长为 23 的正六边形

命令调用："绘图"菜单→"正多边形"。

命令：POLYGON

输入侧面数〈4〉：6（指正六边形）

指定正多边形的中心点或［边（E）］：0，0，0［指定圆心：输入世界坐标系原点坐标（0，0，0）］

输入选项［内接于圆（I）/ 外切于圆（C）]〈I〉：I（指定多边形是内接于圆）

指定圆的半径：23（指定多边形外接圆的半径）

技能点拨：选择"正多边形"命令，输入边数 6，并指定该多边形以"内接于圆"的方式绘制，指定外接圆半径为 23，完成定形。

3. 建立用户坐标系原点

绘制"螺栓"主视图时，创建用户坐标系，并变换坐标原点到图 1.4.8 中点 A 处。

命令调用："工具"菜单→"新建 UCS"→"原点"。

命令：UCS

当前 UCS 名称：* 世界 *

指定 UCS 的原点或［面（F）/ 命名（NA）/ 对象（OB）/ 上一个（P）/ 视图（V）/ 世界（W）/X/Y/Z/Z 轴（ZA）]〈世界〉：@-23，0，0（输入新原点坐标，确定 X 轴坐标时考虑在世界坐标系原点左侧 23 的位置）

技能点拨：因为当前世界坐标系坐标原点在圆心位置，创建用户坐标系新原点需要输入世界坐标系坐标点（@-23，0，0），表示新坐标点到原坐标点的水平向左位移为 23，其他方向没有位移变化，所以 Y 和 Z 轴坐标分别取 0。从这项操作中我们可以理解用户坐标系是相对于世界坐标系并根据绘图需要而作的实时坐标体系。

4. 绘制矩形 AC（46×10）

命令调用："绘图"菜单→"矩形"。

命令：RECTANG

指定第一个角点或［倒角（C）/ 标高（E）/ 圆角（F）/ 厚度（T）/ 宽度（W）］：0，0（输入 A 点的坐标）

指定另一个角点或［面积（A）/ 尺寸（D）/ 旋转（R）］：46，10（输入 C 点的坐标）

技能点拨：AutoCAD 绘制矩形时只要定义矩形的两个对角点就可以定形定位。如图 1.4.8（b）所示，矩形 AC 的长和宽分别为 46、10，以用户坐标系原点 A 为参照，第一角点为 A（新建的用户坐标系原点），第二角点为 C，结合图 1.4.8（a）理解定形定位关系。

5. 绘制矩形 FD（23×10）

命令调用："绘图"菜单→"矩形"。

命令：RECTANG

指定第一个角点或［倒角（C）/ 标高（E）/ 圆角（F）/ 厚度（T）/ 宽度（W）］：11.5，0（输入 F 点的坐标）

指定另一个角点或［面积（A）/尺寸（D）/旋转（R）］：34.5，10（输入 *D* 点的坐标）

技能点拨：如图 1.4.8（b）所示，矩形 *FD* 的长和宽分别为 23、10，以用户坐标系原点 *A* 为参照，第一角点 *F* 的 *X* 轴坐标为 *AF* 的长度 11.5［*AF*=（46-23）/2］，*Y* 轴坐标为 0；第二角点 *D* 的 *X* 轴坐标为 *AE* 的长度 34.5（*AE*=*AF*+*FE*=11.5+23），*Y* 轴坐标为 *ED* 的长度 10，结合图 1.4.8（a）理解定形定位关系。

分析两组数据关系（*AB*=*A'B'*，*FE*=*F'E'*），理解图形特征。

6. 绘制矩形 *GI*（20×60）

命令调用："绘图"菜单→"矩形"。

命令：RECTANG

指定第一个角点或［倒角（C）/标高（E）/圆角（F）/厚度（T）/宽度（W）］：13，10（输入 *G* 点的坐标）

指定另一个角点或［面积（A）/尺寸（D）/旋转（R）］：33，70（输入 *I* 点的坐标）

技能点拨：如图 1.4.8（b）所示，矩形 *GI* 的长和宽分别为 60、20，以用户坐标系原点 *A* 为参照，第一角点为 *G* 的 *X* 轴坐标为 13（*AB*/2-*GH*/2=46/2-20/2），*Y* 轴坐标为 10（*CB* 的长度）；第二角点 *I* 的 *X* 轴坐标为 33（*G* 点的 *X* 轴坐标 +*GH*=13+20），*Y* 轴坐标为 70（*IH*+*CB*=60+10），结合图 1.4.8（a）理解定形定位关系。

分析两组数据关系（*GH*=20，*FE* ≠ *GH*），理解图形特征。

7. 绘制圆弧 *JI*（*R*10）

命令调用："绘图"菜单→"圆弧"→"起点，端点，方向"。

命令：ARC

圆弧创建方向：逆时针（按住 Ctrl 键可切换方向）

指定圆弧的起点或［圆心（C）］：（用鼠标捕捉选择 *J* 点）

指定圆弧的第二个点或［圆心（C）/端点（E）］：E

指定圆弧的端点：（用鼠标捕捉选择 *I* 点）

指定圆弧的圆心或［角度（A）/方向（D）/半径（R）］：D

指定圆弧的起点切向：90（输入圆弧的方向和角度 +90°）

项目小结

本项目是平面绘图的基础内容，旨在帮助学习者理解绘图平面基本规范和知识，理解空间几何实体，理解点、线、面、体的相互关系，培养学习者空间思维想象力，充分回答了如何直观表示立体图，为什么要绘制平面图，怎样用平面图形来表达三维实体的表象特征，在 AutoCAD 中怎样对图形定形定位等问题。

实训与评价

一、基础实训

1. 什么是平面？什么是三维几何体？试举例说明。

2. 什么是投影？试举例说明。

3. 三维实体有哪些图形表象特征？试举例说明。

4.什么是三视图？举例说明怎样通过三视图表现一个三维几何体。

二、拓展实训

1.试分析图 1.4.9 中二维平面图所表示的三维实体各是什么？练习绘制这些二维图形。

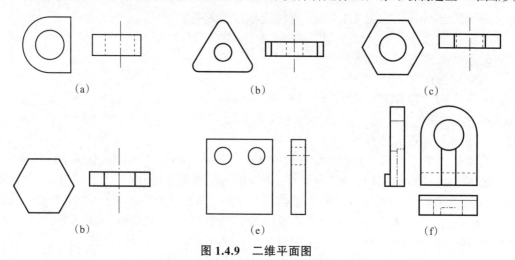

（a）　　　　　　　　　　　（b）　　　　　　　　　　　（c）

（b）　　　　　　　　　　　（e）　　　　　　　　　　　（f）

图 1.4.9　二维平面图

2.绘制如图 1.4.10 所示图形。

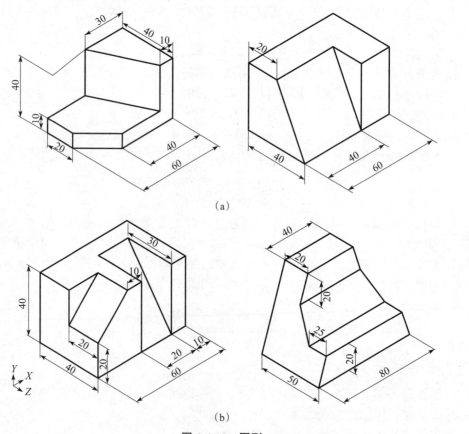

（a）

（b）

图 1.4.10　图形

模块 2

平面 CAD 基本绘图

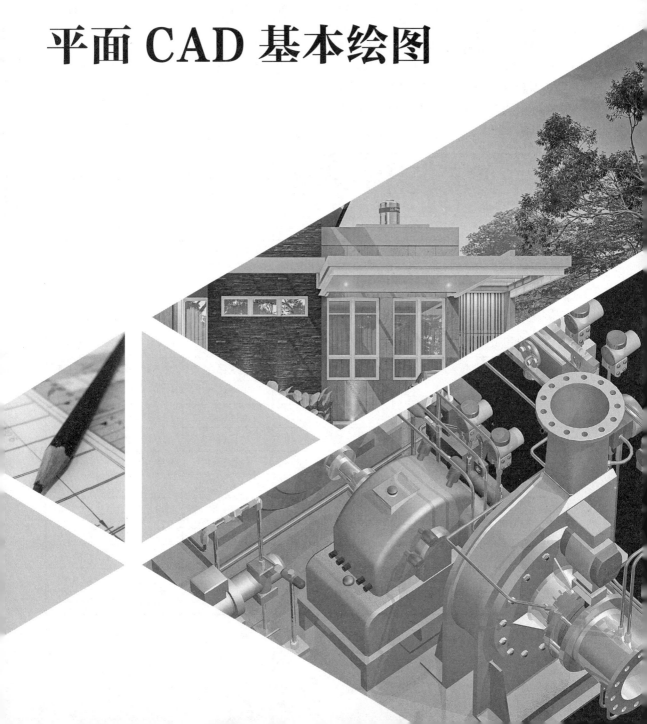

内容提要

本模块共 4 个项目。

项目 1：基础绘图。学习点坐标表示方法，掌握点、直线、多边形、螺旋、圆、圆环、圆弧、多段线、样条曲线、图案填充等命令的操作方法。

项目 2：图形属性与图形编辑。学习对象选择，掌握复制、镜像、偏移、阵列、移动、旋转、拉长、修剪、延伸、打断、倒直角、倒圆角、分解、编辑多线、编辑多段线等操作技能。

项目 3：面域与块操作。掌握面域的创建、布尔运算，块的创建、保存、应用。

项目 4：文字、标题栏及尺寸标注。掌握文字样式的建立方法、字体的设置、单行文本和多行文本的标注，以及尺寸标注的基本原则、组成要素、式样、修改方法等。

本模块常用绘图命令如表 2.0.1 所示。

表 2.0.1　本模块常用绘图命令

序号	命令说明	命令	快捷命令	序号	命令说明	命令	快捷命令
1	直线	LINE	L	19	插入块	INSERT	I
2	圆	CIRCLE	C	20	写块	WBLOCK	W
3	圆弧	ARC	A	21	编辑块定义	BEDIT	BE
4	矩形	RECTANG	REC	22	块属性定义	ATTDEF	ATT
5	多边形	POLYGON	POL	23	标注样式	DIMSTYLE	D
6	椭圆	ELLIPSE	EL	24	线性标注	DIMLINEAR	DLI
7	多线	MLINE	ML	25	对齐标注	DIMALIGNED	DAL
8	多段线	PLINE	PL	26	基线标注	DIMBASELINE	DBA
9	图案填充	HATCH	H	27	连续标注	DIMCONTINUE	DCO
10	面域	REGION	REG	28	坐标标注	DIMORDINATE	DOR
11	定数等分	DIVIDE	DIV	29	半径标注	DIMRADIUS	DRA
12	偏移	OFFSET	O	30	直径标注	DIMDIAMETER	DDI
13	镜像	MIRROR	MI	31	折弯半径标注	DIMJOGGED	DJO
14	修剪	TRIM	TR	32	角度标注	DIMANGULAR	DAN
15	并集	UNION	UNI	33	弧长标注	DIMARC	DAR
16	差集	SUBTRACT	SU	34	圆心标记	DIMCENTER	DCE
17	交集	INTERSECT	IN	35	引线标注	QLEADER	LE
18	块定义	BLOCK	B	36	公差标注	TOLERANCE	TOL

>> **项目 1**

基础绘图

在 AutoCAD 中绘制工程图，需要按照工程实体的实际尺寸来绘图，或者以一定的比例来绘图。实体是由一些基本的图形要素组成的，比如：直线、圆、圆弧、多段线、椭圆、椭圆弧、点、样条曲线、面等。只有精确地绘制实体的形状与尺寸，才能在加工程序中进行下一步处理。AutoCAD 软件绘图的最大功能在于能快速、美观、准确地绘图。

项目要求

掌握点、直线、构造线、多边形、圆、圆弧、圆环、椭圆、多段线、样条曲线、图案填充等的基本操作与应用。

项目目标

理解点、直线、构造线、多边形、圆、圆弧、圆环、椭圆、多段线、样条曲线、区域填充等命令的应用方法；熟练绘制线条类图形；熟练绘制曲线类图形；掌握创建点、等分点的方法，理解多段线的应用；掌握图案填充的编辑方法。

重点难点

项目重点

线条类、曲线类绘图工具的操作与应用；点坐标、创建点、等分点、多线的操作与应用；图案填充、图形界限、用户坐标系的应用。

项目难点

线条类、曲线类绘制工具的综合应用；基本零件平面图结构分析；图案填充、用户坐标系的应用。

实训概述

任务 1.1 基本绘图工具应用。介绍直线、曲线、多边形等基本绘图工具的应用。

任务 1.2 绘制逆止器棘轮。介绍图形界限的设置,图层的应用,点的定位、等分点的方法,直线、圆的应用。

本项目评价标准如表 2.1.1 所示。

表 2.1.1 项目评价标准

序号	评分点	分值	得分条件	判分要求(分值作参考)
1	图层、线型的设置	30	根据国标设置粗细实线	不符合国标扣分
2	基本绘图工具的使用	30	基本绘图工具的正确使用,操作正确	没有按要求设置要扣分(每项扣)
3	绘制图形	40	图形绘制正确	错画、漏画、多画扣分

任务 1.1　基本绘图工具应用

任务需求

了解基本绘图工具的作用,掌握基本绘图工具的操作方法。

知识与技能目标

掌握绘制线性对象、绘制曲线对象、创建点与点样式、绘制多边形类图形、创建多线与多线样式的操作方法。

任务分析

灵活利用基本绘图工具绘制线条类、曲线类、多边形类图形等。

任务详解

一、绘制线性对象

1. 绘制直线(LINE)

直线是最常用、最简单的一类图形对象,只要指定起点和终点就可以绘制一条线段,可以对任何一条线段单独进行编辑操作。在 AutoCAD 中,可以用二维坐标(x, y)或三维坐标(x, y, z)来指定端点。绘制直线的方法有以下几种。

方法 1:"绘图"工具栏中选择 ╱;

方法 2:"绘图"菜单→"直线"命令;

方法 3:命令行输入 LINE(快捷命令 L)。

要绘制准确长度的直线,可使用 AutoCAD 窗口最下端状态栏中的"动态输入"按钮,它可以让用户在单击直线的终点时输入长度值。"动态输入"按钮可以辅助控制直线的长度、角度，以及每一点的坐标值，按钮若"凹下"表示已启用，"凸起"则表示未启用。在显示动态提示时，按方向键↓可查看和选择选项，按方向键↑可显示最近的动态数值。

操作示例：

（1）绘制长度为 90 的水平直线，如图 2.1.1（a）所示。

命令：L

指定第一个点：90

指定下一点或［放弃（U）］：（回车结束）

（2）绘制长 60，夹角为 30° 的直线，如图 2.1.1（b）所示。

命令：L

指定第一个点：0，0

指定下一点或［放弃（U）］：@60<30

指定下一点或［放弃（U）］：（回车结束）

（a）绘制长度为90的水平直线　　　　　（b）绘制长60，夹角为30°的直线

图 2.1.1　绘制直线

2. 绘制构造线（XLINE）

构造线是向两个方向无限延长且可以放置在三维空间的任何位置的直线，主要用于辅助绘图。

方法 1："绘图"工具栏中选择 ；

方法 2："绘图"菜单→"构造线"；

方法 3：命令行输入 XLINE（快捷命令 XL）。

操作示例：

（1）指定点：默认选项，直接指定构造线通过的两个点来确定构造线，如图 2.1.2 （a）所示。

命令：XL

指定点或［水平（H）/ 垂直（V）/ 角度（A）/ 二等分（B）/ 偏移（O）］：（指定 A_1 点）

指定通过点：（指定 A_2 点）

指定通过点：（回车结束）

（2）水平：过一点绘制一条双向无限延长的水平线，如图 2.1.2（b）所示。

命令：XL

指定点或［水平（H）/ 垂直（V）/ 角度（A）/ 二等分（B）/ 偏移（O）］：H

指定通过点：（指定 A_1 点）

指定通过点：（回车结束）

（3）垂直：过一点绘制一条双向无限延长的垂直线，如图 2.1.2（c）所示。

命令：XL

指定点或［水平（H）/垂直（V）/角度（A）/二等分（B）/偏移（O）］：V

指定通过点：（指定 A_2 点）

指定通过点：（回车结束）

（4）角度：过一点绘制一条在某一方向上无限延长的直线，如图 2.1.2（d）所示。

命令：XL

指定点或［水平（H）/垂直（V）/角度（A）/二等分（B）/偏移（O）］：A

输入构造线的角度〈0〉或［参照（R）］：30（输入与 X 轴的夹角或输入参照命令 R）

指定通过点：（指定 A_1 点）

指定通过点：（回车结束）

注意：当输入参照命令 R 时，系统会提示"选择直线对象"，此时选择要参照的直线，再输入与参照直线的夹角，指定通过点，回车确认结束。

（5）二等分：绘制平分给定角的无限延长的直线，如图 2.1.2（e）所示。

命令：XL

指定点或［水平（H）/垂直（V）/角度（A）/二等分（B）/偏移（O）］：B

指定角的顶点：（指定 A_2 点）

指定角的起点：（指定 A_1 点）

指定角的端点：（指定 A_3 点）

指定角的端点：（回车结束）

（6）偏移：绘制相对于某直线偏移某一距离的一条无限延长的直线，如图 2.1.2（f）所示。

命令：XL

指定点或［水平（H）/垂直（V）/角度（A）/二等分（B）/偏移（O）］：O

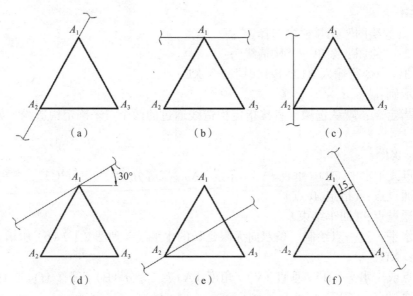

图 2.1.2　绘制构造线

指定偏移距离或［通过（T)]〈通过〉：15（输入偏移距离）

选择直线对象：（选择要相对于哪条直线偏移）

指定向哪侧偏移：（选择直线的某一侧，确定构造线偏移的方向）

选择直线对象：（回车结束）

3. 射线（RAY）

射线命令用于创建一条由某个起点开始沿确定方向无限延长的直线。在图中主要用于作辅助线。

方法 1："绘图"工具栏中选择 ↗；

方法 2："绘图"菜单→"射线"；

方法 3：命令行输入 RAY。

二、绘制曲线对象

1. 绘制圆弧（ARC）

使用圆弧命令根据已知条件可以绘制出准确的圆弧。

方法 1："绘图"工具栏中选择 ⌒；

方法 2："绘图"菜单→"圆弧"；

方法 3：命令行输入 ARC（快捷命令 A）。

有以下几种方法可以绘制圆弧。

（1）三点：默认方式，通过指定圆弧的起点、第二点、端点来绘制圆弧。

命令：A

指定圆弧的起点或［圆心（C)]：（指定第一点 A）

指定圆弧的第二个点或［圆心（C)/端点（E)]：（指定第二点 B）

指定圆弧的端点：（指定第三点 C）

绘制的图形如图 2.1.3（a）所示。

（2）起点，圆心，端点：通过指定圆弧的起点、圆心、端点来绘制圆弧。

命令：A

指定圆弧的起点或［圆心（C)]：（选择 A 点）

指定圆弧的第二个点或［圆心（C)/端点（E)]：C

指定圆弧的圆心：（选择 O 点）

指定圆弧的端点或［角度（A)/弦长（L)]：（选择 B 点）

绘制的图形如图 2.1.3（b）所示。

注意：该圆弧是沿逆时针方向绘制的。

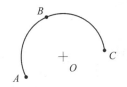 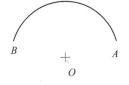

（a）三点默认方式绘制圆弧　　　（b）指定起点、圆心、端点绘制圆弧

图 2.1.3　指定三点绘制圆弧

（3）起点，圆心，角度：通过指定圆弧的起点、圆心、圆弧的圆心角来绘制圆弧，如图 2.1.4（a）所示。

命令：A

指定圆弧的起点或［圆心（C）］：（选择 A 点）

指定圆弧的第二个点或［圆心（C）/端点（E）］：C

指定圆弧的圆心：（选择 O 点）

指定圆弧的端点或［角度（A）/弦长（L）］：A

指定包含角：150

注意：当圆弧的包含角输入正值时，圆弧是沿逆时针方向绘制的；输入负值时，圆弧是沿顺时针方向绘制的。

（4）起点，圆心，长度：通过指定圆弧的起点、圆心、弧的弦长来绘制圆弧，如图 2.1.4（b）所示。

命令：A

指定圆弧的起点或［圆心（C）］：（选择 A 点）

指定圆弧的第二个点或［圆心（C）/端点（E）］：C

指定圆弧的圆心：（选择 O 点）

指定圆弧的端点或［角度（A）/弦长（L）］：L

指定弦长：90

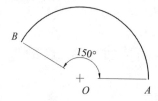

（a）绘制角度值为150°的圆弧

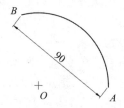

（b）绘制弦长为90的圆弧

图 2.1.4　指定两点绘制圆弧

2. 绘制圆（CIRCLE）

使用圆命令根据已知条件可以绘制出准确的圆，常用来表示柱、轴、轮、孔等。

方法 1："绘图"工具栏中选择 ⊙；

方法 2："绘图"菜单→"圆"；

方法 3：命令行中输入 CIRCLE。

操作示例：

（1）绘制圆心为 A，半径为 60 的圆。

命令：CIRCLE

指定圆的圆心或［三点（3P）/两点（2P）/相切、相切、半径（T）］：（单击 O 点确定圆心位置）

指定圆的半径或［直径（D）］：30（提示输入半径值，若输入参数 D 则提示输入圆的直径）

绘制结果如图 2.1.5 所示。

（2）指定直径的两端点 *A*、*B* 绘制圆。

命令：CIRCLE

指定圆的圆心或［三点（3P）/两点（2P）/相切、相切、半径（T）］：2P（指定直径"两点"选项，输入 2P）

指定圆直径的第一个端点：（指定直径 *AB* 的 *A* 端点）

指定圆直径的第二个端点：（指定直径 *AB* 的 *B* 端点）

绘制结果如图 2.1.6 所示。

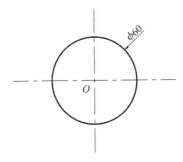
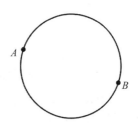

图 2.1.5 应用"圆心，半径"绘制圆　　　图 2.1.6 指定直径的两个端点绘制圆

（3）指定图上的三点 *A*、*B*、*C* 绘制圆。

命令：CIRCLE

指定圆的圆心或［三点（3P）/两点（2P）/相切、相切、半径（T）］：3P（指定"三点"选项，预备通过三点绘制圆，输入 3P）

指定圆上的第一个点：（指定 *A* 点）

指定圆上的第二个点：（指定 *B* 点）

指定圆上的第三个点：（指定 *C* 点）

绘制结果如图 2.1.7（a）所示。

（4）指定两个相切对象和半径绘制圆。

绘制两个半径为 10 的圆后，选择"绘图"菜单→"圆"→"相切，相切，半径"。

命令：CIRCLE

指定圆的圆心或［三点（3P）/两点（2P）/相切、相切、半径（T）］：T（指定"相切、相切、半径"选项，预备以两个相切对象绘制圆，输入 T）

指定对象与圆的第一个切点：（指定第一个圆）

指定对象与圆的第二个切点：（指定第二个圆）

指定圆的半径〈0〉：15

绘制结果如图 2.1.7（b）所示。

（5）指定三个相切对象绘制圆。

绘制指定三角形的内切圆，选择"绘图"菜单→"圆"→"相切，相切，相切"。

命令：CIRCLE

指定圆的圆心或［三点（3P）/两点（2P）/相切、相切、半径（T）］：3P

指定圆上的第一个点：（指定第一条边）

指定圆上的第二个点：（指定第二条边）

指定圆上的第三个点：(指定第三条边)

绘制结果如图 2.1.7 (c) 所示。

 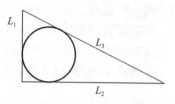

（a）"三点"绘制圆　　　（b）"相切，相切，半径"绘制圆　　　（c）"相切，相切，相切"绘制圆

图 2.1.7　绘制圆

3. 绘制椭圆（ELLIPSE）

使用椭圆命令可以创建椭圆或椭圆弧。

方法 1："绘图"工具栏中选择 ⊙；

方法 2："绘图"菜单→"椭圆"；

方法 3：命令行中输入 ELLIPSE。

操作示例：

（1）通过定义椭圆的中心点和两条轴的端点绘制椭圆。

命令：ELLIPSE

指定椭圆的轴端点或 ［圆弧（A）/中心点（C）］：C

指定椭圆的中心点：(指定 O 点，选择圆心)

指定轴的端点：(指定 A 点)

指定另一条轴的端点：(指定 B 点)

回车，结束命令。绘制结果如图 2.1.8 (a) 所示。

（2）通过定义椭圆一条轴的两个端点及另一条轴的半轴长度绘制椭圆。

命令：ELLIPSE

指定椭圆的轴端点或 ［圆弧（A）/中心点（C）］：(指定 E 点)

指定轴的另一个端点：(指定 F 点)

指定另一条轴的半轴长度或 ［旋转（R）］：25（指定另一条轴的半轴长度值 25）

回车，结束命令。绘制结果如图 2.1.8 (b) 所示。

（3）绘制椭圆弧。

命令：ELLIPSE

指定椭圆的轴端点或 ［圆弧（A）/中心点（C）］：A

指定椭圆弧的轴端点或 ［中心点（C）］：C

指定轴的另一个端点：(指定 G 点)

指定另一条半轴长度或 ［旋转（R）］：(指定 H 点)

指定起点角度或 ［参数（P）］：30

指定端点角度或 ［参数（P）/夹角（I）］：240

回车，结束命令。绘制结果如图 2.1.8 (c) 所示。

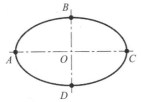
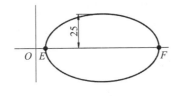
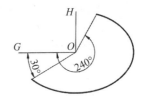

（a）"圆心，端点，端点"绘制椭圆　　（b）"端点，端点，长度"绘制椭圆　　（c）绘制椭圆弧

图 2.1.8　绘制椭圆

4. 绘制样条曲线（SPLINE）

用样条曲线命令可创建基于 ACIS 的"真实"的样条曲线，即 NURBS 曲线，也可以把多段线转换为样条曲线。用户还可以使用 PEDIT（多段线编辑）命令对多段线进行平滑处理，以创建近似于样条曲线的线条。

方法 1："绘图"工具栏中选择 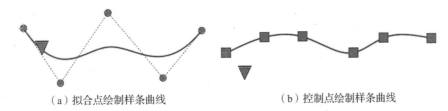 ；

方法 2："绘图"菜单→"样条曲线"；

方法 3：命令行中输入 SPLINE。

利用样条曲线命令绘制样条曲线，如图 2.1.9 所示。

（a）拟合点绘制样条曲线　　　　　　（b）控制点绘制样条曲线

图 2.1.9　绘制样条曲线

三、点与点样式

点在 AutoCAD 中可以作为一个对象被创建，与直线、圆一样具有各种属性，并可以被编辑。

方法 1：POINT 或 PO（只能进行单点操作）；

方法 2：绘图工具栏中 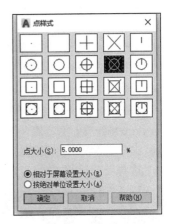（可进行多点操作）。

1. 选择点的样式

为了在视图中显示出点的不同形状，可应用"点样式"设置可见的点样式。

设置方法：选择"格式"菜单→"点样式"，打开"点样式"对话框，单击相应样式，并输入"点大小"，如图 2.1.10 所示。确定一种样式后应用"绘图"工具栏→"点"按钮或选择"绘图"菜单→"点"→"单点或多点"就可在绘图中应用此样式。

2. 绘制定数等分点（DIVIDE）

执行定数等分和定距等分命令，自动生成点。定数等分可以将所选对象等分为指定数目的相等长度，但并

图 2.1.10　"点样式"对话框

不是将所选对象等分为单独的对象。

方法1："绘图"工具栏中选择 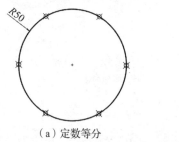；

方法2："绘图"菜单→"点"→"定数等分"；

方法3：命令行中输入 DIVIDE。

操作示例：

使用定数等分命令创建点，利用这些点绘制六等分扇形。

操作步骤：

（1）选择"绘图"菜单→"圆"→"圆心，半径"，在视图中单击确定一个圆心，移动十字光标绘制半径为50的圆；

（2）选择"绘图"菜单→"点"→"定数等分"，或者在命令行中输入 DIVIDE；

（3）命令行提示信息"选择要定数等分的对象"，在视图中单击圆；

（4）命令行提示信息"输入线段数目或［块（B）]"，输入"6"，按 Enter 键，将圆等分为6段，如图 2.1.11（a）所示。若不能显示出点样式，可选择"格式"菜单→"点样式"，打开"点样式"对话框，单击样式，确定后可显示图 2.1.11（a）所示效果；

（5）单击状态栏中的"对象捕捉"按钮，打开对象捕捉功能；

（6）按住键盘上的 Ctrl 键，在视图中单击鼠标右键，在弹出的菜单中选择节点；

（7）选择"绘图"菜单→"直线"，在圆上捕捉到节点，按图 2.1.11（b）所示绘制直线，完成六等分扇形图形的绘制。

（a）定数等分　　　　　　　（b）连接等分点

图 2.1.11　应用"定数等分"绘制六等分扇形

3.绘制定距等分点（MEASURE）

使用定距等分命令可按输入的长度将一已知对象等分。

方法1："绘图"工具栏中选择 ；

方法2："绘图"菜单→"点"→"定距等分"；

方法3：命令行中输入 MEASURE。

操作示例：

在一段直线和一段圆弧上分别进行距离为50的等分。

先绘制一段直线和一段圆弧。

命令：MEASURE

选择要定距等分的对象：（用光标拾取要等分的对象的左侧部分）

输入线段长度或［块（B）]：50

回车，结束命令，绘制结果如图 2.1.12 所示。

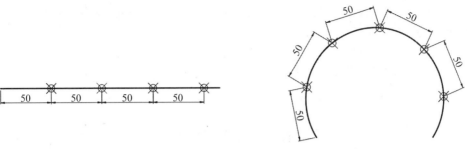

图 2.1.12　定距等分实例

四、多边形类图形绘制

1. 绘制矩形（RECTANG）

矩形命令是用多段线根据矩形两个角点或者矩形的长度和宽度画出一个矩形。矩形是绘制平面图形时常用的简单图形，也是构成复杂图形的基本图形元素。绘制矩形时，可以指定矩形尺寸、面积和旋转参数，还可以控制矩形的角点类型，如直角、圆角或倒角以及标高、宽度等，如图 2.1.13 所示。

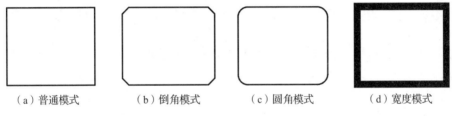

（a）普通模式　　　（b）倒角模式　　　（c）圆角模式　　　（d）宽度模式

图 2.1.13　绘制矩形

方法 1："绘图"工具栏中选择 □ ；

方法 2："绘图"菜单→"矩形"；

方法 3：命令行输入 RECTANG（快捷命令 REC）；

对绘制矩形时会出现的命令选项进行如下介绍。

命令：RECTANG

指定第一个角点或 [倒角（C）/标高（E）/圆角（F）/厚度（T）/宽度（W）]：

各选项功能如下：

①指定第一个角点：默认选项，指定完第一个角点后，系统出现提示"指定另一个角点或 [面积（A）/尺寸（D）/旋转（R）]："。

● 指定另一个角点：此时再输入另一个角点的位置，矩形绘制完成。

● 面积：输入"A"命令后，系统出现如下提示。

输入以当前单位计算的矩形面积〈当前值〉：（输入矩形面积）

计算矩形标注时依据 [长度（L）/宽度（W）]〈长度〉：L（或 W）

输入矩形长度（或宽度）〈当前值〉：（输入数值）

● 尺寸：输入"D"命令后，系统出现如下提示。

指定矩形的长度〈当前值〉：（输入数值）

指定矩形的宽度〈当前值〉：（输入数值）

指定另一个角点或［面积（A）/尺寸（D）/旋转（R）］：（选择另一个角点方位以确定矩形的位置）

● 旋转：输入"R"命令后，系统出现如下提示。

指定旋转角度或［拾取点（P）］〈当前值〉：（指定旋转角度或通过拾取某点确定旋转角度）

②输入"C"命令，可以设置矩形倒角的倒角距离。

③输入"E"命令，可以设置矩形在三维空间中 Z 方向上的高度，即矩形距离 XY 平面的高度。

④输入"F"命令，可以设置矩形圆角的半径。

⑤输入"T"命令，可以设置矩形在 Z 方向上的厚度。

⑥输入"W"命令，可以设置矩形的线宽。

注意：当设置了这些参数后，再次绘制矩形，这些参数将变成当前值，因此在使用这些选项更改了系统参数后，应当将其改回默认值方便下一次使用矩形命令。

（1）绘制直角矩形。

绘制一个直角矩形，如图 2.1.14 所示。

命令：REC

指定第一个角点或［倒角（C）/标高（E）/圆角（F）/厚度（T）/宽度（W）］：（选择 A 点）

指定另一个角点或［面积（A）/尺寸（D）/旋转（R）］：D

指定矩形的长度〈0.0000〉：60

指定矩形的宽度〈0.0000〉：30

指定另一个角点或［面积（A）/尺寸（D）/旋转（R）］：（选择 B 点）

（2）绘制圆角矩形

绘制一个圆角矩形，如图 2.1.15 所示。

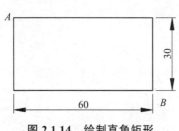 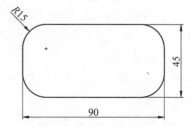

图 2.1.14　绘制直角矩形　　　　图 2.1.15　绘制圆角矩形

命令：REC

指定第一个角点或［倒角（C）/标高（E）/圆角（F）/厚度（T）/宽度（W）］：F

指定矩形的圆角半径〈0.0000〉：15

指定第一个角点或［倒角（C）/标高（E）/圆角（F）/厚度（T）/宽度（W）］：（选择第一个点）

指定另一个角点或［面积（A）/尺寸（D）/旋转（R）］：D

指定矩形的长度〈60.0000〉：90

指定矩形的宽度〈30.0000〉：45

指定另一个角点或［面积（A）/尺寸（D）/旋转（R）］：（选择另一个点，回车，结束命令）

（3）绘制矩形时取消倒角 / 圆角设置。

当用户绘制了圆角或倒角矩形之后，下一次再次启用矩形命令时，如果不修改设置，绘制的依然是圆角或倒角矩形，若要取消该设置，可采用以下方法。

1）取消倒角设置。

单击"矩形"按钮。

当前矩形模式：倒角 =10.0000 × 10.0000

指定第一个角点或［倒角（C）/标高（E）/圆角（F）/厚度（T）/宽度（W）］：C（若无"当前矩形模式"提示，则表示已取消倒角设置）

指定矩形的第一个倒角距离〈10.0000〉：0

指定矩形的第二个倒角距离〈10.0000〉：0

回车确认完成取消倒角设置操作。

2）取消圆角设置。

单击"矩形"按钮。

当前矩形模式：圆角 =10.0000

指定第一个角点或［倒角（C）/标高（E）/圆角（F）/厚度（T）/宽度（W）］：F（若无"当前矩形模式"提示，则表示已取消圆角设置）

指定矩形的圆角半径〈10.0000〉：0

回车确认完成取消圆角设置操作。

技能点拨：运用 AutoCAD 绘图时会出现系统保存更改后设置的情况，若需要修改并恢复到默认设置，操作方法与此类似。

（4）应用"旋转"命令绘制矩形。

绘制图 2.1.16 所示的矩形。

命令：REC

指定第一个角点或［倒角（C）/标高（E）/圆角（F）/厚度（T）/宽度（W）］：（选择 O 点）

指定另一个角点或［面积（A）/尺寸（D）/旋转（R）］：R

指定旋转角度或［拾取点（P）］〈0〉：30（输入旋转角度）

指定另一个角点或［面积（A）/尺寸（D）/旋转（R）］：D

指定矩形的长度〈0.0000〉：60

指定矩形的宽度〈0.0000〉：30

指定另一个角点或［面积（A）/尺寸（D）/旋转（R）］：（选择矩形上方）

技能点拨：应用"旋转"命令后系统会保存设置，下次绘制矩形时仍为"旋转"状态，需将旋转角度设置为 0 来取消"旋转"设置。

2. 绘制正多边形（POLYGON）

使用正多边形命令可用多段线绘制一个封闭的等边多边形。

方法 1："绘图"工具栏中选择 ；

方法 2："绘图"菜单→"正多边形"；

方法 3：命令行输入 POLYGON。

操作示例：

利用多边形命令完成图形的绘制，如图 2.1.17 所示。

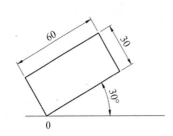

图 2.1.16　应用"旋转"命令绘制矩形

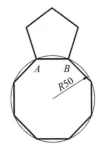

图 2.1.17　根据半径、边长绘制正多边形

（1）根据半径绘制正多边形。

命令：POLYGON

输入侧面数〈4〉：8

指定正多边形的中心点或［边（E）］：（在绘图视图中单击一点即可）

输入选项［内接于圆（I）/外切于圆（C）]〈I〉：I

指定圆的半径：50

在视图中移动十字光标并单击，创建正八边形。

（2）根据边长绘制正多边形。

命令：POLYGON

输入侧面数〈8〉：5

指定正多边形的中心点或［边（E）］：E

指定边的第一个端点：（选择 *A* 点）

指定边的第二个端点：（选择 *B* 点）

正五边形固定在正八边形的一侧。

五、图案填充

图案填充主要用来填充一些图案，在机械绘图中图案填充多用于绘制剖面效果。

方法 1：绘图工具栏→"图案填充"按钮▨；

方法 2："绘图"菜单→"图案填充"；

方法 3：命令行输入 HATCH，或输入 H。

1. 应用"图案填充"填充边界封闭区域

操作示例：

绘制一个联轴器，如图 2.1.18（a）所示。

命令：H

拾取内部点或［选择对象（S）/放弃（U）/设置（T）］：（选择需要填充的区域）

拾取内部点或［选择对象（S）/放弃（U）/设置（T）］：（单击鼠标右键，结束命令）

双击刚才填充的区域，打开"图案填充

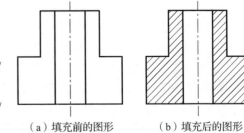

（a）填充前的图形　　（b）填充后的图形

图 2.1.18　图案填充

和渐变色"对话框，单击"图案"旁的"…"选择"ANSI31"图案，并设置"比例"为 25，单击"确定"完成图案填充，如图 2.1.18（b）所示。

2. 填充渐变色（GRADIENT）

使用渐变色命令可以在指定的区域里填充单色渐变或者双色渐变的颜色。

操作示例：

绘制一个同心圆，如图 2.1.19（a）所示；

命令：GRADIENT

拾取内部点或［选择对象（S）/放弃（U）/设置（T）］：（选择同心圆填充区域）

拾取内部点或［选择对象（S）/放弃（U）/设置（T）］：（单击鼠标右键，结束命令）

双击刚才填充的区域，打开"图案填充和渐变色"对话框，如图 2.1.19（b）所示，单击"颜色"下方的"双色"，选择中间的渐变色图案，单击"确定"完成图案填充，如图 2.1.19（c）所示。

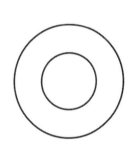 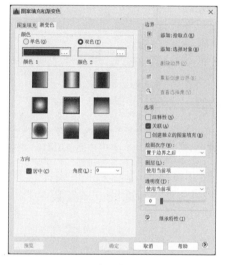 

（a）填充前的图形　　　　　　　　（b）填充渐变色设置　　　　　　　　（c）填充后的图形

图 2.1.19　图案填充

3. 删除填充图案

每个填充的图案都是一个实体对象，都可以对其执行删除操作。

单击"删除"按钮，选择填充的图案，按回车键，可删除所选择的填充图案；或选定填充的图案后按 Delete 键删除。

六、多线与多线样式

多线命令用于一次创建 1 至 16 条平行线，每条平行线是一个元素，平行线之间的间距和数目可以调整，常用于绘制建筑图中的墙体、电子线路图等平行对象。

1. 创建新的多线样式

使用多线样式命令时，用户可以自定义样式，根据需要定义不同的线数、线型、封口和颜色等。

创建名称为"墙体"的多线样式，要求有五条平行线，间距为 0.5，起点为直线，端点为外弧，并置为当前。操作如下：

选择"格式"菜单→"多线样式"，或在命令行中输入 mlstyle，打开"多线样式"对话框。在对话框中选择"新建"按钮，打开"创建新的多线样式"对话框，并输入新样式名称"墙体"，如图 2.1.20 所示。在对话框中单击"继续"按钮，打开"修改多线样式：墙体"对话框，单击"添加"并分别设置"偏移"为 2、0、−2 的三条平行线，勾选起点为"直线"、端点为"外弧"，其他项取默认值，如图 2.1.21 所示，单击"确定"完成多线样式的设置并返回"多线样式"对话框，单击样式"墙体"并"置为当前"，启用多线命令后将按样式"墙体"绘制多线。

图 2.1.20　创建新的多线样式"墙体"

图 2.1.21　新建多线样式的设置

应用创建的多线样式绘制多线时需要在"多线样式"对话框中将其"置为当前"后才能调用绘图，反复调用可应用多种多线绘制复杂图形。

2.修改多线样式

修改多线样式的方法有以下几种。

（1）命令行输入 mline。

命令：mline（在启动多线命令之后，命令行会首先提示当前的多线绘图样式）

当前设置：对正 = 上，比例 =1.00，样式 = 墙体

指定起点或［对正（J）/ 比例（S）/ 样式（ST）］：S

输入多线比例〈1.00〉：10

如图 2.1.22 所示，修改后的当前设置表明多线的对正方式为上，比例为 10，样式为墙体。

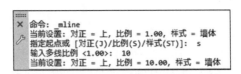

图 2.1.22　调整多线样式比例

（2）选择"格式"菜单→"多线样式"，在弹出的"多线样式"对话框中单击"修改"按钮，使用打开的"修改多线样式"对话框可以修改创建的多线样式。用户可参照创建多线样式的方法对多线样式进行修改。

3. 绘制多线图形

方法 1：命令行输入 mline；

方法 2："修改"菜单→"对象"→"多线"。

操作示例：

应用多线命令绘制图形，如图 2.1.23 所示。

命令：mline

当前设置：对正＝上，比例＝10.00，样式＝墙体

指定起点或［对正（J）/ 比例（S）/ 样式（ST）］：（在绘图区中心单击确定起点 A）

指定下一点：@0，400（输入 B 点相对坐标，确定第二点 B）

指定下一点或［放弃（U）］：@-200，0（输入 C 点相对坐标，确定第三点 C）

指定下一点或［闭合（C）/ 放弃（U）］：@0，-400（输入 D 点相对坐标，确定第四点 D）

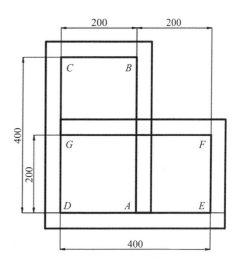

图 2.1.23　应用多线命令绘制图形

指定下一点或［闭合（C）/ 放弃（U）］：@400，0（输入 E 点相对坐标）

指定下一点或［闭合（C）/ 放弃（U）］：@0，200（输入 F 点相对坐标）

指定下一点或［闭合（C）/ 放弃（U）］：@-400，0（输入 G 点相对坐标）

指定下一点或［闭合（C）/ 放弃（U）］：（回车，结束命令）

4. 编辑多线图形

操作示例：

应用多线编辑工具对图形进行编辑，绘制结果如图 2.1.24 所示。

选择"修改"菜单→"对象"→"多线"，或双击多线图形，打开"多线编辑工具"对话框，如图 2.1.25 所示。

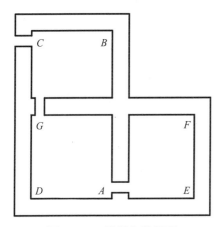

图 2.1.24　编辑多线图形

图 2.1.25　多线编辑工具

可以使用其中的 12 种编辑工具编辑多线。

应用"十字打开"打通多线，应用"T 形打开"打通 A、G 两个点，应用"全部

剪切"在 A、C、G 位置打开三个"通道",然后应用"多线样式"命令创建"一端直线封口"的多线样式绘制封口。

任务 1.2   绘制逆止器棘轮

📖 任务需求

如图 2.1.26 所示,完成逆止器棘轮的绘制,并以"2.1.26.dwg"为文件名保存。

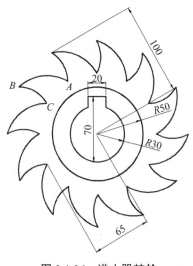

绘制逆止器棘轮

图 2.1.26   逆止器棘轮

📚 知识与技能目标

掌握图形界限的设置,图层的应用,点样式的设置,等分点的操作方法,直线、圆的应用,以及对象捕捉的操作方法。

📘 任务分析

设置图纸和图层,并充分利用基本绘图工具绘制棘轮。

分析棘轮的各个棘点特性,合理利用等分圆和对象捕捉完成图形的绘制。

🎓 任务详解

一、设置绘制环境

1. 新建图形文件,设置模型空间界限

命令:LIMITS

重新设置模型空间界限:

指定左下角点或 [开(ON)/关(OFF)]〈0.0000,0.0000〉:(默认为左下角点)

指定右上角点〈320.00，270.00〉：200，200

2.设置图形单位

选择"格式"菜单→"单位"，在弹出的"图形单位"对话框中设置单位为"毫米"。

3.设置图层

根据零件图的一般需要，按国家标准 GB/T 14665—2012 的要求，设置如图 2.1.27 所示图层。

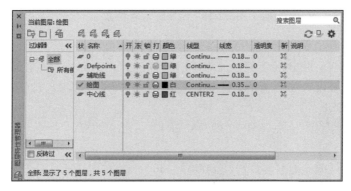

图 2.1.27　图层设置

选择"格式"菜单→"图层"或单击"图层特性"按钮，弹出"图层特性管理器"对话框，设置"绘图""中心线""辅助线"三个新图层，并将"辅助线"层设为"不打印"，将"绘图"层线宽设为"0.35"，并置为当前层，其他线宽设为"0.18"。

二、绘制图形

1.绘制中心线

（1）将当前图层切换到"中心线"层。

（2）应用直线命令绘制水平辅助线和垂直辅助线，如图 2.1.28 所示。

命令：LINE

指定第一个点：（单击绘图区中心处）

指定下一点或［放弃（U）］：100（输入长度）

指定下一点或［放弃（U）］：（回车，结束命令）

（3）应用旋转命令，绘制相同长度的辅助线。

命令：ROTATE

UCS 当前的正角方向：ANGDIR= 逆时针　ANGBASE=0

找到 1 个

指定基点：（旋转水平辅助线的中点）

指定旋转角度或［复制（C）/参照（R）]〈0〉：C（旋转一组选定对象）

指定旋转角度或［复制（C）/参照（R）]〈0〉：90（参考角度90°）

回车，结束命令。

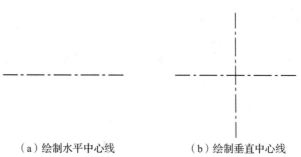

（a）绘制水平中心线　　　　　　（b）绘制垂直中心线

图 2.1.28　绘制棘轮中心线

2. 绘制四个半径分别为 30、50、65、100 的同心圆

（1）在"绘图"层分别绘制半径为 30 和 50 的圆。

将"绘图"层设置为当前层，单击"绘图"菜单→"圆"。

命令：CIRCLE

指定圆的圆心或 ［三点（3P）/两点（2P）/切点、切点、半径（T）］：（选择两条辅助线交点）

指定圆的半径或 ［直径（D）］〈0.0000〉：30

回车，结束命令。

命令：CIRCLE

指定圆的圆心或 ［三点（3P）/两点（2P）/切点、切点、半径（T）］：（选择两条辅助线交点）

指定圆的半径或 ［直径（D）］〈30.0000〉：50

回车，结束命令。

（2）在"辅助线"层分别绘制半径为 65 和 100 的圆。

将绘图图层切换到"辅助线"层，单击"绘图"菜单→"圆"。

命令：CIRCLE

指定圆的圆心或 ［三点（3P）/两点（2P）/切点、切点、半径（T）］：（选择两条辅助线交点）

指定圆的半径或 ［直径（D）］〈50.0000〉：65

回车，结束命令。

命令：CIRCLE

指定圆的圆心或 ［三点（3P）/两点（2P）/切点、切点、半径（T）］：（选择两条辅助线交点）

指定圆的半径或 ［直径（D）］〈65.0000〉：100

回车，结束命令。绘制结果如图 2.1.29 所示。

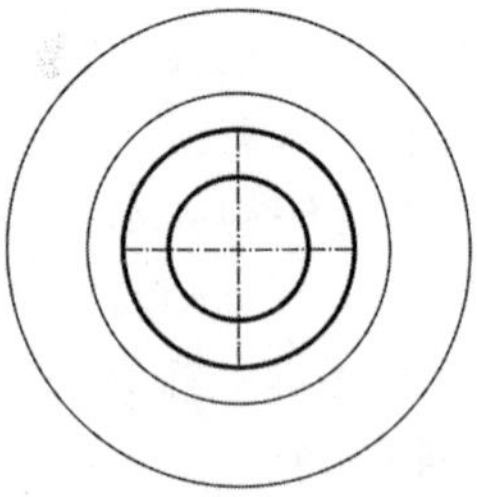

3. 绘制逆止器棘轮的棘爪

（1）将"辅助线"层置为当前层。

图 2.1.29　绘制棘轮 4 个同心圆

（2）分别将半径为 65 和 100 的圆定数等分。

设置点样式，如图 2.1.30 所示。分别将半径为 65 和 100 的 2 个圆等分为 12 份，如图 2.1.31 所示。

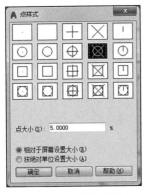

图 2.1.30　设置点样式

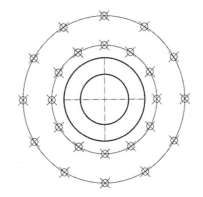

图 2.1.31　将两个辅助圆定数等分为 12 份

命令：DIVIDE

选择要定数等分的对象：(选择半径为 100 的圆)

输入线段数目或 [块 (B)]：12

命令：DIVIDE

选择要定数等分的对象：(选择半径 65 的圆)

输入线段数目或 [块 (B)]：12

(3) 连接等分点，绘制第一个棘爪。

将"绘图"层置为当前层，单击"绘图"菜单→"圆弧"。

命令：ARC

指定圆弧的起点或 [圆心 (C)]：(选择 A 点)

指定圆弧的第二个点或 [圆心 (C) / 端点 (E)]：E

指定圆弧的端点：(选择 B 点)

指定圆弧的中心点 (按住 Ctrl 键以切换方向) 或 [角度 (A) / 方向 (D) / 半径 (R)]：D

指定圆弧起点的相切方向 (按住 Ctrl 键以切换方向)：150

命令：ARC

指定圆弧的起点或 [圆心 (C)]：(选择 B 点)

指定圆弧的第二个点或 [圆心 (C) / 端点 (E)]：E

指定圆弧的端点：(选择 C 点)

指定圆弧的中心点 (按住 Ctrl 键以切换方向) 或 [角度 (A) / 方向 (D) / 半径 (R)]：D

指定圆弧起点的相切方向 (按住 Ctrl 键以切换方向)：0

(4) 利用阵列命令，绘制全部棘爪。

命令：ARRAYPOLAR

选择对象：找到 1 个 (选择第一个棘爪)

选择对象：找到 1 个，总计 2 个

选择对象：

类型 = 极轴　关联 = 是

指定阵列的中心点或 [基点 (B) / 旋转轴 (A)]：(选择圆的圆心)

选择夹点以编辑阵列或 [关联 (AS) / 基点 (B) / 项目 (I) / 项目间角度 (A) / 填充角度 (F) / 行 (ROW) / 层 (L) / 旋转项目 (ROT) / 退出 (X)]〈退出〉：I

输入阵列中的项目数或［表达式（E）]〈6〉：12

选择夹点以编辑阵列或［关联（AS）/基点（B）/项目（I）/项目间角度（A）/填充角度（F）/行（ROW）/层（L）/旋转项目（ROT）/退出（X）]〈退出〉：（回车，结束命令）

绘制结果如图 2.1.32 所示。

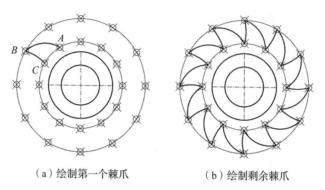

（a）绘制第一个棘爪　　　　（b）绘制剩余棘爪

图 2.1.32　绘制逆止器棘爪

4. 绘制键槽

（1）将"绘图"层置为当前层。

（2）绘制两条垂直辅助线。

命令：OFFSET

当前设置：删除源＝否　图层＝源　OFFSETGAPTYPE=0

指定偏移距离或［通过（T）/删除（E）/图层（L）]〈通过〉：10

选择要偏移的对象或［退出（E）/放弃（U）]〈退出〉：（选择垂直中心线）

指定要偏移的那一侧上的点，或［退出（E）/多个（M）/放弃（U）]〈退出〉：（单击左侧进行偏移）

选择要偏移的对象或［退出（E）/放弃（U）]〈退出〉：（选择垂直中心线）

指定要偏移的那一侧上的点，或［退出（E）/多个（M）/放弃（U）]〈退出〉：（单击右侧进行偏移）

选择要偏移的对象或［退出（E）/放弃（U）]〈退出〉：（回车，结束命令）

（3）绘制键槽水平辅助线。

命令：OFFSET

当前设置：删除源＝否　图层＝源　OFFSETGAPTYPE=0

指定偏移距离或［通过（T）/删除（E）/图层（L）]〈通过〉：40（70−30）

选择要偏移的对象，或［退出（E）/放弃（U）]〈退出〉：（选择水平中心线）

指定要偏移的那一侧上的点，或［退出（E）/多个（M）/放弃（U）]〈退出〉：（单击中心线的上方进行偏移）

选择要偏移的对象或［退出（E）/放弃（U）]〈退出〉：（回车，结束命令）

绘制结果如图 2.1.33（a）所示。

（4）连接键槽辅助线。

命令：LINE

指定第一个点：(选择 1 点)

指定下一点或 [放弃 (U)]：(选择 2 点)

指定下一点或 [放弃 (U)]：(选择 3 点)

指定下一点或 [闭合 (C) / 放弃 (U)]：(选择 4 点)

指定下一点或 [闭合 (C) / 放弃 (U)]：(回车，结束命令)

绘制结果如图 2.1.33 (b) 所示。

5. 清除辅助线

单击"图层"工具栏下拉按钮弹出列表，单击"辅助线"层和"中心线"层图标，将其设置为"关"(状态为颜色变暗)，或用鼠标选中用于辅助绘图的圆和点，按下 Delete 键删除。

逆止器棘轮的最终效果，如图 2.1.34 所示。

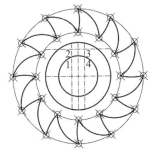

(a) 绘制键槽辅助线　　　　(b) 连接键槽辅助线

图 2.1.33　绘制逆止器棘轮键槽　　　图 2.1.34　逆止器棘轮最终效果图

三、保存

单击"文件"菜单→"另存为"，以"2.1.26.dwg"为文件名将文件进行保存。

项目小结

本项目介绍 AutoCAD 2021 基本平面绘图命令的用法，熟练掌握并应用这些基本命令有助于高效快速地绘图。直线和曲线等是构成图形的基本元素，图案填充多用于剖面填充。

实训与评价

一、基础实训

1. 绘制直线、圆、圆弧、矩形、正多边形、多段线的命令调用方法分别有哪些？

2. 在绘制了两条或两条以上直线段之后，怎样将直线段闭合成一个多边形？

3. 画正多边形时，与圆的关系有哪些选择？

4. AutoCAD 2021 有哪两种图案填充功能？

5. 举例说明有哪两类等分点形式。

6.为了消除多线相交区域内的图线，应怎样操作？试举例说明。

7.在 AutoCAD 2021 中如何创建多线样式？

8.在绘图过程中直线是最常用的图形对象之一，而射线和构造线在图形中也有所应用，试分析这 3 种图形对象的特点及应用场合。

二、拓展实训

1.绘制图 2.1.35 所示图形，完成后以"2.1.35.dwg"为文件名将文件进行保存。

绘图提示：

绘制图 2.1.35 时，建议设置辅助线层、绘图层、标注层三个图层，注意图层的区分，绘制辅助线时单独放到辅助线层，便于修改。

图形应从中心处开始绘制，先绘制中心线，再利用图形对称的特征，绘制左边的图形，最后利用镜像命令进行图形的复制。

2.绘制图 2.1.36 所示图形，完成后以"2.1.36.dwg"为文件名将文件进行保存。

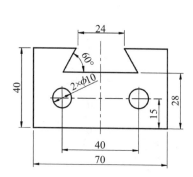

图 2.1.35 绘制燕尾槽块

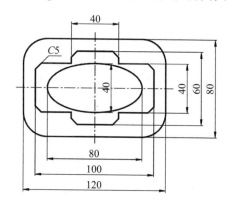

图 2.1.36 绘制倒角图形

绘图提示：

绘制图 2.1.36 时，建议设置辅助线层、绘图层、标注层三个图层，注意图层的区分，绘制辅助线时单独放到辅助线层，便于修改。

图形应从中心处开始绘制，先绘制中心线，利用图形有中心对称的特征，将图像放置在中心点上，最后进行倒角、倒圆角。

3.绘制图 2.1.37 所示图形，完成后以"2.1.37.dwg"为文件名将文件进行保存。

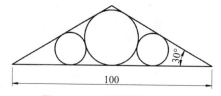

图 2.1.37 绘制等腰三角形

绘图提示：

绘制图 2.1.37 时，建议设置辅助线层、绘图层、标注层三个图层，注意图层的区分，绘制辅助线时单独放到辅助线层，便于修改。

图形应从等腰三角形开始绘制，先绘制底边长 100 的线，再绘制两侧的边，利用圆命令中的"相切，相切，相切"功能绘制中间的圆，同样的操作绘制左边的小圆，最后利用镜像命令完成右边小圆的绘制。

4. 绘制图 2.1.38 所示图形，完成后以"2.1.38.dwg"为文件名将文件进行保存。

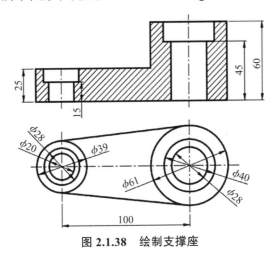

图 2.1.38 绘制支撑座

绘图提示：

绘制图 2.1.38 时，建议设置辅助线层、绘图层、标注层三个图层，注意图层的区分，绘制辅助线时单独放到辅助线层，便于修改。

图形应从俯视图开始绘制，先绘制两个基准中心线，然后绘制左边的三个同心圆，再绘制右边的三个同心圆，最后绘制两条切线。绘制主视图时，先绘制一条水平线，再利用俯视图的投影关系把高度的轮廓线先绘制出来，使用偏移命令绘制剩余的轮廓线，最后修剪图形，进行图案填充。

5. 绘制图 2.1.39 所示图形，完成后以"2.1.39.dwg"为文件名将文件进行保存。

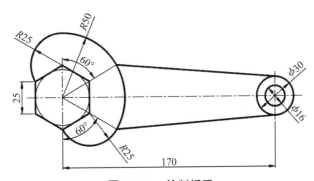

图 2.1.39 绘制扳手

绘图提示：

绘制图 2.1.39 时，建议设置辅助线层、绘图层、标注层三个图层，注意图层的区分，绘制辅助线时单独放到辅助线层，便于修改。

应先绘制两个基准中心线，然后绘制左边的六边形，再分别绘制半径 25、半径 50、半径 25 的三段圆弧，然后绘制右边的两个同心圆，最后绘制两条切线，需要注意切线左边的连接点是与垂直方向成 60° 的线与半径 50 的圆弧的交点。

6. 应用"多线"及"多线样式"绘制房屋平面图，并作墙体填充，如图 2.1.40 所示，以"2.1.40.dwg"为文件名保存。

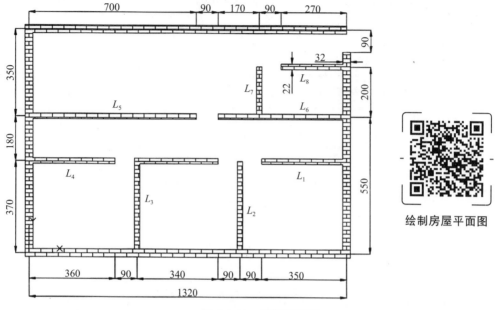

图 2.1.40　房屋平面图

绘图提示：

在绘制房屋平面图前，需要准确了解房屋平面结构。绘制时可以定义图形左下角为用户坐标系原点，应用相对坐标点来绘制多线，绘制墙体框架前需要通过分析墙体宽度来设置多线样式。

图形属性与图形编辑

项目要求

掌握对象选择的方法，复制、删除、镜像、偏移、移动、旋转、缩放、拉伸、修剪、延伸、打断、圆角、倒角和分解等编辑工具的应用。

项目目标

掌握对象选择的方法和复制、删除、镜像、偏移、移动、旋转等编辑工具的使用方法；熟练运用不同的工具方便快捷地绘制各种图形；掌握实体目标选择、取消和重复操作、夹点以及编辑工具栏上的主要修改工具的使用方法；掌握用对象特性工具栏、特性选项面板修改和编辑图形的方法。

重点难点

项目重点
目标实体的选择方法；各种编辑工具的使用方法；二维图形对象编辑。
项目难点
各种工具的灵活使用及使用技巧；图层的合理应用。

实训概述

任务 2.1　图形属性与编辑工具应用。了解并掌握图形编辑工具的应用。
任务 2.2　绘制底座平面图。介绍图层的应用，以及偏移、复制、对象捕捉等工具的综合应用。
本项目评价标准如表 2.2.1 所示。

表 2.2.1　项目评价标准

序号	评分点	分值	得分条件	判分要求（分值作参考）
1	图层、线型的设置	20	根据国标设置粗细实线	没有按要求设置要扣分
2	绘制图形	40	图形绘制正确	错画、漏画、多画扣分
3	图案填充	20	按要求填充图案	没有按要求填充扣分
4	坐标系的应用	20	正确使用坐标系辅助绘图	必须全部正确才可得分

任务2.1　图形属性与编辑工具应用

任务需求

在了解图形属性的基础上使用编辑工具绘制简单图形。

知识与技能目标

理解对象的选择，掌握复制、镜像、偏移、阵列、移动、旋转、拉长、修剪、延伸、打断、倒角、分解等操作技能。

任务分析

利用不同方法选择对象；灵活运用复制、镜像、偏移、阵列、移动、旋转、拉长、修剪、延伸、打断、倒角、分解等工具编辑图形。

任务详解

一、基本编辑工具

基本编辑工具包括：选择、放弃、重做、夹点、删除。

1. 选择对象

在 AutoCAD 2021 绘图界面产生的一切内容，统称为操作对象，包括图形、文字、标注等。要对图形文件中的某些对象（或目标）进行操作，第一步就是选择对象。选定对象后，该对象呈高亮夹点显示，能明显地和那些未被选中的图线区分开来。

选择对象有多种方法，最常用的有以下三种方法。

（1）用拾取框选择单个对象。

将拾取框十字光标移到要编辑的对象上，单击鼠标左键，对象变为粗虚线并高亮显示，则表示选中该对象，此时被选中的对象呈虚线显示（未被选择的对象保持原来的颜色，且不会呈夹点显示），如图 2.2.1 所示。

利用拾取框单击鼠标左键一次只能选择一个对象，多次拾取需多次单击鼠标左键选择多个对象。

（2）用矩形选择框方式选择多个对象。

除了用拾取框方式选择单个对象外，AutoCAD 2021 还提供了矩形选择框方式来选择多个对象。

执行编辑命令后，在"选择对象："提示下，用户在屏幕左上角（或右下角）的适当位置单击鼠标左键，指定第一个对角点，向右下（或左上）拉出矩形方框，在适当位置单击鼠标左键指定另一个角点，在绘图区域内可看见一个实线形矩形方框。此时完全被方框框住的对象即可被选中，如图 2.2.2 所示。

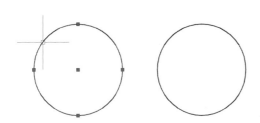

图 2.2.1　拾取框选择单个对象

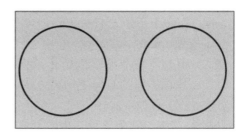

图 2.2.2　矩形选择框选择多个对象

（3）快速选择对象。

在 AutoCAD 2021 中还有一种快速选择对象的办法。

根据设置的对象的特性过滤条件，快速、准确地生成对象选择集组。

命令：QSELECT

各选项功能如下：

1）"应用到（Y）"：下拉列表框，显示和确定过滤条件的适用范围。默认范围是整个图形，也可以应用到当前选择集组。或者可用实体选择（SELECT OBJECTS）功能，即单击该列表框右侧带有箭头的"选择对象"图标，根据当前所指定的过滤条件来选择对象，构造一个新的选择集组。此时，应用的图形范围被当前选择集组所代替。

2）"对象类型（B）"：下拉列表框，用于指定要过滤的对象类型，如果当前没有选择集组，在该下拉列表框中将包含 AutoCAD 所有可用的对象类型；如果已有一个选择集组，则包含所选对象的类型。

3）"特性（P）"：列表框，用于指定作为过滤条件的对象特性。

4）"运算符（O）"：下拉列表框，用于控制过滤的范围。运算符包括：=、〈　〉、〉、〈、全部选择等。其中，"〉""〈"操作符对某些对象特性是不可用的。

5）"值（V）"：下拉列表框，用于输入过滤的特性值。

6）"如何应用"选项组：设置满足条件的对象是包括在新选择集中还是排除在新选择集之外，用两个选择按钮来控制。

7）"附加到当前选择集（A）"：复选框，用于指定由 QSELECT 命令所创建的选择集是附加到当前选择集中，还是替代当前选择集。

当在该对话框中完成各项设置后，单击"确定"按钮，屏幕上与指定属性相匹配的对象被选中，以虚线显示。

2. 放弃和重做

当用户在使用 AutoCAD 绘图的过程中，经常会出现操作步骤错误或者绘图错误的情况，这时可以通过放弃或者重做，来重新绘制正确的图纸。

（1）放弃（U）。

使用"放弃"命令，可以逐步取消之前的绘图操作，直到初始状态。

启用"放弃"命令有以下三种方式。

方法 1：工具栏中 ← ；

方法 2："编辑"菜单→"放弃"或快捷键 Ctrl+Z；

方法 3：命令行输入 U。

（2）重做（redo）。

使用"重做"命令可以恢复上一个"放弃"操作。

启动"重做"命令有以下三种方式。

方法 1：工具栏中 → ；

方法 2："编辑"菜单→"重做"或快捷键 Ctrl+Y；

方法 3：命令行输入 redo。

注意："重做"命令只有在使用"放弃"命令之后才起作用。

3. 夹点

在未执行任何命令的情况下，选择要编辑的对象，被选取的对象将出现若干个带颜色的小方框，这些小方框是该对象的特征点，称为夹点，如图 2.2.3 所示。

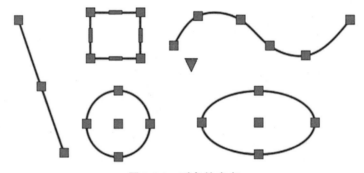

图 2.2.3　对象的夹点

通过夹点，使用定点设置可以将多个通用的编辑命令与对象选择结合在一起，以便更快地进行编辑。当夹点打开时，在编辑前选择所需的对象，就可以对该对象进行操作。用户利用夹点功能还可以对对象方便地进行拉伸、移动、旋转、缩放和镜像等编辑操作。

（1）夹点设置。

"夹点设置"的命令调用方式有以下几种。

方法 1："工具"菜单→"选项"；

方法 2：命令行输入 Options（Ddgrips/GR/OP/PR）。

执行"夹点设置"命令后，将打开"选项"对话框，选择"选择集"选项卡，如图 2.2.4 所示。

图 2.2.4 "选项"对话框

（2）夹点操作。

在"夹点"区域可设置夹点及其颜色。

当对象处于夹点状态时，系统允许用户通过以下方法来执行移动、复制、旋转、拉伸、缩放和镜像等操作。

方法 1：单击对象夹点，夹点变成蓝色表示处于夹点编辑状态，直接按回车、空格键，系统会依次切换"拉伸""移动""旋转""缩放""镜像"等操作。

用户可随意根据自己的需要切换到相应的编辑模式进行编辑操作，若单击鼠标右键则弹出"夹点编辑"对话框，可以方便地进行"移动""复制""旋转""拉伸""缩放""镜像"等操作。

方法 2：在命令提示行后输入命令或快捷命令，如 ST（拉伸）、MO（移动）、RO（旋转）、SC（比例）、MI（镜像）。

4. 删除（ERASE）

在绘图过程中，由于图形的特性，会作一些辅助线帮助绘制，或者会因为操作错误而产出多余的图形，无论是辅助线还是多余的图形，这些都不是绘图的需求结果，这时可以通过"删除"对象的方法来处理和完善图形。

（1）启用"删除"命令。

启用"删除"命令有以下四种方法。

方法 1："修改"工具栏中 ；

方法 2："修改"菜单→"删除"；

方法 3：命令行输入 ERASE（快捷命令 E）；

方法 4：选择对象后，按 Delete 键也可删除对象。

（2）删除图层。

在绘图时，需要根据图纸零件的绘图要求，应用图层特性功能来绘图。当绘图完成之后，需要对多余的图层进行删除处理。

删除图层有以下三种方法。

方法 1：选择"格式"菜单→"图层"或单击"图层特性"按钮，弹出"图层特性管理器"对话框，选择需要删除的对象图层，单击删除图层。

方法 2：命令行输入 Layer（快捷命令 LA），选择需要删除的对象图层，按快捷键 Alt+D 进行图层的删除。

方法 3：命令行输入 Purge（快捷命令 PU），在弹出的"清理"对话框中单击图层前面的"＋"符号。在展开的图层列表中勾选需要删除的图层，单击"清除选中的项目"按钮即可删除选中的图层，如图 2.2.5 所示。

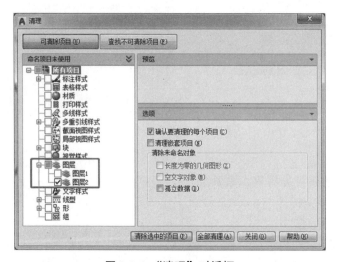

图 2.2.5 "清理"对话框

二、常用编辑工具

1. 移动图形工具（MOVE）

在绘图阶段，往往需要把一个或多个图形移动到相应位置，AutoCAD 提供了移动图形的功能，以便于用户轻松快捷地移动图形对象。

移动图形命令的调用方法有以下几种。

方法 1："修改"工具栏中 ＋；

方法 2："修改"菜单→"移动"；

方法 3：命令行输入 MOVE（快捷命令 M）。

命令：M

选择对象：（提示选择要移动的对象）

选择对象：（单击鼠标右键或回车确认）

指定基点或［位移（D）］〈位移〉：（确定移动的基点，即告诉 AutoCAD 将所选的对象从哪点开始移动）

指定第二个点或〈使用第一个点作为位移〉：（确定移动终点，即定义要将所选的对象移动到哪个位置。可以输入新的一点作为终点，也可以参照第一点的坐标值输入相对移动坐标，即以第一点的 X 坐标值为目标在 X 方向的移动量，以 Y 坐标值为目标

在 Y 方向的移动量，用户可直接回车选择该方式）

技能点拨：还可以借助目标捕捉或利用相对坐标的形式来确定基点与终点的位置。

操作示例：

绘制图 2.2.6（a）所示的图形（直径为 20 的圆形，内接于直径为 80 圆的三角形）将小圆移到至图 2.2.6（b）所示位置。

单击"移动"工具。

选择对象：（选择正五边形为要移动的对象，并单击鼠标右键或回车确认）

指定基点或［位移（D）］〈位移〉：（利用目标捕捉功能或直接单击选取 A 点）

指定第二个点或〈使用第一个点作为位移〉：（利用目标捕捉功能或直接单击选取 B 点）

通过上述操作，将得到如图 2.2.6（b）所示的图形。

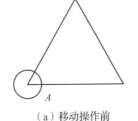 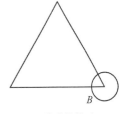

（a）移动操作前　　　　（b）移动操作后

图 2.2.6　图形移动

2. 复制工具（COPY）

在绘图过程中，难免会出现绘图内容重复的情况，例如出现相同的圆、相同的中心线等，为了节省绘图时间并简化绘图操作，可以调用 AutoCAD 2021 中的"复制"命令，完成绘图对象的复制。

"复制"命令调用的方法有以下几种。

方法 1："修改"工具栏中 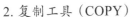；

方法 2："修改"菜单→"复制"；

方法 3：命令行输入 COPY（或快捷命令 Co 或 Cp）。

命令行提示如下：

命令：COPY

选择对象：（找到要复制的对象）

选择对象：（单击鼠标右键确认对象）

指定基点或［位移（D）］〈位移〉：（指定对象的参考基点）

指定第二个点或〈使用第一个点作为位移〉：［输入相对于基点的距离，指定复制对象与原对象的距离或目标位置，如：50（直接指定数值）］

操作示例：

绘制一个正方形，边长为 80，绘制一个圆，半径为 10，字母用于提示操作，可不绘制，如图 2.2.7（a）所示。复制小圆到图 2.2.7（b）所示位置。

技能点拨：在 AutoCAD 2021 版本中，可进行单一对象复制，也可进行多个对象复制，且不需要输入其他命令就可连续复制多个对象。

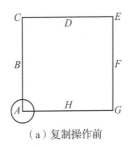 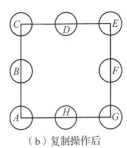

（a）复制操作前　　　　（b）复制操作后

图 2.2.7　图形复制

AutoCAD 还可方便地实现应用程序间图形数据和文本数据的传递，可以将图形复制到 Windows 剪贴板中，粘贴到文字编辑文件或者是图形处理文件上，这个功能在实际操作中非常有用。

3. 偏移工具（OFFSET）

"偏移"命令通过指定一定偏移距离或一个偏移点创建新对象，用于将直线、圆弧、圆、多边形等进行同心复制或平行偏移。如果对象是封闭的图形（如圆、正多边形等），则平移后的对象被放大或缩小时，源对象可以保持不变。

"偏移"命令调用的方法有以下几种。

方法 1："修改"工具栏中 ⊏；

方法 2："修改"菜单→"偏移"；

方法 3：命令行输入 OFFSET。

操作示例：

指定弧线和正五边形的偏移距离为 10，直线的偏移距离为 25，得到如图 2.2.8 所示的效果图。需要注意的是在偏移弧线、多段线及封闭图形时，若偏移的一侧小于指定的偏移距离，将不能执行命令。

（a）圆弧偏移　　　　　　（b）多边形偏移　　　　　　（c）直线偏移

图 2.2.8　偏移图形

技能点拨：先分别绘制半径为 10 的弧线、一个正五边形、一段直线，然后进行偏移。

4. 旋转工具（ROTATE）

"旋转"命令用于将所选的单个或一组对象绕参考基点或指定的旋转点（或轴）旋转指定角度，旋转后对象的位置将做相应的改变，选择"复制"选项会保留源对象，旋转并同时复制对象。

"旋转"命令的调用方法有以下几种。

方法 1："修改"工具栏中 ↻；

方法 2："修改"菜单→"旋转"；

方法 3：命令行输入 ROTATE。

操作示例：

（1）绘制一个矩形，并顺时针旋转 90°，如图 2.2.9（a）所示。

命令：ROTATE

UCS 当前的正角方向：ANGDIR= 逆时针　ANGBASE=0

选择对象：找到 1 个（选择矩形对象）

选择对象：（单击鼠标右键确认并结束选择）

指定基点：（指定 A 点为旋转参照基点）

指定旋转角度或［复制（C）/ 参照（R）］〈0〉：-90（输入旋转度数）

（2）绘制一个三角形，内接于圆，并进行 180° 旋转，如图 2.2.9（b）所示。

命令：ROTATE

UCS 当前的正角方向：ANGDIR= 逆时针　ANGBASE=0

选择对象：找到 1 个（选择三角形对象）

选择对象：（单击鼠标右键确认并结束选择）

指定基点：（指定圆心为旋转参照基点）

指定旋转角度或［复制（C）/ 参照（R）］〈0〉：C

指定旋转角度或［复制（C）/ 参照（R）］〈0〉：180

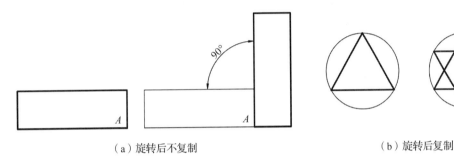

（a）旋转后不复制　　　　　　　　　　　（b）旋转后复制

图 2.2.9　旋转图形

5. 比例工具（SCALE）

"比例"命令用于使对象按指定的比例因子（包括参考值）相对于指定的基点放大或缩小，从而改变对象的尺寸大小。

"比例"命令调用方法有以下几种：

方法 1："修改"工具栏中 ▢；

方法 2："修改"菜单→"比例"；

方法 3：命令行输入 SCALE。

操作示例：

绘制直径为 20 的圆形和内接于直径为 50 的圆的正六边形，如图 2.2.10（a），将图 2.2.10（a）放大 2 倍后得到图 2.2.10（b）。

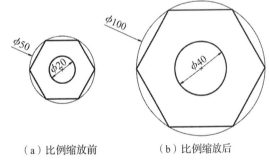

（a）比例缩放前　　　（b）比例缩放后

图 2.2.10　比例缩放图形

命令：SCALE

选择对象：找到 1 个（单击选择六边形对象）

选择对象：（回车确认）

指定基点：（捕捉到圆心）

指定比例因子或［复制（C）/ 参照（R）］〈1〉：2　（指定比例因子为 2，图形将放大一倍）

命令行选项含义如下。

复制（C）：输入参数 C，表示在缩放的同时复制对象。

参照（R）：输入参数 R 后，命令行提示"指定参照长度〈1〉："，此时需确定参考长度，可以直接输入一个长度值，也可以选定两个点，并通过这两个点确定一个长度作为比例参照。

6. 拉伸工具（STRETCH）

"拉伸"命令用于按指定的方向和角度拉长或缩短对象。AutoCAD 中可被拉伸的对象有直线、圆弧、多段线等。

"拉伸"命令调用的方法有以下几种。

方法 1："修改"工具栏中 ；

方法 2："修改"菜单→"拉伸"；

方法 3：命令行输入 STRETCH（快捷命令 S）。

操作示例：

绘制图 2.2.11（a）所示图形，应用拉伸工具得到新图形。

命令：STRETCH

选择对象：（按住鼠标左键从右下至左上框选矩形对象，阴影部分为框选区域，如图 2.2.11（b）所示。若将图形对象全部框选，则将作移动操作，只有框选部分对象才可作拉伸操作）

选择对象：（单击鼠标右键或回车确认）

指定基点或［位移（D）］〈位移〉：（指定 A 点为参考基点）

指定第二个点或〈使用第一个点作为位移〉：（移动鼠标到图形上方单击，确定拉伸的参考终点）

操作示例结果如图 2.2.11（c）所示。

技能点拨：选择要拉伸的对象时，可以用交叉窗口或交叉多边形的方式框选。

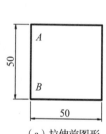 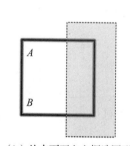 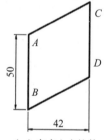

（a）拉伸前图形　　　　（b）从右下至左上框选图形　　　　（c）向右上方拉伸

图 2.2.11　拉伸图形

7. 延伸工具（EXTEND）

"延伸"命令用于将指定的对象延伸到指定的边界上。使用"延伸"命令延伸的对象有直线、圆弧、椭圆弧、多段线、射线等。

调用"延伸"命令的方法有以下几种。

方法 1："修改"工具栏中 ；

方法 2："修改"菜单→"延伸"；

方法 3：命令行输入 EXTEND。

操作示例：

绘制图 2.2.12（a）所示的图形，应用延伸工具将圆弧 1、2 和直线 3、4 分别延伸到图 2.2.12（b）所示位置。

（1）绘制图 2.2.12（a）。

（2）延伸图 2.2.12（a）中的 *AB* 段圆弧。

命令：EXTEND

当前设置：投影 =UCS，边 = 无，模式 = 快速

选择要延伸的对象，或按住 Shift 键选择要修剪的对象或［边界边（B）/ 窗交（C）/ 模式（O）/ 投影（P）］：B

当前设置：投影 =UCS，边 = 无，模式 = 快速

选择边界边 …

选择对象或〈全部选择〉：找到 1 个

选择对象：找到 1 个，总计 2 个

选择对象：（单击鼠标右键或回车确认）

选择要延伸的对象，或按住 Shift 键选择要修剪的对象或［栏选（F）/ 窗交（C）/ 投影（P）/ 边（E）/ 放弃（U）］：（依次单击需要延伸的圆弧对象的两个端点 *A* 点和 *B* 点，结果如图 2.2.12（b）所示）

选择要延伸的对象，或按住 Shift 键选择要修剪的对象或［栏选（F）/ 窗交（C）/ 投影（P）/ 边（E）/ 放弃（U）］：（回车结束）

延伸直线的操作方法可参照上述过程进行。

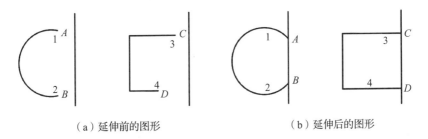

（a）延伸前的图形　　　　　　　　（b）延伸后的图形

图 2.2.12　延伸图形

8. 修剪工具（TRIM）

"修剪"命令用于修剪指定修剪边界的对象的某些部分。该命令可以修剪的对象有直线、圆弧、椭圆弧、多段线、射线、样条曲线、面域、尺寸、文本对象等。

调用"修剪"命令的方法有以下几种。

方法 1："修改"工具栏中 ；

方法 2："修改"菜单→"修剪"；

方法 3：命令行输入 TRIM。

操作提示：

（1）应用"修剪"命令后，在提示"选择剪切边"时直接回车，系统将自动确定修剪边界。

（2）"修剪"目标的选择必须用点选方式，不能用窗口选择方式。

（3）"修剪"命令的对象既可以作为修剪边界，又可以作为修剪对象。有一定宽度的多线被修剪时，修剪的交点按其中心线计算，且保留宽度信息；宽多段线的终点仍

然是方的，切口边界与多段线的中心线垂直。

操作示例：

绘制如图 2.2.13（a）所示的图形，用修剪工具进行修剪，得到图 2.2.13（b）的图形。

命令：TRIM

当前设置：投影 =UCS，边 = 无，模式 = 标准

选择剪切边 …

选择对象或［模式（O）]〈全部选择〉：O

输入修剪模式选项［快速（Q）/ 标准（S）]〈标准（S）〉：Q

选择要修剪的对象，或按住 Shift 键选择要延伸的对象或［剪切边（T）/ 窗交（C）/ 模式（O）/ 投影（P）/ 删除（R）]：（单击鼠标左键将需要修剪的线条和圆弧依次删除，回车确认，结束修剪对象选择）

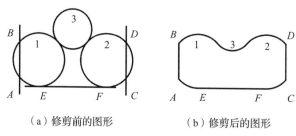

（a）修剪前的图形　　　　　（b）修剪后的图形

图 2.2.13　修剪图形

9. 打断图形（BREAK）

"打断于点"命令用于将对象从某一点处断开，从而将对象分为两部分；"打断"命令用于删除对象的某一部分，该命令可对直线、圆弧、圆、多段线、椭圆以及样条曲线等进行断开或删除某一部分的操作。

"打断"命令调用方法有以下几种。

方法 1："修改"工具栏中 ；

方法 2："修改"菜单→"打断"；

方法 3：命令行输入 BREAK。

操作示例：

绘制如图 2.2.14（a）所示的图形，用打断工具进行打断，得到图 2.2.14（b）所示的图形。

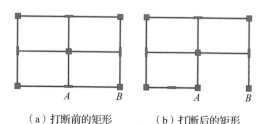

（a）打断前的矩形　　　（b）打断后的矩形

图 2.2.14　打断图形

命令：BREAK

选择对象：（选择矩形）

指定第二个打断点或［第一点（F）]：F（输入"F"后，系统放弃第一断点，并提示用户重新指定两个断点）

指定第一个打断点：（选择 A 点）

指定第二个打断点：（选择 B 点）

10. 分解工具（EXPLODE）

对于矩形、多边形、多段线、块、尺寸标注、面域等复杂组合对象可以用"分解"

命令将其分解。

调用"分解"命令的方法有以下几种。

方法 1："修改"工具栏![图标]；

方法 2："修改"菜单→"分解"；

方法 3：命令行输入 EXPLODE。

操作示例：

绘制一个八边形，其内接于直径为 60 的圆，并将其分解。

命令：EXPLODE

选择对象：找到 1 个（选择多边形）

选择对象：（回车，结束命令）

效果如图 2.2.15 所示。

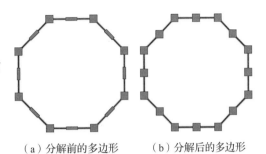

（a）分解前的多边形　　（b）分解后的多边形

图 2.2.15　分解图形

11. 镜像工具（MIRROR）

在实际绘图过程中，经常会遇到一些对称的图形。例如机械零件中的轴，其左右两端往往有相同的键槽、通孔或轴肩。AutoCAD 提供了图形镜像功能，即只需绘制出对称图形的一部分，利用镜像命令就可将对称图形的另一部分镜像出来。

"镜像"命令调用方法有以下几种。

方法 1："修改"工具栏![图标]；

方法 2："修改"菜单→"镜像"；

方法 3：命令行输入 MIRROR（快捷命令 MI）。

命令：MIRROR

选择对象：（选择已绘制好的图形对象，可以多次选择多个对象）

选择对象：（确认选择）

指定镜像线的第一点：（指定镜像对称轴的起点位置）

指定镜像线的第二点：（指定镜像对称轴的终点位置。确定了这两个点，对称线就定下来了，系统将以该对称线为轴进行镜像）

要删除源对象吗？［是（Y）/ 否（N）］〈N〉：（提示是否删除原来的对象。AutoCAD 的默认选项为 N，如果只需要得到新出现的镜像对象而不需要源对象，输入 Y 后回车即可）

操作示例：

绘制如图 2.2.16（a）所示的图形。以 *AB* 为对称轴进行镜像操作，绘制结果如图 2.2.16（b）所示。

命令：MIRROR

选择对象：（选择已绘制好的轴的上半部分）

指定对角点：（用矩形选择框选择图形对象或逐一选定对象）

选择对象：（单击鼠标右键确认选择全部对象）

指定镜像线的第一点：（捕捉 *A* 点，对称轴起点）

指定镜像线的第二点：（捕捉 *B* 点，对称轴终点）

要删除源对象吗？［是（Y）/ 否（N）］〈N〉：（不删除源对象，直接回车确认）

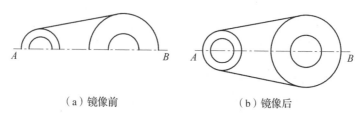

（a）镜像前　　　　　　　　　　　　（b）镜像后

图 2.2.16　图形镜像

12. 倒角工具（CHAMFER）

工程制图中，经常要绘制倒角和圆角。"倒角"命令用于对两条相交直线进行倒角或对多段线的多个顶点进行一次性倒角。该命令的对象有直线、多段线以及射线等。该命令也能对三维图形进行倒角。

调用"倒角"命令的方法有以下几种。

方法 1："修改"工具栏中⌒；

方法 2："修改"菜单→"倒角"；

方法 3：命令行输入 CHAMFER（快捷命令 CHA）。

操作示例：

绘制一个矩形，并对四个直角倒角，如图 2.2.17（a）所示。

命令：CHAMFER（激活"倒角"命令）

（"修剪"模式）当前倒角距离 1=0，距离 2=0

选择第一条直线或［放弃（U）/多段线（P）/距离（D）/角度（A）/修剪（T）/方式（E）/多个（M）］：D（选择"距离"，输入参数 D）

指定第一个倒角距离〈0〉：3（输入倒角距离 3）

指定第二个倒角距离〈3〉：3（输入倒角距离 3）

选择第一条直线或［放弃（U）/多段线（P）/距离（D）/角度（A）/修剪（T）/方式（E）/多个（M）］：（单击需要倒角的一条边）

选择第二条直线，或按住 Shift 键选择要应用角点的直线：（单击需要倒角的另一条边，完成倒角）

命令行各选项含义如下：

（1）多段线（P）：对整个多段线进行倒角。键入"P"，执行该选项后，系统将对多段线每个顶点的相交直线段作倒角处理，即在所选的多段线中有转角处（除了使用目标捕捉来连接的多段的最后一点与起点处的转角）均进行倒角，且其倒角的长度、角度分别由"距离""角度"两项来确定。对封闭的多段线进行倒角，封闭点的倒角形式随多段线的绘制方法不同而不同。最后点是捕捉点时捕捉点处的角无法进行倒角，而用闭合命令（C）可对封闭的多段线进行一次性倒角，如图 2.2.17（b）所示。

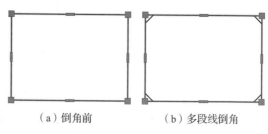

（a）倒角前　　　　　　（b）多段线倒角

图 2.2.17　矩形的倒角

（2）距离（D）：设置选定边的倒角距离。键入"D"，执行该选项后，系统提示

"指定第一个倒角距离和第二个倒角距离"。

（3）角度（A）：该选项通过第一条线的倒角长度和第一条线的倒角角度确定倒角距离。键入"A"，执行该选项后，系统提示"指定第一条直线的倒角长度和指定第一条直线的倒角角度"。

（4）修剪（T）：该选项用来确定倒角时是否对相应的倒角边进行修剪。执行该选项后，系统提示"输入修剪模式选项［修剪（T）/不修剪（N）]〈修剪〉:"。提示中"修剪（T）"选项的含义是倒角后被倒角的两条直线被修剪到倒角的端点，如图2.2.18（a）所示。若选择"不修剪（N）"，被倒角的两条直线不被修剪，如图2.2.18（b）所示。

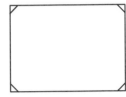

（a）倒角修剪模式　　（b）倒角不修剪模式

图 2.2.18　倒角修剪模式

（5）方式（E）：设置是以距离还是以角度来作为倒角的缺省方式。输入"E"，执行该选项后，系统提示"输入修剪方式［距离（D）/角度（A）]〈距离〉:"。"距离（D）"即采用确定倒角距离的方法进行倒角；"角度（A）"即采用指定一个倒角边和一个角度的方法进行倒角。

（6）多个（M）：输入"M"命令后，可以一次完成多条直线的倒角。

13. 圆角工具（FILLET）

"圆角"命令用于对两条相交直线进行倒圆角或对多段线的多个顶点进行一次性倒圆角（按一定的半径进行圆弧连接并修整圆滑）。该命令的对象有直线、多段线、样条曲线以及射线等。圆、椭圆等不能倒圆角。该命令也能对三维图形进行倒圆角。

调用"圆角"命令的方法有以下几种。

方法1："修改"工具栏中 ；

方法2："修改"菜单→"圆角"；

方法3：命令行输入FILLET（快捷命令F）。

操作示例：

绘制矩形，如图2.2.19（a）所示，完成倒圆角操作，矩形左侧圆角采用"修剪"模式，圆角半径为3；矩形右侧采用"不修剪"模式，圆角半径为5。

（1）使用"修剪"模式将矩形左侧以半径3倒圆角。

命令行：FILLET

当前设置：模式 = 修剪，半径 =3.0000

选择第一个对象或［放弃（U）/多段线（P）/半径（R）/修剪（T）/多个（M）]：R（输入半径参数R，预备输入新的半径值）

指定圆角半径〈3.0000〉：3（输入半径值3）

选择第一个对象或［放弃（U）/多段线（P）/半径（R）/修剪（T）/多个（M）]：（单击选择线段 AB）

选择第二个对象，或按住 Shift 键选择要应用角点的对象：（单击选择线段 AC）

以同样的操作完成 AB、BD 线段的倒圆角操作，绘制结果如图2.2.19（b）所示。

（2）使用"不修剪"模式将矩形右侧以半径 5 倒圆角。

命令：FILLET

当前设置：模式 = 修剪，半径 =3.0000

选择第一个对象或［放弃（U）/ 多段线（P）/ 半径（R）/ 修剪（T）/ 多个（M）］：T（输入参数 T，选择修剪模式）

输入修剪模式选项［修剪（T）/ 不修剪（N）］〈修剪〉：N（输入参数 N，选择不修剪模式）

选择第一个对象或［放弃（U）/ 多段线（P）/ 半径（R）/ 修剪（T）/ 多个（M）］：R（输入半径参数 R，预备输入新的半径值）

指定圆角半径〈3.0000〉：5（输入半径值 5）

选择第一个对象或［放弃（U）/ 多段线（P）/ 半径（R）/ 修剪（T）/ 多个（M）］：（单击选择线段 AC）

选择第二个对象，或按住 Shift 键选择要应用角点的对象：（单击选择线段 CD）

以同样的操作完成 CD、BD 线段的倒圆角操作，绘制结果如图 2.2.19（b）所示。

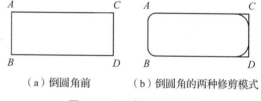

（a）倒圆角前　　（b）倒圆角的两种修剪模式

图 2.2.19　对图形倒圆角

命令行各选项含义如下：

● 多段线（P）：在二维多段线中的每个顶点处倒圆角。键入"P"，执行该选项后，在"选择二维多段线"的提示下选中一条多段线，系统将在多段线每个顶点处倒圆角，圆角的半径可以使用默认值，也可用上面提示中的"半径"选项进行设置（可参考"倒角"）。

● 半径（R）：指定圆角的半径。键入"R"，执行该选项后，系统将提示"指定圆角半径〈0〉："，这时可直接输入半径值。

● 修剪（T）：控制系统是否修剪选定的边使其延伸到圆角端点。执行该命令后的选项和操作与"倒角"命令相同。

● 多个（M）：输入"M"命令后，可以一次完成多条直线的倒圆角操作。

注意："倒角"和"圆角"命令都存在"修剪"和"不修剪"选项，若"倒角"和"圆角"命令所选定的对象在同一图层中，则倒角和圆角也在同一图层上，否则，倒角和圆角将在当前层上。倒角和圆角的颜色、线型和线宽都随图层的变化而变化。倒角和圆角具有关联性的剖面线区域的边界时，如果是由直线形成的边界，倒角和倒圆角后剖面线的关联性撤销；如果是由多段线形成的边界，倒角和倒圆角后剖面线的关联性保留。

14. 阵列（ARRAY）

"阵列"命令可以按指定方式复制排列多个对象副本。排列方式分为矩形阵列和环形阵列。

命令调用方法有以下几种。

方法 1："修改"工具栏中 ；

方法 2："修改"菜单→"阵列"；

方法 3：命令行输入 ARRAY。

在 AutoCAD 中，图形阵列分为矩形阵列、路径阵列和环形阵列三种类型。

（1）矩形阵列。

矩形阵列是按照网格行列的方式对对象进行复制的，操作时需确定对象目标将要复制几行、几列、行间距、列间距分别是多少。

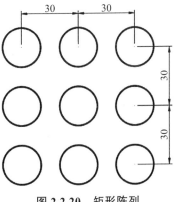

图 2.2.20　矩形阵列

操作示例：

绘制半径为 10 的圆，按 3 行 3 列进行矩形阵列，如图 2.2.20 所示。

命令：ARRAY

选择对象：找到 1 个

选择对象：（选择圆）

输入阵列类型［矩形（R）/路径（PA）/极轴（PO）］〈矩形〉：R

类型 = 矩形　关联 = 是

选择夹点以编辑阵列或［关联（AS）/基点（B）/计数（COU）/间距（S）/列数（COL）/行数（R）/层数（L）/退出（X）］〈退出〉：R

输入行数数或［表达式（E）］〈4〉：3

指定行数之间的距离或［总计（T）/表达式（E）］〈30.0000〉：30

指定行数之间的标高增量或［表达式（E）］〈0.0000〉：30

选择夹点以编辑阵列或［关联（AS）/基点（B）/计数（COU）/间距（S）/列数（COL）/行数（R）/层数（L）/退出（X）］〈退出〉：COL

输入列数数或［表达式（E）］〈4〉：3

指定列数之间的距离或［总计（T）/表达式（E）］〈30.0000〉：30

选择夹点以编辑阵列或［关联（AS）/基点（B）/计数（COU）/间距（S）/列数（COL）/行数（R）/层数（L）/退出（X）］〈退出〉：（回车，结束命令）

注意：行间距、列间距有正、负之分。行间距为正值时，图形向上阵列；行间距为负值时，向下阵列。列间距为正值时，向右阵列；列间距为负值时，向左阵列。因此，阵列后的对象目标群相对于源对象目标移动的方向是可知的。上述方法只能生成当前坐标系中水平和垂直方向的矩形阵列图形。要生成有一定倾斜角度的阵列，还必须在"阵列"对话框的阵列角度中输入倾斜角度。

（2）路径阵列。

路径阵列是指沿直线、多段线等路径或部分路径均匀分布对象。

操作示例：

绘制半径为 10 的圆，并绘制样条曲线进行路径阵列，如图 2.2.21 所示。

单击"修改"菜单，在"阵列"菜单项中选择"路径阵列"。

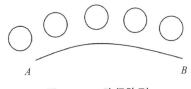

图 2.2.21　路径阵列

命令：ARRAYPATH

选择对象：找到 1 个（选择要阵列的对象）

选择对象：（按回车结束）

类型 = 路径　关联 = 是

选择路径曲线：（选择 AB 样条曲线）

选择夹点以编辑阵列或［关联（AS）/ 方法（M）/ 基点（B）/ 切向（T）/ 项目（I）/ 行（R）/ 层（L）/ 对齐项目（A）/Z 方向（Z）/ 退出（X）］〈退出〉：T［选择"切向（T）"］

指定切向矢量的第一个点或［法线（N）］：（鼠标捕捉 A 点）

指定切向矢量的第二个点：（鼠标捕捉 B 点）

选择夹点以编辑阵列或［关联（AS）/ 方法（M）/ 基点（B）/ 切向（T）/ 项目（I）/ 行（R）/ 层（L）/ 对齐项目（A）/Z 方向（Z）/ 退出（X）］〈退出〉：A［选择"对齐项目（A）"］

是否将阵列项目与路径对齐？［是（Y）/ 否（N）］〈否〉：Y（输入 Y，表示阵列对象必须与路径对齐）

选择夹点以编辑阵列或［关联（AS）/ 方法（M）/ 基点（B）/ 切向（T）/ 项目（I）/ 行（R）/ 层（L）/ 对齐项目（A）/Z 方向（Z）/ 退出（X）］〈退出〉：（回车，结束命令）

（3）环形阵列。

环形阵列可以将所选择的目标围绕中心点或旋转轴以环形均匀分布目标副本。

操作示例：

绘制半径为 10 的圆和一个辅助圆，如图 2.2.22（a）所示，围绕辅助圆进行环形阵列。

命令：ARRAY

选择对象：找到 1 个

选择对象：（选择阵列图形对象）

输入阵列类型［矩形（R）/ 路径（PA）/ 极轴（PO）］〈路径〉：PO

类型 = 极轴　关联 = 是

指定阵列的中心点或［基点（B）/ 旋转轴（A）］：（选择辅助圆）

选择夹点以编辑阵列或［关联（AS）/ 基点（B）/ 项目（I）/ 项目间角度（A）/ 填充角度（F）/ 行（ROW）/ 层（L）/ 旋转项目（ROT）/ 退出（X）］〈退出〉：I

输入阵列中的项目数或［表达式（E）］〈6〉：8

选择夹点以编辑阵列或［关联（AS）/ 基点（B）/ 项目（I）/ 项目间角度（A）/ 填充角度（F）/ 行（ROW）/ 层（L）/ 旋转项目（ROT）/ 退出（X）］〈退出〉：（回车，结束命令）

绘制效果如图 2.2.22（b）所示。

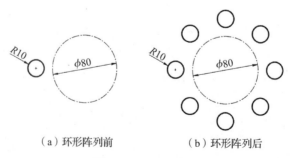

　　（a）环形阵列前　　　　　　（b）环形阵列后

图 2.2.22　环形阵列

任务 2.2 绘制底座平面图

任务需求

如图 2.2.23 所示，完成底座零件工程图的绘制，并以"2.2.23.dwg"为文件名保存。

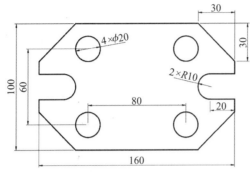

绘制底座平面图

图 2.2.23 底座平面图

知识与技能目标

分析图形，弄清图形各部分定形定位尺寸；掌握偏移、复制、矩形、圆等工具的应用，图层的管理与应用；熟练掌握绘图工具的应用及使用技巧。

任务分析

绘图过程中根据图形特征分析定形定位尺寸，创建不同的图层辅助绘图，利用矩形工具、偏移工具、复制工具等完成图形的绘制。

任务详解

一、图层设置

1. 新建图层

单击"图层特性"按钮打开"图层特性管理器"对话框，单击"新建图层"按钮，新建"辅助线层""绘图层"两个图层，如图 2.2.24 所示。

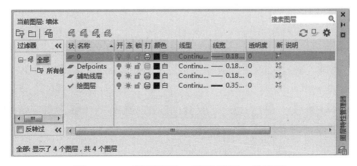

图 2.2.24 新建图层：辅助线层、绘图层

2. 设置图层线型和线宽

（1）设置线宽。

单击选定"绘图层"，单击该层"线宽"项，弹出"线宽"对话框，选定"0.35毫米"线宽后单击"确定"完成线宽设置。

（2）设置线型。

单击选定"辅助线层"，单击该层"线型"项，弹出"线型管理器"对话框，单击"加载"按钮，弹出"加载或重载线型"对话框，选定"CENTER2"线型后单击"确定"按钮，返回"线型管理器"对话框，该线型就加载过来，选定"CENTER2"，单击"确定"按钮完成线型设置。

二、绘制矩形

1. 切换到绘图层

单击"图层"按钮弹出所有图层，选定"绘图层"，如图 2.2.25 所示。

此操作的目的是在绘制矩形时应用"绘图层"特性设置。

图 2.2.25　设定"绘图层"

2. 绘制"底座"外框矩形

命令：RECTANG

指定第一个角点或［倒角（C）/标高（E）/圆角（F）/厚度（T）/宽度（W）］：（任意拾取一点）

指定另一个角点或［面积（A）/尺寸（D）/旋转（R）］：@160，100（以 A 点为参照，输入 B 点相对坐标）

绘制结果如图 2.2.26（a）所示。

技能点拨：输入相对于上一点 A 的相对坐标，即通过"底座"长和宽来计算 B 点的相对坐标，这时 A 点相当于"原点"，B 点相对于 A 点在水平（X 轴正方向位移为正值）和垂直（Y 轴正方向位移为正值）正方向上的位移分别为 160 和 100，注意相对坐标前要加相对符号"@"。

三、将绘制的矩形向内偏移 30mm

图形数据提示小圆圆心到外轮廓线的距离为 30，因此考虑作向内偏移的一个矩形辅助完成 4 个小圆的绘制。

1. 向内偏移

命令：OFFSET

当前设置：删除源 = 否　图层 = 源　OFFSETGAPTYPE=0

指定偏移距离或［通过（T）/删除（E）/图层（L）］〈通过〉：30（指定偏移距离30）

选择要偏移的对象或［退出（E）/放弃（U）］〈退出〉：（单击选定矩形）

指定要偏移的那一侧上的点或［退出（E）/多个（M）/放弃（U）］〈退出〉：（在矩形内部单击鼠标左键）

绘制结果如图 2.2.26（b）所示。

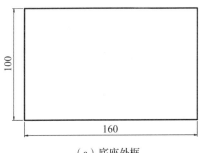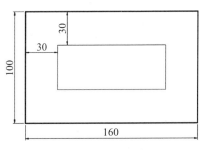

（a）底座外框　　　　　　　（b）底座向内偏移30

图 2.2.26　绘制"底座"外框

2. 应用"辅助线层"特性

设定偏移后的矩形应用"辅助线层"特性。

单击选定偏移后的内矩形，单击"图层"按钮弹出所有图层列表，选定"辅助线层"，内矩形线型变为细实线。

四、绘制一个定位孔

1. 切换到绘图层

单击"图层"按钮弹出所有图层列表，选定"绘图层"。

此操作的目的是在绘制小圆时应用"绘图层"特性设置。

2. 绘制内矩形角点上的圆

命令：CIRCLE

指定圆的圆心或［三点（3P）/ 两点（2P）/ 相切、相切、半径（T）］：（拾取内矩形的任意一个角点）

指定圆的半径或［直径（D）］〈0〉：10（输入半径 10）

绘制结果如图 2.2.27 所示。

五、复制定位孔

图 2.2.27　在内矩形角上绘制圆

应用复制、阵列、镜像均可以完成另外 3 个圆的绘制，本例讲解复制的应用。

命令：COPY

选择对象：（选择已绘制好的 R10 圆）

选择对象：（回车或单击鼠标右键确认结束对象选择）

指定基点或［位移（D）］〈位移〉：（单击选择已绘制的小圆圆心为参考基点）

指定第二个点或〈使用第一个点作为位移〉：（单击矩形的第二个角点，完成一个小圆的复制）

指定第二个点或［退出（E）/ 放弃（U）］〈退出〉：（单击矩形的第三个角点，完成

另一个小圆的复制）

　　指定第二个点或［退出（E）/ 放弃（U）］〈退出〉:（单击矩形的第四个角点，完成小圆的复制）

　　指定第二个点或［退出（E）/ 放弃（U）]〈退出〉:（单击鼠标右键结束复制，完成 3 个小圆的复制）

　　绘制结果如图 2.2.28 所示。

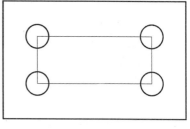

图 2.2.28　复制定位孔

六、绘制夹具台

1. 绘制 U 形槽辅助线

单击"图层"按钮弹出所有图层列表，选定"辅助线层"。

命令：OFFSET

当前设置：删除源 = 否　图层 = 源　OFFSETGAPTYPE=0

指定偏移距离或［通过（T）/ 删除（E）/ 图层（L）]〈通过〉: 10（指定偏移距离 10）

选择要偏移的对象，或［退出（E）/ 放弃（U）]〈退出〉:（单击选定大矩形）

指定要偏移的那一侧上的点或［退出（E）/ 多个（M）/ 放弃（U）]〈退出〉:（在大矩形内部单击鼠标）

绘制效果如图 2.2.29 所示。

2. 绘制 U 形槽的圆

绘制 U 形槽的圆，如图 2.2.30 所示。

命令：CIRCLE

指定圆的圆心或［三点（3P）/ 两点（2P）/ 相切、相切、半径（T）]:（拾取中间矩形左边线条的中点）

指定圆的半径或［直径（D）]〈10〉: 10（输入半径 10）

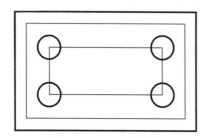

图 2.2.29　绘制 U 形槽辅助线

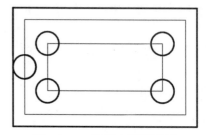

图 2.2.30　绘制 U 形槽的圆

3. 绘制 U 形槽

命令：LINE

指定第一个点:（拾取 U 形槽圆形正上方的端点）

指定下一点或［放弃（U）]:（连接矩形的交点）

指定下一点或［放弃（U）]:（单击鼠标右键）

命令：LINE

指定第一个点:（拾取 U 形槽圆形正下方的端点）

指定下一点或［放弃（U）]::（连接矩形的交点）

指定下一点或［放弃（U）]:（单击鼠标右键）

绘制结果如图 2.2.31（a）所示。

4. 镜像

命令：MIRROR

选择对象：找到 1 个（选择刚才绘制的 U 形槽）

指定镜像线的第一点：（选择大矩形上水平线中点）

指定镜像线的第二点：（选择大矩形下水平线中点）

要删除源对象吗？［是（Y）／否（N）］〈N〉：（按下回车保留原来的矩形）

绘制结果如图 2.2.31（b）所示

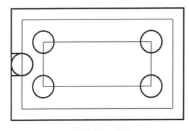

（a）绘制U形槽 　　　　　　　　（b）镜像后

图 2.2.31　绘制 U 形槽

5. 修剪

镜像之后，需对多余的线条进行修剪。

命令：TRIM

当前设置：投影 =UCS，边 = 无，模式 = 标准

选择剪切边 ...

选择对象或［模式（O）］〈全部选择〉：O

输入修剪模式选项［快速（Q）／标准（S）］〈标准（S）〉：Q

选择要修剪的对象，或按住 Shift 键选择要延伸的对象或［剪切边（T）／窗交（C）／模式（O）／投影（P）／删除（R）］：（单击鼠标左键将需要修剪的线条和圆弧依次删除，回车确认结束修剪对象的选择）

绘制结果如图 2.2.32 所示。

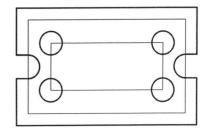

图 2.2.32　修剪效果图

七、倒角

命令：CHAMFER（激活倒角命令）

（"修剪"模式）当前倒角距离 1=0，距离 2=0（系统提示信息）

选择第一条直线或［放弃（U）／多段线（P）／距离（D）／角度（A）／修剪（T）／方式（E）／多个（M）］：D（选择"距离"，输入参数 D）

指定第一个倒角距离〈0〉：30（输入倒角距离 30）

指定第二个倒角距离〈2〉：30（输入倒角距离 30）

选择第一条直线或［放弃（U）／多段线（P）／距离（D）／角度（A）／修剪（T）／方式（E）／多个（M）］：（单击需要倒角的一条边）

选择第二条直线，或按住 Shift 键选择要应用角点的直线：（单击需要倒角的另一条边，完成倒角）

依次完成剩余的三个倒角，绘制结果如图 2.2.33 所示。

八、删除图层

根据"底座"工程图的绘图要求，应用图层特性功能来绘图。当绘图完成之后，需要对多余的图层进行删除处理。

命令行输入 PURGE（快捷命令 PU），在弹出的"清理"窗口中单击图层前面的加号。在展开的图层列表中勾选需要删除的图层（辅助线层），单击确定按钮清除选中的项目即可，绘制结果如图 2.2.34（b）所示。

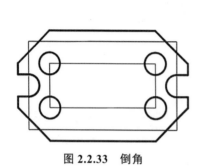

图 2.2.33　倒角

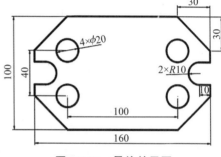

图 2.2.34　最终效果图

九、保存

单击"文件"菜单→"另存为"，以"2.2.23.dwg"为文件名将文件进行保存。

项目小结

本项目主要应用夹点、复制、偏移、镜像、倒角、修剪等命令来绘制图形，读者在绘图时要逐步养成良好的绘图习惯：分析图形定位、定形尺寸，找准绘图突破点，确定绘图方案，定义图形界限与绘图单位，规划图层，确定方便合适的绘图工具绘制图形，检查图形并删除不需要的辅助线，保存图形文件。

应用图层分层管理图形线型，应用"实时平移"功能并在实时平移的同时自由缩放以观察图形的全局和局部，应用坐标系定位等，这些对绘制复杂二维、三维图形非常有益，读者在学习时要反复训练，熟练应用。

实训与评价

一、基础实训

1.请举例说明至少五种 AutoCAD 2021 的常用命令。

2.在绘图时，在什么条件下需要使用镜像命令？

3.请举例说明阵列的三种形式。

4. 请分析分解命令在何种场合中最适用。

5. 应用倒圆角或倒角命令时，除了完成倒圆角、倒角之外，还可以作何使用？

6. 在绘图时，有几种删除图形或对象的方式？

二、拓展实训

1. 绘制图 2.2.35 所示图形，完成后以"2.2.35.dwg"为文件名将文件进行保存。

绘图提示：

绘制图 2.2.35 时，建议设置辅助线层、绘图层、标注层三个图层，注意图层的区分，绘制辅助线时单独放到辅助线层，便于修改。

图形应先绘制直径 40 的圆，再利用偏移、直线、倒圆角等命令绘制正上方的图形，最后利用阵列完成剩余图形的绘制。

2. 绘制图 2.2.36 所示图形，完成后以"2.2.36.dwg"为文件名将文件进行保存。

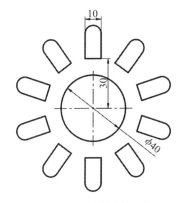

图 2.2.35　绘制太阳图形

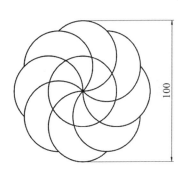

图 2.2.36　阵列命令练习

绘图提示：

绘制图 2.2.36 时，建议设置辅助线层、绘图层、标注层三个图层，注意图层的区分，绘制辅助线时单独放到辅助线层，便于修改。

绘制图形时应该先分析图形的特征，外侧圆的直径正好经过中间圆的圆心，由此可以得出长度 100 的直线，要分成 4 段。首先绘制中间的圆，再绘制最左侧的圆，利用阵列命令完成剩余图形的绘制，然后进行修剪，完成最后图形。

3. 绘制图 2.2.37 所示图形，完成后以"2.2.37.dwg"为文件名将文件进行保存。

绘图提示：

绘制图 2.2.37 时，建议设置辅助线层、绘图层、标注层三个图层，注意图层的区分，绘制辅助线时单独放到辅助线层，便于修改。

绘制图形时应该先分析图形的特征，绘制这个图形有很多种方法，可以综合运用移动、复制、阵列等命令。通过多次绘图，找出更快、更好的方法。

4. 绘制图 2.2.38 所示图形，完成后以"2.2.38.dwg"为文件名将文件进行保存。

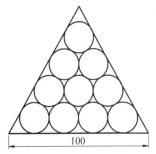

图 2.2.37　练习

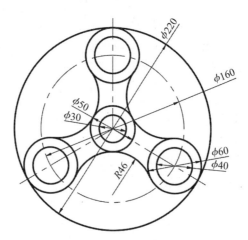

图 2.2.38 绘制指尖陀螺

绘图提示：

绘制图 2.2.38 时，建议设置辅助线层、绘图层、标注层三个图层，注意图层的区分，绘制辅助线时单独放到辅助线层，便于修改。

绘制图 2.2.38 时，应先绘制中间直径为 30、50 的同心圆，再绘制直径为 160 的辅助圆和直径为 220 的大圆，然后绘制直径为 40、60 的同心圆，利用阵列命令中的环形阵列把直径为 40、60 的同心圆按 120° 进行阵列，最后利用圆命令中的"相切，相切，相切"完成剩余图形的绘制。

5. 如图 2.2.39 所示，完成轴承座平面图的绘制，以"2.2.39.dwg"为文件名保存。

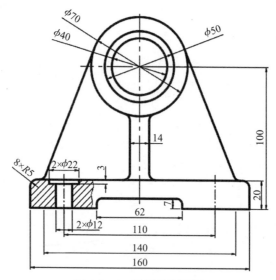

图 2.2.39 轴承座平面图

绘图提示：

图 2.2.39 所示是一个轴承座平面图，底座的最下方是一个矩形，在绘制上部分图形时可以矩形的中心点为参照基准绘制。利用圆、矩形、直线、镜像、偏移、倒角、圆角、图案填充等绘图和编辑工具完成绘制。

面域与块操作

掌握创建面域、布尔运算、创建保存块、定义属性文字块、绘制多段线的操作方法。

项目目标

理解面域、布尔运算、块、属性文字、多段线的概念;掌握在图形绘制中多段线的应用,以及创建面域、面域的布尔运算等的操作方法;掌握创建、编辑、保存并应用块的方法,以及创建带属性文字信息的块的方法。

重点难点

项目重点

面域的创建、布尔运算;多段线的应用;块的定义、保存与应用;属性文字信息的定义。

项目难点

面域和块在绘图中的应用。

实训概述

任务 3.1 面域与块命令应用。介绍面域、布尔运算、多段线、块命令的使用。

任务 3.2 绘制电路图。介绍块、带属性文字信息的内部符号块在绘制电路图中的应用。

本项目评价标准如表 2.3.1 所示。

表 2.3.1 项目评价标准

序号	评分点	分值	得分条件	判分要求（分值作参考）
1	建立图层，线型分明	10	根据国标设置粗细实线	不符合国标扣分
2	绘制图形	50	根据尺寸正确绘制图形	有错扣分
3	面域的布尔运算	20	根据题目正确运用布尔运算	必须全部正确才有得分
4	图块的绘制	20	正确创建、定义、插入图块	有不合理处扣分

任务 3.1　面域与块命令应用

任务需求

学会面域、布尔运算、多段线、块命令的使用。

知识与技能目标

理解面域和块命令的概念；掌握面域命令的应用；掌握布尔运算命令的应用；掌握多段线的绘制方法；掌握块命令的应用。

任务分析

灵活利用多段线、面域、布尔运算、块等命令进行绘图。

任务详解

一、面域（REGION）

面域是用闭合的形状或环创建的二维区域。闭合多段线、直线、曲线都是有效的选择对象。曲线包括圆弧、圆、椭圆弧、椭圆和样条曲线等。

创建面域

将二维封闭的图形创建为面域后就可以对面域进行合并、相减、相交等运算。

方法 1：功能区中"默认"选项卡→"绘图"面板→"面域"按钮 ；

方法 2："绘图"菜单→"面域"；

方法 3：工具栏中"绘图"→"面域"图标 ；

方法 4：命令行输入 REGION（快捷命令 REG）。

操作示例：

打开素材"2.3.1.dwg"，用命令"REGION"创建两个面域，如图 2.3.1 所示。

命令：REGION

选择对象：找到 1 个（选择圆）

选择对象：指定对角点：找到 4 个，总计 5 个（选择各线段或窗选棱形）

选择对象：（回车）

已提取 2 个环。

已创建 2 个面域。

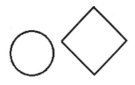

（a）创建面域前的二维图　　　（b）效果图

图 2.3.1　对两个图形创建面域

二、布尔运算

布尔运算包含三种操作：并集、交集、差集。对二维、曲面图形进行布尔运算之前需要先对图形对象创建面域，而对三维对象进行布尔运算不需要创建面域。

1. 并运算（UNION）

并运算用于将两个或两个以上的面域或实体合并成一个整体。

方法 1：工具栏中"三维工具"选项卡→"实体编辑"面板→"并集"按钮 并集；

方法 2："修改"菜单→"实体编辑"→"并集"；

方法 3：工具栏中"实体编辑"→"并集"图标；

方法 4：命令行中输入 UNION（快捷命令 UNI）。

并集

操作示例：

打开素材"2.3.2.dwg"，应用"并集"命令将两个二维图形对象合并为一个对象，如图 2.3.2 所示。

（1）创建面域。

选择"绘图"菜单→"面域"，对两个对象创建面域。

（2）创建并集。

（a）应用"并集"前的图形　　（b）效果图

图 2.3.2　图形对象"并集"运算

命令：UNION

选择对象：找到 1 个（选择圆面域）

选择对象：找到 1 个，总计 2 个（选择矩形面域）

选择对象：（回车）

注意：只有实体图形和面域才能使用此命令进行合并。面域合并后会成为一个整体，在选择时，也将作为一个整体被选中。

2. 差运算（SUBTRACT）

差运算用于从所选的三维实体组或面域组中减去一个或多个实体或面域，从而得到一个新的实体或面域。

方法 1：工具栏中"三维工具"选项卡→"实体编辑"面板→"差集"按钮 差集；

方法 2："修改"菜单→"实体编辑"→"差集"；

方法 3：工具栏中"实体编辑"→"差集"图标；

方法 4：命令行中输入 SUBTRACT（快捷命令 SU）。

差集

操作示例：

打开素材"2.3.3.dwg"，应用"差集"命令对两个面域求差，即在圆对象里减去矩形对象，如图2.3.3所示。

（1）创建面域。

具体操作过程参考图2.3.1所示对两个图形创建面域。

（2）创建差集。

命令：SUBTRACT

选择要从中减去的实体、曲面和面域 ...

选择对象：找到1个（选择圆面域后回车）

选择要减去的实体、曲面和面域 ...

选择对象：找到1个（选择矩形面域）

选择对象：（回车）

（a）应用"差集"前的图形　　　（b）效果图

图2.3.3　图形对象"差集"运算

启用"差集"命令后，命令行提示"选择要从中减去的实体、曲面和面域 ..."，选择并确定被减对象，可选多个三维实体、曲面或面域；"选择要减去的实体、曲面和面域 ..."，选择并确定要减去的对象，可选多个三维实体、曲面或面域。当选择的实体、曲面或面域不相交时，要减去的对象将被删除。

3. 交运算（INTERSECT）

交运算用于确定多个面域或实体之间的公共部分，计算并生成相交部分的面域或实体，而每个面域或实体的非公共部分会被删除。

方法1：工具栏中"三维工具"选项卡→"实体编辑"面板→"交集"按钮  交集；

交集

方法2："修改"菜单→"实体编辑"→"交集"；

方法3：工具栏中"实体编辑"→"交集"图标 ；

方法4：命令行中输入INTERSECT（快捷命令IN）。

操作示例：

打开素材"2.3.4.dwg"，应用"并集"命令对两个面域求交，即在圆和矩形图形中求共同的对象，如图2.3.4所示。

（1）创建面域。

具体操作过程参考图2.3.1所示对两个图形创建面域。

（2）创建交集。

命令：INTERSECT

选择对象：找到1个（选择一个圆面域）

选择对象：找到1个，总计2个（选择矩形面域）

选择对象：（回车）

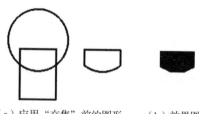

（a）应用"交集"前的图形　　　（b）效果图

图2.3.4　图形对象"交集"运算

应用该命令时如被选取的实体、曲面或面域不相交，AutoCAD会删除实体、曲面或面域。

三、多段线（PLINE）

多段线是作为单个对象被创建和相互连接的序列线段，可以由直线段、弧线段或者两者的组合线段组成，是一个组合对象。可以定义多段线的线宽，多段线每段起点、端点的线宽可变。

方法 1：功能区中"默认"选项卡→"绘图"面板→"多段线"按钮 ⤵ ；

方法 2："绘图"菜单→"多段线"；

方法 3：工具栏中"绘图"→"多段线"图标 ⤵ ；

方法 4：命令行中输入 PLINE（快捷命令 PL）；

操作示例：

绘制由直线和圆弧组成的多段线，如图 2.3.5 所示。

多段线

图 2.3.5 绘制由直线和圆弧组成的多段线

命令：PLINE

指定起点：（单击绘图界面中任意位置）

当前线宽为 0.0000

指定下一个点或 [圆弧（A）半宽（H）长度（L）放弃（U）宽度（W）]：〈正交开〉30（F8 打开正交，光标水平向右，输入 30）

指定下一点或 [圆弧（A）闭合（C）半宽（H）长度（L）放弃（U）宽度（W）]：A

指定圆弧的端点（按住 Ctrl 键以切换方向）或 [角度（A）圆心（CE）闭合（CL）方向（D）半宽（H）直线（L）半径（R）第二个点（S）放弃（U）宽度（W）]：W

指定起点宽度〈0.0000〉：0

指定端点宽度〈0.0000〉：2

指定圆弧的端点（按住 Ctrl 键以切换方向）或 [角度（A）圆心（CE）闭合（CL）方向（D）半宽（H）直线（L）半径（R）第二个点（S）放弃（U）宽度（W）]：10（光标垂直向上，输入 10）

指定圆弧的端点（按住 Ctrl 键以切换方向）或 [角度（A）圆心（CE）闭合（CL）方向（D）半宽（H）直线（L）半径（R）第二个点（S）放弃（U）宽度（W）]：L

指定下一点或 [圆弧（A）闭合（C）半宽（H）长度（L）放弃（U）宽度（W）]：W

指定起点宽度〈2.0000〉：2

指定端点宽度〈2.0000〉：4

指定下一点或 [圆弧（A）闭合（C）半宽（H）长度（L）放弃（U）宽度（W）]：30（光标水平向左，输入 30）

指定下一点或 [圆弧（A）闭合（C）半宽（H）长度（L）放弃（U）宽度（W）]：A

指定圆弧的端点（按住 Ctrl 键以切换方向）或［角度（A）圆心（CE）闭合（CL）方向（D）半宽（H）直线（L）半径（R）第二个点（S）放弃（U）宽度（W）］：W

指定起点宽度〈4.0000〉：4

指定端点宽度〈4.0000〉：0

指定圆弧的端点（按住 Ctrl 键以切换方向）或［角度（A）圆心（CE）闭合（CL）方向（D）半宽（H）直线（L）半径（R）第二个点（S）放弃（U）宽度（W）］：CL

多段线各选项解释如下：

- 指定下一点：缺省值，直接输入直线端点画直线。
- 圆弧（A）：选此项，转入画圆弧方式。
- 半宽（H）：按宽度线的中心轴线到宽度线的边界的距离定义线宽。
- 长度（L）：用于设定新多段线的长度。如果一段是直线，延长方向和前一段相同；如果前一段是圆弧，延长方向为前一段的切线方向。
- 放弃（U）：用于取消刚画的一段多段线，重复输入此项，可逐步往前删除。
- 宽度（W）：用于设定多段线的线宽，默认值为 0，多段线的初始宽度和结束宽度可不同，而且可分段设置，操作灵活。

四、块（BLOCK）

块是由多个图形对象组合成的一个整体。对于绘图过程中相同的图形，不必重复地绘制，只需将它们创建为一个块，在需要的位置插入。还可以给块定义属性，在插入时输入可变信息。例如把一些常用图形符号定义成块（如：二极管、电容、电阻等电路符号，基准符号、粗糙度等机械标注符号）。

块的定义包括定义内部块和外部块，定义好的外部块既可以用于当前图形的调用，又可用于非当前图形的调用，而内部块只能应用于当前图形的调用。

AutoCAD 2021 将有关"块"的操作的命令集中在"默认"选项卡→"块"面板中（如图 2.3.6 所示），以及"插入"选项卡→"块"和"块定义"面板上（如图 2.3.7 所示）。

（a）展开前　　　　　　　　（b）展开后

图 2.3.6　"默认"选项卡→"块"面板

图 2.3.7　"插入"选项卡→"块"和"块定义"面板

1. 创建块

块是指将图形中选定的一个或几个对象组合成一个整体，并为其取名保存，以后这几个对象将作为一个整体被使用。

（1）创建内部块（BLOCK）。

内部块是指将块保存在当前图形文件中。

方法 1：功能区中"插入"选项卡→"块定义"面板→"创建块"按钮 或者"默认"选项卡→"块"面板→"创建"按钮 创建；

方法 2："绘图"菜单→"块"→"创建"；

方法 3：工具栏中"绘图"→"创建块"图标 ；

方法 4：命令行中输入 BLOCK（快捷命令 B）。

应用上述四种方法之一打开"块定义"对话框，如图 2.3.8 所示。

图 2.3.8 "块定义"对话框

对话框各选项功能说明如下：

● "名称"下拉列表：用户可以为图块定义名称。单击该下拉列表框，会显示图形中已经定义的图块名。

● "基点"选项组：用于指定图块插入时的参考点，分"在屏幕上指定""拾取点""XYZ"三种情况来确定基点。其中单击"拾取点"按钮后"块定义"对话框暂时消失，此时用户在图形区拾取恰当的点为图块插入的基点，拾取结束后单击鼠标右键返回"块定义"对话框。

● "对象"选项组：通过该区域确定组成图块的对象。

● "方式"选项组：用于指定块的定义方式。

● "设置"选项组：用于指定块的插入单位制式及将块与某个超链接相关联。

● "说明"框：可以为图块加入相关说明性文字。

实例操作：

如图 2.3.9（a）所示，将形位公差基准符号创建成一个内部块。

1）绘制块的基本图形，如图 2.3.9（a）所示。

2）定义块。单击"绘图"菜单→"块"→"创建"，在弹出的"块定义"对话框中做如下设置：

①在对话框的"名称"栏输入块名：基准符号。

②单击基点下的"拾取点"按钮，对话框消失，在窗口中确定图形"T"形交点上方 1mm 处为插入块时的定位点［规定基准符号标注时，符号图形"T"的交点距图

形轮廓线 1mm 左右，基点选在图 2.3.9（b）所示"×"标记处]。

③单击"选择对象"按钮，对话框消失，用拾取框在窗口中选择图 2.3.9（a）所示图形对象，回车或单击鼠标右键确认，返回对话框。

④单击"确定"按钮，完成块的定义。

（a）"基准符号"图形　　　　　（b）"基准符号"插入点示意图

图 2.3.9　定义"基准符号"块

原图形创建成块后保存在当前编辑的图形文件中，绘图时应用"插入"菜单→"块"选项板可以重复调用该图形，因为它是"内部块"，所以在其他图形文件中不能以块的形式调用。

（2）创建外部块（WBLOCK）。

"外部块"命令用于定义外部块，又称写块或者块存盘，即将选定的对象作为一个外部图形文件保存起来成为外部块。外部块和其他图形文件没有太大区别，同样可以被打开、编辑，也可以被其他文件作为图块调用。

方法 1：功能区中"插入"选项卡→"块定义"面板→"创建块"→"写块"按钮　；

方法 2：命令行输入 WBLOCK（快捷命令 W）。

执行"WBLOCK"命令，将打开"写块"对话框，可以设置块的基点，保存块文件的名字和路径等，如图 2.3.10 所示。

外部块文件生成后，系统将自动为其加上后缀"DWG"，如果块文件名与其文件夹中其他图形重名，系统将提示是否覆盖原文件。

2. 插入块（INSERT）

图形被定义为块（内部块和外部块）后，可通过"插入块"命令直接调用，插入图形中的块称为块参照。插入块时可以一次插入一个块参照，也可一次插入呈矩形阵列排列的多个块参照。在插入块的过程中可以对插入块进行缩放和旋转。

方法 1：功能区中"插入"选项卡→"块"面板→"插入"按钮　或者"默认"选项卡→"块"面板→"插入"按钮　；

方法 2："插入"菜单→"块选项板"；

方法 3：工具栏中"绘图"→"插入块"图标　；

方法 4：命令行中输入 INSERT（快捷命令 I）。

执行"INSERT"命令后，将打开"插入"对话框，可以选择需要的外部块图形，指定图块的插入位置、缩放比例、旋转角度和在插入时是否将图块分解等，如图 2.3.11 所示。

图 2.3.10　"写块"对话框　　　　　　　图 2.3.11　"插入"对话框

3. 块的编辑与修改（BEDIT）

（1）修改和编辑内部块。

块作为一个整体可以被复制、移动、删除，但是不能直接修改。使用"块编辑器"可以直接修改和编辑块中的某一部分。

方法 1：功能区中"插入"选项卡→"块定义"

面板→"块编辑器"按钮 　　　或者"默认"选项卡→

"块"面板→"编辑"按钮 　　　；

方法 2：命令行中输入 BEDIT（快捷命令 BE）。

执行"BEDIT"命令，将打开"编辑块定义"对话框，如图 2.3.12 所示。在"要创建或编辑的块（B）"选项组框中选择要编辑的块；单击"确定"按钮后，对话框消失，出现了"块编写选项

图 2.3.12　"编辑块定义"对话框

板－所有选项板"和"块编辑器"面板，如图 2.3.13（a）、图 2.3.13（b）所示。

（a）"块编写选项板－　　　　　　（b）"块编辑器"面板
所有选项板"面板

图 2.3.13　块的编辑

对内部块进行各种编辑后，单击"块编辑器"选项卡→"打开/保存"面板→"保存块"按钮，保存后，再单击"块编辑器"选项卡→"关闭块编辑器"按钮，就完成了内部块的修改和编辑。

（2）修改和编辑外部块。

外部块是一个独立的图形文件，其修改的步骤为：

1）打开要修改的块文件；

2）使用各种修改工具，按需要进行修改；

3）选择"文件"菜单→"保存"，则修改后的块文件将被保存，从而完成外部块的修改。

4. 带属性文字符号块的创建（ATTDEF）

带属性的块是附带有特殊属性的图形块，如把文字的大小和位置作为一种特殊属性附着在块上，在插入块时可以根据提示输入参数值，图形文字信息的输入非常灵活。

方法1：功能区中"插入"选项卡→"块定义"面板→"定义属性"按钮 或者"默认"选项卡→"块"面板→"定义属性"按钮 ；

方法2："绘图"菜单→"块"→"定义属性"；

方法3：命令行中输入ATTDEF（快捷命令ATT）。

执行上述命令后，将打开"属性定义"对话框，如图2.3.14所示。该对话框中定义了块的属性、文字设置、插入点等。

图2.3.14 "属性定义"对话框

"属性定义"对话框包括"模式""属性""插入点""文字设置"4个选项组，各选项作用说明如下：

①"模式"选项组：用于设置属性的模式。

● 不可见：插入块时是否显示或打印属性值。

● 固定：插入块时是否赋予属性固定值。

● 验证：插入块时提示验证属性值是否正确。

● 预设：插入包含预置属性值的块时，将默认值设置为该块的属性值。

● 锁定位置：锁定块参照中属性的位置。解锁后，属性可以相对于使用夹点编辑的块的其他部分移动，并且可以调整多行属性的大小。

● 多行：指定属性值可以包含多行文字。选定此选项后，可以指定属性的边界宽度。

②"属性"选项组：用于设置属性的数据。

● 标记：用于指定标识属性的名称。

● 提示：用于输入插入包含该属性定义的块时系统在命令行中显示的提示信息。

● 默认：用于输入属性的默认值。

③ "插入点"选项组:设置属性值的插入点。通常选择"在屏幕上指定"复选框。

④ "文字设置"选项组:设置属性文字的对齐方式、文字样式、注释性、文字高度和旋转角度。

操作示例:

绘制如图 2.3.15 所示的表面粗糙度符号,并将其创建为带属性的外部块,且应用在图中。

图 2.3.15　创建带属性的块图形

(1)创建带属性文字信息的外部块。

1)应用直线、偏移、修剪等命令来绘制要创建成块的图形符号对象,尺寸如图 2.3.16 所示。

2)在符号图形的适当位置定义属性文字信息。

选择"绘图"菜单→"块"→"定义属性",弹出"属性定义"对话框,进行如图 2.3.17(a)所示的参数设置,单击"确定"按钮,此时命令行会出现如下提示:

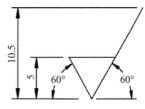

图 2.3.16　创建块的图形符号

命令:ATTDEF

指定起点:[拾取距离粗糙度符号倒三角形的上边线中点 1mm 处,如图 2.3.17(b)所示位置]

(a) "属性定义"对话框

(b)属性插入位置

图 2.3.17　创建带属性文字信息的外部块

若文字区出现"？？？",则表示在文字样式中需要重新指定字体才能正常显示文字,这时可以应用"格式"菜单→"文字样式",在弹出的"文字样式"对话框中设置字体,例如设置为"宋体"。

3)创建成普通的块。

选择"绘图"菜单→"块"→"创建",弹出图 2.3.18(a)所示的"块定义"对话框,输入块名称"粗糙度",单击"基点"选项组中的"拾取点(K)"按钮,此时命令行出现如下提示:

命令:B

指定插入基点：（选定图形符号下角点为参考基点）

按回车键返回对话框，单击"对象"选项组中的"选择对象（T）"按钮，此时命令行出现如下提示。

选择对象：（选择整个粗糙度符号和数值）

按回车键返回对话框，单击"确定"按钮弹出"编辑属性"对话框，如图 2.3.18（b）所示，输入粗糙度值"1.6"，单击"确定"按钮完成设置。

4）创建外部块。

命令行中执行"WBLOCK"命令后，打开"写块"对话框，如图 2.3.19 所示，从"块"下拉列表框中选择内部图块"粗糙度符号"，选择"文件名和路径"复选框来指定外部块文件的储存路径后，返回"写块"对话框，单击"确定"按钮完成外部块的创建。

（2）插入带属性文字的块。

命令行中执行"INSERT"命令后，弹出如图 2.3.20 所示的"插入"对话框，在"名称"浏览列表中找到外部块"粗糙度符号"的保存路径并打开，返回"插入"对话框，回车或单击"确定"按钮。

（a）"块定义"对话框

（b）"编辑属性"对话框

图 2.3.18　块定义及编辑

图 2.3.19　"写块"对话框

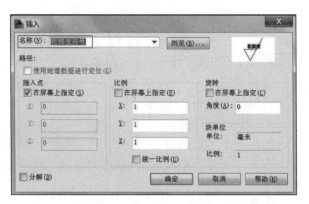
图 2.3.20　"插入"对话框

此时命令行提示如下：

命令：INSERT（激活 INSERT 命令）

指定插入点或［基点（B）/ 比例（S）/X/Y/Z/ 旋转（R）/ 预览比例（PS）/PX/PY/ PZ/ 预览旋转（PR）］:（系统提示插入块时的参照基点，可开启捕捉或单击某点）

粗糙度值〈1.6〉: 0.8（系统提示输入属性值，回车）

插入块后可以应用"旋转""移动"等工具调整块。

任务 3.2　绘制电路图

👥 任务需求

绘制如图 2.3.21 所示电路图，完成后以"2.3.21.dwg"为文件名将文件进行保存。

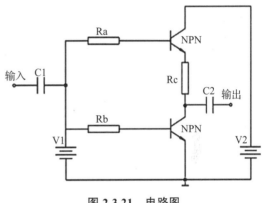

图 2.3.21　电路图

📚 知识与技能目标

理解块的作用；掌握定义内部块的基本方法；掌握块的调用操作；掌握属性文字的定义和带属性的块在电路设计中的应用。

📖 任务分析

灵活创建各种图形块并插入电路图，完成电路图的绘制。

绘制电路图时，将开关、接触器、动断按钮、直流电动机、交流电动机等都创建成块。利用插入块的方式可以方便、快速地绘制电路图，减少重复工作，提高绘图效率，使图形具有统一的规范。

电路图绘制方案：规划需要定义的符号→绘制各种符号图形→图形符号文字定义（定义属性文字信息）→创建带属性文字的内部符号块→绘制电路草图→插入内部符号块→修剪图形→完成电路图。

绘制电路图

🎓 任务详解

一、创建元件

块在机械零件图中多用于对一些相关的常用图形符号进行注写插入操作，尤其是属性块的应用，使绘图更加方便。比如绘制控制电路图、电子电路图时，把电路图中的符号创建为带属性的内部块，符号就可以被反复调用，还可以方便地输入不同的参数值。

1. 绘制元件图

应用直线、矩形绘图工具和镜像、移动、复制等编辑工具绘制电阻、电容、三极管、结点等符号，如图 2.3.22（a）所示。

2. 属性文字创建

应用"绘图"菜单→"块"→"定义属性"，弹出如图 2.3.23 所示的"属性定义"对话框，在"标记"栏输入"电阻"，"提示"栏可以输入"符号参数"，"默认"栏输入"R1"（可以作为插入块时的默认数据值），文字"对正"栏选"中下"，"文字高度"设为 2.5，单击"确定"按钮完成设置。应用移动工具辅助调整文字到图 2.3.22（b）所示位置。

对电容、三极管等创建带属性的文字，操作步骤参照上述电阻属性文字定义的相关操作，效果如图 2.3.22（b）所示。

3. 创建带属性的内部块

创建文字属性后还需要将属性文字附着到图形上。定义内部块时将图形和文字都选定，则创建内部块的同时也完成了属性附着。

选择"绘图"菜单→"块"→"创建"，弹出如图 2.3.24 所示的"块定义"对话框，单击"选择对象"图标选定电阻图形和"电阻"属性文字，单击"拾取点"图标选定电阻图形符号下边中点为参照基点，回车返回对话框，单击"确定"按钮完成块定义，弹出"编辑属性"对话框，输入插入块时的默认数据值，单击"确定"按钮完成设置。

对电容、三极管、结点等定义块，操作步骤参照上述电阻块定义的相关操作，效果如图 2.3.22（c）所示。

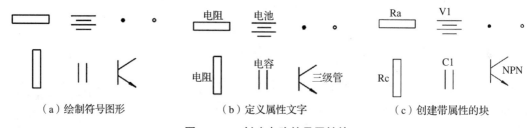

（a）绘制符号图形　　　　　（b）定义属性文字　　　　　（c）创建带属性的块

图 2.3.22　创建电路符号属性块

图 2.3.23　电阻"属性定义"对话框

图 2.3.24　电阻"块定义"对话框

二、绘制电路图

1. 绘制草图

根据电路图应用"直线"工具绘制电路草图（由于电路图的直线均为水平或垂直的，绘图时开启状态栏的"正交"和"对象捕捉"辅助绘图），如图 2.3.25（a）所示。

2. 插入块

选择"插入"菜单→"块选项板"，插入预先定义好的符号块到图 2.3.25（b）所示位置，插入时需通过键盘输入相应参数值（如 Ra、Rb、Rc 等），在对符号块定位时可以用移动、对象捕捉等工具辅助完成。

3. 编辑图形

应用"打断于点""修剪"等编辑工具删除多余线段，完成电路图的绘制。

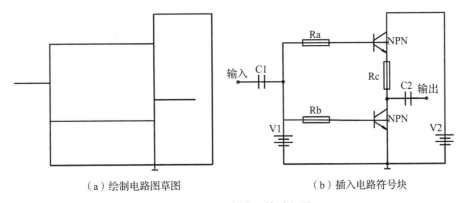

（a）绘制电路图草图　　　　　　　（b）插入电路符号块

图 2.3.25　绘制电路图的过程图示

三、保存

选择"文件"菜单→"另存为"，完成后以"2.3.21.dwg"为文件名将文件进行保存。

项目小结

本项目主要介绍了面域、多段线、块的概念与基本操作，布尔运算"并集""交集""差集"的含义与应用，创建、保存、修改块的操作方法，内部块与外部块的应用，以及带属性文字信息的内部块的应用。

实训与评价

一、基础实训

1. 怎样创建面域？如何应用面域的布尔运算？
2. 内部块与外部块有什么区别？
3. 举例说明怎样定义属性文字信息。
4. 在图形文件中创建的带属性的内部块能否在另一个图形文件中调用？

二、拓展实训

1. 根据图形尺寸绘制如图 2.3.26 所示的轴和截面图，并对轴表面、键槽工作面进行粗糙度标注，完成后以"2.3.26.dwg"为文件名将文件进行保存。

绘制提示：在绘图时可灵活使用多段线、面域、布尔运算、块等命令来快速完成。

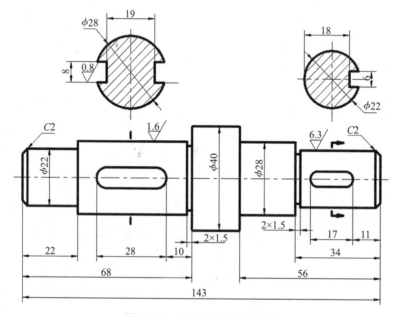

图 2.3.26　粗糙度标注练习图

2. 绘制如图 2.3.27 所示电路图，完成后以"2.3.27.dwg"为文件名将文件进行保存。

绘制提示：图示为电气控制电路图的一部分，主要由一些电气元件符号、电路直线和标注组成，通过创建块绘制电气元件符号图并保存块，应用直线工具和插入块绘制电路图，应用单行文字标注文字（有的标注可以在创建块时一并完成）。

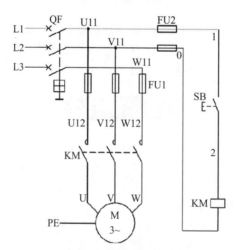

图 2.3.27　电路图练习

文字、标题栏及尺寸标注

掌握文字样式、表格样式、尺寸样式的创建、修改和应用，创建和编辑单行文本、多行文本的方法，创建表格的方法，以及图形的尺寸标注。

理解文字样式、表格样式、尺寸样式、各类尺寸标注的概念；会创建、修改、应用文字样式、文字标注、单行文字、多行文字、表格样式、尺寸标注样式和尺寸标注（线性标注、对齐标注、坐标标注、半径标注、直径标注、折弯半径标注、角度标注、弧长标注、基线标注、连续标注、引线标注、形位公差标注、圆心标记等）。

项目重点
表格的应用；尺寸标注的应用。
项目难点
表格样式的编辑和创建；尺寸标注样式的应用。

任务 4.1　文字与表格工具应用。介绍创建文字样式、创建文字、编辑文字、创建表格样式、创建表格、编辑表格的方法。

任务 4.2　制作标题栏和明细栏。介绍创建表格样式、文字样式，插入表格，编辑表格、表格文字的方法。

任务 4.3 尺寸标注的创建和编辑。介绍创建尺寸标注样式的方法，各类尺寸标注的操作与应用，以及编辑尺寸标注的方法。

本项目评价标准如表 2.4.1 所示：

表 2.4.1 项目评价标准

序号	评分点	分值	得分条件	判分要求（分值作参考）
1	表格样式设置	20	根据国标合理设置	不符合国标扣分
2	文字样式设置	20	根据国标合理设置	不符合国标扣分
3	表格样式编辑	10	操作正确	必须全部正确才有得分
4	标注样式设置	20	标注样式设置合理	有错扣分
5	标注尺寸	20	标注符合制图要求	有不合理处扣分
6	尺寸修饰	10	修饰合理	必须全部正确才有得分

任务 4.1 文字与表格工具应用

任务需求

学会创建文字样式、创建文字、编辑文字、创建表格样式、创建表格、编辑表格的方法。

知识与技能目标

掌握创建文字样式、创建文字、编辑文字的方法；掌握创建表格样式、创建表格、编辑表格的方法。

任务分析

灵活创建和编辑文字样式、文字、表格。

任务详解

一、文字的创建与编辑

1. 创建文字样式（STYLE）

文字是工程图样中不可缺少的组成部分，文字样式是对文字特性的一种描述，包括字体、高度（即文字的大小）、宽度比例、倾斜角度以及排列方式等。输入文字时，程序使用已创建的文字样式，应用该样式设置字体、字号、倾斜角度、方向等文字特征，用户也可以自定义文字样式。创建文字样式的方法有以下几种。

方法 1：功能区中"默认"选项卡→"注释"面板下拉列表→"文字样式"图标 **A**；或"注释"选项卡→"文字"面板→"文字样式"下拉列表→"管理文字样式"。

方法 2："格式"菜单→"文字样式"。

方法 3：命令行输入 STYLE（快捷命令 ST）。

执行该命令后，弹出如图 2.4.1 所示的"文字样式"对话框。

在该对话框内不仅可以创建新的文字样式，而且可以修改或删除已有的文字样式，还可以根据需要将某种文字样式设置为当前文字样式。

图 2.4.1 "文字样式"对话框

操作示例：

（1）创建名为"数字"，SHX 字体为"txt.shx"，大字体为"gbcbig.shx"，高度为"3.5"，宽度比例为"1"，倾斜角度为"15"的文字样式。

选择"格式"菜单→"文字样式"，在弹出的"文字样式"对话框中进行如图 2.4.2 所示的设置。

（2）创建名为"颠倒反向"的文字样式：字体为仿宋，字高为 10，宽度比例为 1，效果为颠倒。

选择"格式"菜单→"文字样式"，在弹出的"文字样式"对话框中进行如图 2.4.3 所示的设置。

图 2.4.2 操作示例 1

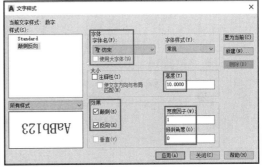

图 2.4.3 操作示例 2

2. 创建文字

（1）单行文字（DTEXT）。

利用"单行文字"命令，可以动态书写一行文字，每一行文字为一个独立的对象，可以单独对其进行编辑修改。创建文字的方法有以下几种。

方法 1：功能区中"注释"选项卡→"文字"面板→"多行文字"下拉列表→"单行文字"按钮 A 单行文字；或"默认"选项卡→"注释"面板→"文字"下拉列表→"单行文字"按钮 A 单行文字；

方法 2："绘图"菜单→"文字"→"单行文字"；

方法 3："文字"工具栏→"单行文字"图标 A；

方法 4：命令行中输入 DTEXT（快捷命令 DT）或 TEXT。

操作示例：

应用"颠倒反向"文字样式创建单行文字：文字样式名为"颠倒反向"，字体为仿宋，字高为 10，宽度比例为 1，效果为颠倒、反向，单行文字为"数控技术"。

创建"颠倒反向"文字样式，设置方法参照图 2.4.3 所示"文字样式"对话框中的设置。单击"注释"选项卡→"文字"面板→"文字样式"下拉列表中的"颠倒反向"样式。应用"单行文字"命令创建单行文字。

命令：DTEXT

当前文字样式："颠倒反向"

文字高度：10.0000

注释性：否

对正：左

指定文字的起点或［对正（J）/样式（S）］：（单击屏幕上的一点）

指定文字的旋转角度〈0〉：（回车）

在光标闪烁下输入需要标注的文字"数控技术"，回车，再回车。

绘制结果如图 2.4.4（c）所示。

注意比较理解图 2.4.4（a）、图 2.4.4（b）、图 2.4.4（c）所示的文字样式。

（a）未应用颠倒、反向样式的 单行文字图示　　　（b）应用颠倒样式的 单行文字图示　　　（c）应用颠倒、反向样式的 单行文字图示

图 2.4.4　创建"颠倒反向"单行文字

（2）多行文字（MTEXT）。

AutoCAD 提供了多行文字命令，使用该命令可以在绘图窗口指定的矩形边界内创建多行文字，并且所创建的多行文字为一个对象。创建多行文字的方法有以下几种。

方法 1：功能区中"注释"选项卡→"文字"面板→"多行文字"按钮；或"默认"选项卡→"注释"面板→"文字"下拉列表→"多行文字"按钮 A 多行文字；

方法 2："绘图"菜单→"文字"→"多行文字"；

方法 3："绘图"工具栏→"多行文字"图标 A 或者"文字"工具栏→"多行文字"图标 A；

方法 4：命令行中输入 MTEXT（快捷命令 MT）或 TEXT。

操作示例：

创建多行文字，第一行文字内容为"ABCD"，第二行文字内容为"EFGH"，高度为 10。

命令：MT

当前文字样式："Standard"

文字高度：0.2000

注释性：否

指定第一角点：（单击绘图区确定文字矩形框的一个角点）

指定对角点或［高度（H）对正（J）行距（L）旋转（R）样式（S）宽度（W）栏（C）］：H

指定高度〈0.2000〉：10

指定对角点或［高度（H）对正（J）行距（L）旋转（R）样式（S）宽度（W）栏（C）］：（拖动鼠标单击确定文字矩形框的另一个角点）

在该提示框中输入文字 ABCD，然后回车输入 EFGH，之后单击文字区以外区域，完成多行文字的输入。

注意：当指定对角点后，功能区将会显示"文字编辑器"选项卡，绘图区将显示带标尺的文本框，如图 2.4.5 所示。在"文字编辑器"选项卡中可以设置字体、对齐方式，以及进行插入符号操作等。

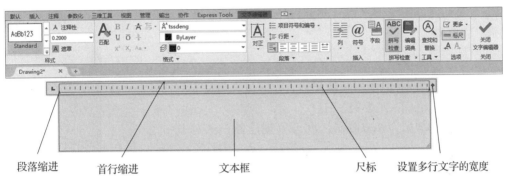

图 2.4.5 "文字编辑器"选项卡与文本框

（3）特殊字符输入。

应用"单行文字"或"多行文字"输入控制码，显示出相对应的特殊字符。常用特殊字符及控制码对照表如表 2.4.2 所示。

表 2.4.2 常用特殊字符及控制码对照表

控制码	对应特殊字符及功能
%%C	用于生成直径符号"φ"
%%D	用于生成角度符号"°"
%%O	用于打开或关闭单行文字的上划线
%%U	用于打开或关闭单行文字的下划线
%%P	用于生成正负符号"±"

3. 编辑文字（DDEDIT）

注写文字后，可以用"编辑文字"命令和对象"特性"来对单行或多行文字进行编辑。

（1）使用"编辑文字"命令编辑文本。

方法 1："文字"工具栏→"编辑"图标 ；

方法 2："修改"菜单→"对象"→"文字"→"编辑"；

方法 3：命令行中输入 DDEDIT；

方法 4：双击文字对象。

编辑单行文字时只能编辑文字内容，不能编辑文本的字高、倾斜角度等其他属性，编辑多行文字时不仅可以编辑文字内容，还可以编辑字体、大小等属性。

（2）应用"特性"选项面板编辑文本（PROPERTIES）。

应用"特性"选项面板不仅可以编辑、修改文本的内容，还可以修改其特性。

方法1：功能区中"默认"选项卡→"特性"面板→"面板对话框启动器"按钮 ↘；

方法2："修改"菜单→"特性"；

方法3："标准"工具栏→"特性"图标 ；

方法4：命令行中输入 PROPERTIES。

执行该命令后，弹出文字对象的"特性"选项面板，如图2.4.6所示，在其中可以编辑、修改选定对象的各个特性。

二、表格

AutoCAD 表格主要用于图形、图纸说明，表格的格式由表格样式控制，用户可以使用默认样式，也可以自定义表格样式。

1. 表格样式（TABLESTYLE）

默认表格样式为 Standard，也可以创建新的表格样式，方法有以下几种。

方法1："样式"工具栏→"表格样式"图标 ；

方法2："格式"菜单→"表格样式"；

方法3：命令行中输入 TABLESTYLE。

图 2.4.6　文字对象的"特性"选项面板

执行该命令后，弹出"表格样式"对话框。单击"新建"按钮将新建表格样式，单击"修改"按钮将修改选定的表格样式，如图2.4.7（a）所示。

2. 新建表格样式

选择"格式"菜单→"表格样式"，在弹出的"表格样式"对话框中单击"新建"按钮，弹出"创建新的表格样式"对话框，在该对话框中输入表格样式名称（如：表格样式1），如图2.4.7（b）所示。在"基础样式"中选择一个表格样式为新表格样式（如：Standard），然后单击"继续"按钮，弹出"新建表格样式：表格样式1"对话框，在该对话框中可以设置表格的各个选项，如图2.4.8所示，其中包含三个单元样式：数据、标题、表头。

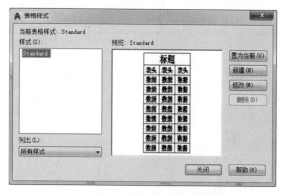

（a）"表格样式"对话框

（b）"创建新的表格样式"对话框

图 2.4.7　表格样式

对话框中各选项说明如下：

● 表格方向：用于设置表格的方向。"向上"选项创建由下而上读取的表格，标题行在表格的底部。"向下"选项创建由上而下读取的表格，标题行在表格的顶部。

● 单元样式：用于确定新的单元样式或管理现有单元样式。系统默认有"标题""表头""数据" 3 种样式。

● 常规："特性"选项组用于设置当前单元样式中单元格的填充颜色及内容的对齐方式等。"页边距"选项组中的"水平"和"垂直"用于设置单元格中文字与左右或上下单元格边界之间的距离。

● 文字：用于设置当前单元样式的"文字样式""文字高度""文字颜色""文字角度"。

● 边框：用于设置当前单元样式边框的线宽、线型、颜色和边框的特性等。

3. 创建表格（TABLE）

创建表格就是用"表格"命令将空白的表格插入图形的指定位置，其方法有以下几种。

方法 1：功能区中"默认"选项卡→"注释"面板→"表格"按钮 ▦ 表格；

方法 2："绘图"工具栏→"表格"图标 ▦；

方法 3："绘图"菜单→"表格"；

方法 4：命令行中输入 TABLE。

执行该命令后，弹出"插入表格"对话框，在该对话框中可以设置插入表格的样式，指定表格插入的方式，设置表格的列数、数据列宽、行数、行高等，如图 2.4.9 所示。

图 2.4.8　新建表格样式对话框

图 2.4.9　"插入表格"对话框

4. 编辑表格

使用"编辑表格"命令可以修改表格的列宽和行高。

选中表格，应用夹点可以编辑表格的列宽、行高。选中表格后表格上各夹点功能如图 2.4.10（a）所示，可以利用"修改"菜单→"特性"选项面板进行修改，如图 2.4.10（b）所示。

单击单元格，会出现"表格单元"功能区选项卡，在其中可以插入或者删除行、列，也可以将多个单元格合并或者取消合并，还能对单元格进行特性更改和调整文字的对齐方式。

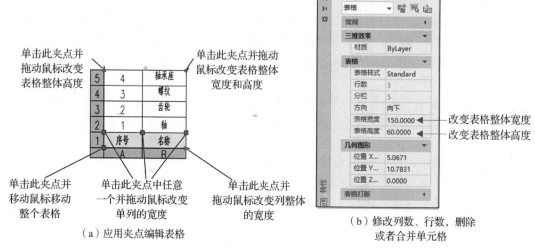

（a）应用夹点编辑表格

（b）修改列数、行数，删除
或者合并单元格

图 2.4.10　编辑表格

操作示例：

新建名为"标题栏"的表格，并创建、填写表格，效果如图 2.4.11 所示，要求字体为"长仿宋体"，字高为 5。

图 2.4.11　标题栏

（1）设置表格样式。

选择"格式"菜单→"表格样式"，在"表格样式"对话框中单击"修改"按钮，出现"修改表格样式"对话框，在"单元样式"下拉列表中选择"数据"，"边框"选项卡中设置线宽为 0.5，选择"外边框"按钮 ，然后单击"确定"按钮关闭对话框。

简化标题栏

（2）创建表格。

选择"绘图"菜单→"表格"，打开"插入表格"对话框，设置列数为 6，数据行数为 1，行高为 8，第一行单元样式为数据，第二行单元样式为数据，其余为默认，单击"确定"按钮，对话框消失，单击绘图区任意一点，即可插入表格。

（3）输入文字。

插入表格后，命令行提示输入文字，此时可以双击单元格，按单元格内容一一输入相应的文字。

（4）编辑表格。

1）选择"修改"菜单→"特性"，出现"特性"选项面板，选择表格后，即在选项面板中显示表格的各个特性，在"表格"下拉面板中，设置表格宽度为 150，表格高度为 24。

2）单击单个单元格，出现"单元格"特性选项面板，在"单元"下拉面板中，按照示例——设置单元格宽度。

3）单击表格，单击左上角灰色格，在"特性"选项面板中设置"对齐"为正中，在"内容"下拉面板中设置文字高度为5。完成后关闭"特性"选项面板，打开"线宽"显示。

任务 4.2　制作标题栏和明细栏

任务需求

创建如图 2.4.12 所示的图纸标题栏和明细栏，字高为 3.5，完成后以"2.4.12.dwg"为文件名将文件进行保存。

5	GB/T 18324—2001	轴套	1	Q235A	
4		上轴衬	1	ZCuAl10Fe3	
3		轴承盖	1	HT150	
2		下轴衬	1	ZCuAl10Fe3	
1		轴承座	1	HT150	
序号	代号	名称	数量	材料	备注
制图		年 月 日		（单位）	
校核		比例		滑动轴承	
审核		共 张 第 张		（图号）	

制作标题栏和明细栏

图 2.4.12　制作图纸标题栏和明细栏

知识与技能目标

掌握文字样式、表格样式的创建方法；掌握插入表格、编辑表格和表格文字的操作方法。

任务分析

创建文字样式、表格样式；插入、编辑表格和表格文字。

制作时分两个表格创建：3 行 6 列的标题栏和 6 行 6 列的明细栏。先创建表格样式，然后在表格样式中设置文字样式。

任务详解

一、创建表格基本样式

1. 新建表格样式

（1）选择"格式"菜单→"表格样式"，弹出如图 2.4.13 所示的"表格样式"对话框；单击"新建"按钮，在"创建新的表格样式"对话框中输入表格样式名称"标题栏"，如图 2.4.13 所示。

（2）单击"创建新的表格样式"对话框中的"继续"按钮，弹出"新建表格样式：标题栏"对话框，如图 2.4.14 所示，在"数据"单元样式下单击"文字"选项卡，单击文字样式"Standard"旁的按钮弹出"文字样式"对话框，分别建立两种字体：工程字（字高 3.5，倾斜角度 15°）和汉字（字高 3.5，长仿宋体）。单击"应用"按钮，返回"新建表格样式：标题栏"对话框。

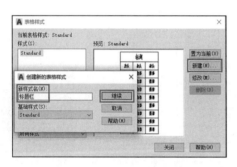
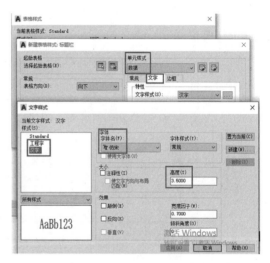

图 2.4.13 "表格样式"与"创建表格样式"对话框　　　**图 2.4.14 "文字格式"对话框**

（3）设置"标题栏"表格参数。

1）在"单元样式"下拉菜单中选择"数据"，在"常规"选项卡中设置"对齐"为"正中"；

2）在"文字"选项卡中设置"文字样式"为汉字；

3）在"边框"选项卡中设置线宽为 0.35，单击"外边框"按钮 ⊞，设置标题栏的外边框线均为粗实线，如图 2.4.15 所示。

（4）参照（1）的方法创建名为"明细栏"的表格样式。

（5）设置"明细栏"表格参数 1。

1）"表格方向"设置为"向上"；

图 2.4.15 "新建表格样式：标题栏"对话框中"常规""文字""边框"选项卡的设置

2）在"单元样式"下拉菜单中选择"标题"，在"常规"选项卡中设置"对齐"为"正中"，取消"创建行 / 列时合并单元（M）"的勾选；

3）在"文字"选项卡中设置"文字样式"为汉字；

4）在"边框"选项卡中设置线宽为 0.35，单击"所有边框"按钮 田，设置明细栏首行标题均为粗实线，如图 2.4.16 所示。

图 2.4.16 "新建表格样式：明细栏"对话框中"标题"单元样式的设置

（6）设置"明细栏"表格参数 2。

1）在"单元样式"下拉菜单中选择"表头"，在"常规"选项卡中设置"对齐"为"正中"；

2）在"文字"选项卡中设置"文字样式"为汉字；

3）在"边框"选项卡中设置线宽为 0.35，单击"下边框"按钮⊞、"左边框"按钮⊞和"右边框"按钮⊞，设置表头框线为粗实线，如图 2.4.17 所示。

图 2.4.17 "新建表格样式：明细栏"对话框中"表头"单元样式的设置

（7）设置"明细栏"表格参数 3。

1）在"单元样式"下拉菜单中选择"数据"，在"常规"选项卡中设置"对齐"为"正中"；

2）在"文字"选项卡中设置"文字样式"为汉字；

3）在"边框"选项卡中设置线宽为 0.35，单击"左边框"按钮⊞和"右边框"按钮⊞，设置数据框线为粗实线，如图 2.4.18 所示。

图 2.4.18 "新建表格样式：明细栏"对话框中"数据"单元样式的设置

2. 创建空白表格

（1）创建标题栏空白表格。

1）选择"绘图"菜单→"表格"，打开"插入表格"对话框。

2）在"表格样式"下拉列表中选择"标题栏"；

3）在"列和行设置"选项组中设置列数为 6、数据行数为 1；

4）在"设置单元样式"选项组中设置"第一行单元样式"和"第二行单元样式"均为"数据"，如图 2.4.19 所示。

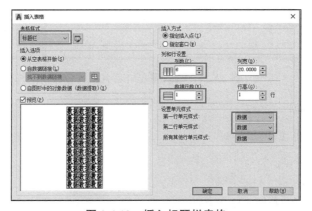

图 2.4.19　插入标题栏表格

完成上述设置后单击"确定"按钮插入表格，创建标题栏空白表格，结果如图 2.4.20 所示。

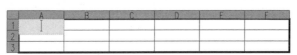

图 2.4.20　插入完成的标题栏表格

（2）创建明细栏空白表格。

1）选择"绘图"菜单→"表格"，打开"插入表格"对话框。

2）在"表格样式"下拉列表中选择"明细栏"；

3）在"列和行设置"选择组中设置列数为 6、数据行数为 4，其他选项取默认值，如图 2.4.21 所示。

完成上述设置后单击"确定"按钮插入表格，创建明细栏空白表格，并将明细栏表格插入标题栏表格的左上方，结果如图 2.4.22 所示。

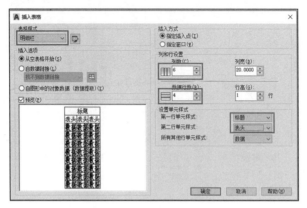

图 2.4.21　插入明细栏表格

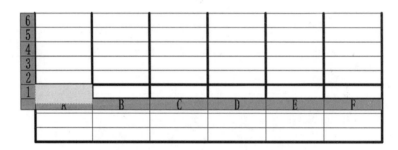

图 2.4.22　插入完成的明细栏表格

二、编辑表格

1. 合并标题栏的两处单元格

用鼠标左键框选要合并的两个单元格，在出现的"表格单元"选项卡中选择"合并单元"下拉列表中的"合并全部"按钮，如图 2.4.23 所示。

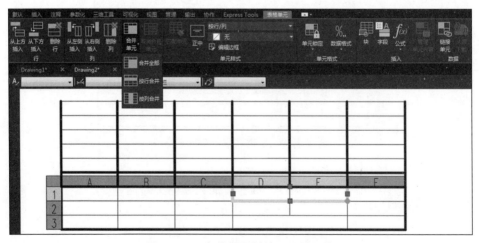

图 2.4.23　合并标题栏的两处单元格

2. 设置明细栏表格的高度和宽度

选中明细栏表格，单击"修改"菜单→"特性"，出现表格"特性"选项面板，如图 2.4.24 所示。

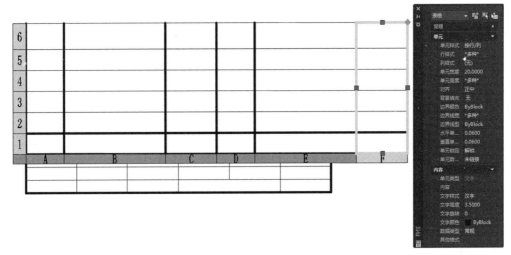

图 2.4.24　修改"明细栏"单元格的高度和宽度

（1）单击 A 列，在"单元"中设置"单元宽度"为 15，"单元高度"为 8；
（2）单击 B 列，在"单元"中设置"单元宽度"为 40；
（3）单击 C 列，在"单元"中设置"单元宽度"为 20；
（4）单击 D 列，在"单元"中设置"单元宽度"为 15；
（5）单击 E 列，在"单元"中设置"单元宽度"为 40；
（6）单击 F 列，在"单元"中设置"单元宽度"为 20。

3. 设置标题栏表格的高度和宽度

选中标题栏表格，单击"修改"菜单→"特性"，出现表格"特性"选项面板，如图 2.4.25 所示。

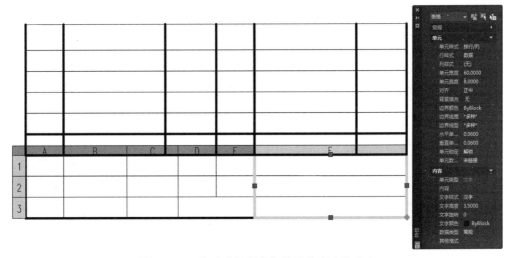

图 2.4.25　修改"标题栏"单元格高度和宽度

（1）单击 A 列，在"单元"中设置"单元宽度"为 15，"单元高度"为 8；

（2）单击 B 列，在"单元"中设置"单元宽度"为 25；

（3）单击 C 列，在"单元"中设置"单元宽度"为 20；

（4）单击 D 列，在"单元"中设置"单元宽度"为 15；

（5）单击 E 列，在"单元"中设置"单元宽度"为 15；

（6）单击 F 列，在"单元"中设置"单元宽度"为 60。

三、编辑表格文字

1. 输入文字

在需要输入文字的单元格内双击鼠标左键进入表格文字编辑状态，输入相应文字。在弹出的"文字格式"工具栏中应用"对正"按钮的"正中"选项，使单元格内容垂直居中对齐，完成后的表格如图 2.4.26 所示。

5	GB/T 18324—2001	轴套	1	Q235A	
4		上轴衬	1	ZCuAl10Fe3	
3		轴承盖	1	HT150	
2		下轴衬	1	ZCuAl10Fe3	
1		轴承座	1	HT150	
序号	代号	名称	数量	材料	备注
制图		年 月 日		（单位）	
校核		比例		滑动轴承	
审核		共 张 第 张		（图号）	

图 2.4.26 修改单元格文字位置效果图

2. 编辑文字

选择"修改"菜单→"特性"，出现"特性"选项面板，使用鼠标左键窗选表中要更改为倾斜形式的文字，将"内容"面板中的"文字样式"更改为"工程字"，如图 2.4.27 所示。

图 2.4.27 编辑文字效果图

若需要反复调用此表格且每次调用需要输入不同的文字信息，可以对表格中各单元格定义不同的属性文字信息，然后把表格和属性文字定义为内部块。

四、保存

选择"文件"菜单→"另存为"，完成后以"2.4.12.dwg"为文件名将文件进行保存。

任务 4.3 尺寸标注的创建和编辑

任务需求

学会创建尺寸标注样式，学会线性、对齐、基线、连续、坐标等各类尺寸标注的方法，学会编辑尺寸标注。

知识与技能目标

理解尺寸标注样式中的各个参数；掌握尺寸标注样式的创建方法；掌握线性、对齐、基线、连续、坐标等各类尺寸标注的操作方法与应用；掌握尺寸标注的编辑方法。

任务分析

创建尺寸标注样式；标注尺寸；编辑尺寸标注；灵活使用各种尺寸标注。

任务详解

一个完整的尺寸标注由尺寸线、尺寸界线、尺寸箭头、尺寸文字等几部分组成，如图 2.4.28 所示。进行尺寸标注时可以应用默认标注样式进行标注，也可以先设置尺寸标注样式再标注尺寸。

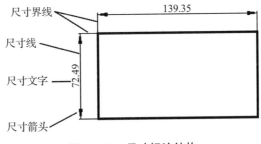

图 2.4.28 尺寸标注结构

一、创建尺寸标注样式（DIMSTYLE）

用户在进行尺寸标注时，应根据需要先创建尺寸标注样式，保证在图形实体上的各个尺寸形式相同、风格一致。创建尺寸标注样式的方法有以下几种。

方法 1：功能区中"默认"选项卡→"注释"面板下拉列表→"标注样式"按钮 ；

方法 2："标注"工具栏→"标注样式"图标 ；

方法 3："格式"菜单→"标注样式"；

方法 4：命令行中输入 DIMSTYLE（快捷命令 D）。

执行该命令后，弹出"标注样式管理器"对话框，如图 2.4.29 所示，在该对话框中可以对当前样式进行修改或者新建标注样式。

标注样式控制尺寸标注的格式和外观，可以在"线""符号和箭头""文字""调整""主单位""换算单位""公差" 7 个选项卡中进行设置，即可设置尺寸样式的各个特性。

1."线"选项卡

如图 2.4.30 所示，在"线"选项卡中设置尺寸线和尺寸界线的格式、位置等特性。

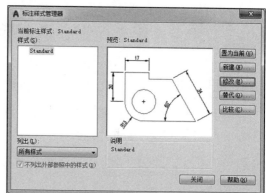

图 2.4.29 "标注样式管理器"对话框

（1）"尺寸线"选项面板：可以设置尺寸线的颜色、线型、线宽等；可以设置是否隐藏左右两边的尺寸线；还可以在"基线间距"中设置相邻两尺寸线之间的距离，一般机械标注中基线间距设置为 8 ～ 10。

（2）"尺寸界线"选项面板：可以设置尺寸界线的颜色、线型、线宽等；可以设置是否隐藏左右两边的尺寸界线；可以在"超出尺寸线"中设置尺寸界线超出尺寸线的长度，一般机械标注中设为"2"；还可以在"起点偏移量"中设置尺寸界线起点到图形轮廓线之间的距离，一般机械标注中设为"0"。

2."符号和箭头"选项卡

如图 2.4.31 所示，在"符号和箭头"选项卡中可以设置箭头、圆心标记的形式和大小以及弧长符号、半径折弯标注、线性折弯标注等特性。

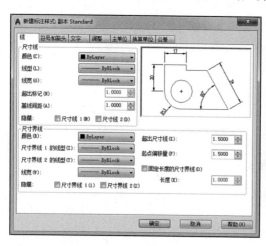

图 2.4.30 "线"选项卡

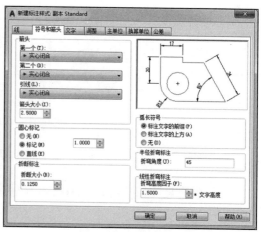

图 2.4.31 "符号和箭头"选项卡

（1）"箭头"选项面板：可以设置箭头的形式和大小，机械标注中的箭头均为"实心闭合"形式，大小一般设为 2.5 或 3。

（2）"圆心标记"选项面板：设置圆心处是否有标记或中心线，机械标注中一般为"无"圆心标记。

（3）"折断标注"选项面板：设置折断标注时的标注对象之间或与其他对象之间相交处打断的距离。

（4）"半径折弯标注"选项面板：设置半径标注的折弯角度，机械标注中一般为 45°。

（5）"线型折弯标注"选项面板：设置线性尺寸折弯标注时的高度比例因子。

（6）"弧长符号"选项面板：设置弧长标注时圆弧符号的位置，机械标注中一般为圆弧符号在前，选中"标注文字的前缀"。

3."文字"选项卡

如图 2.4.32 所示，在"文字"选项卡中可以设置文字的外观、位置和对齐方式。

（1）"文字外观"选项面板：设置文字的样式、文字的颜色、文字的背景填充颜色、文字的高度，以及选择是否在标注文字的周围绘制矩形边框。

（2）"文字位置"选项面板：可以设置标注文字相对于尺寸线的垂直位置，分"上""居中""外部""JIS""下"5 种位置，机械标注中一般选择"上"；还可以设置标注文字在尺寸线方向上相对于尺寸界线的水平位置，也有 5 种位置，机械标注中一般选择"居中"；还可以设置"观察方向"以及标注文字离尺寸线之间的距离（"从尺寸线偏移"），机械标注中一般取 1 ～ 1.5 为佳。

（3）"文字对齐"选项面板：设置标注文字的对齐方式，有"水平""与尺寸线对齐""ISO 标准"3 种方式。机械标注中线性尺寸标注一般选择"与尺寸线对齐"，角度标注选择"水平"，半径和直径标注则选择"ISO 标准"。

4."调整"选项卡

如图 2.4.33 所示，在"调整"选项卡中可以设置标注文字和箭头的放置位置、是否有引线等特性。

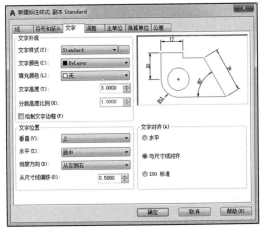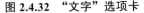

图 2.4.32 "文字"选项卡

图 2.4.33 "调整"选项卡

5. "主单位"选项卡

如图 2.4.34 所示,在"主单位"选项卡中可以设置尺寸标注的精度、测量单位比例,也可以设置标注文字的前后缀以及角度标注的单位格式和精度。其中测量单位比例因子表示所注尺寸与物体实际尺寸的比例。

6. "换算单位"选项卡

如图 2.4.35 所示,在"换算单位"选项卡中可以设置尺寸中换算单位的显示以及不同单位之间的换算倍数和精度。

图 2.4.34 "主单位"选项卡

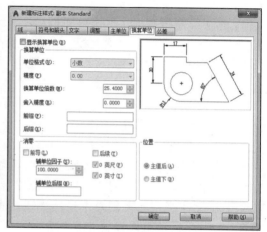

图 2.4.35 "换算单位"选项卡

7. "公差"选项卡

如图 2.4.36 所示,在"公差"选项卡中可以设置公差的格式,有"对称""极限偏差""极限尺寸""基本尺寸"4 种;设置公差的精度;设置上下偏差,其中上偏差自带"+"号,下偏差自带"−"号;设置公差的高度比例,机械标注一般取 0.6 ~ 0.8;还可以设置公差值垂直方向的放置位置、对齐方式等特性。

操作示例:

创建新尺寸标注样式,命名为"基本标注"。设置尺寸标注样式:尺寸线和尺寸界线为随层,基线间距 8,超出尺寸线 2,起点偏移量 0;实心箭头,大小为 2.5,半径标注折弯 45°;文字样式为"标注文字",颜色随层,全局比例为 1;其他项取默认值。

(1)创建新尺寸标注样式。

选择"格式"菜单→"标注样式",打开"标注样式管理器"对话框,单击"新建"按钮,出现"创建新标注样式"对话框,在"新样式名"中输入"基本标注",效果如图 2.4.37 所示。

(2)设置尺寸标注样式。

在"创建新标注样式"对话框中单击"继续"按钮,出现"新建标注样式:基本标注"对话框,分别在"线""符号和箭头""文字""调整"选项卡中按图 2.4.38(a)、图 2.4.38(b)、图 2.4.38(c)、图 2.4.38(d)所示设置各参数即可。

图 2.4.36 "公差"选项卡

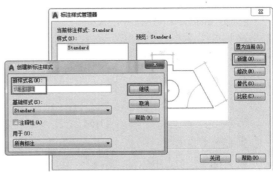

图 2.4.37 "创建新标注样式"对话框

（a）"线"选项卡

（b）"符号和箭头"选项卡

（c）"文字"选项卡

（d）"调整"选项卡

图 2.4.38 各选项卡设置

二、各类尺寸标注的操作与应用

尺寸标注的类别主要包括线性、径向（半径和直径）、角度、坐标、弧长等。

1. 线性标注（DIMLINEAR）

线性标注用于在水平、垂直方向上对图形对象进行尺寸标注。该命令调用方法有以下几种。

方法 1："标注"工具栏→"线性"图标┣┫；

方法 2："标注"菜单→"线性"；

方法 3：命令行中输入 DIMLINEAR（快捷命令 DLI）。

操作示例：

打开素材"尺寸标注 .dwg"，创建线性标注 20，效果如图 2.4.39 所示。

命令：DIMLINEAR

指定第一条尺寸界线原点或〈选择对象〉：（指定标注对象的一个端点）

指定第二条尺寸界线原点：（指定标注对象的另一个端点）

指定尺寸线位置或［多行文字（M）文字（T）角度（A）水平（H）垂直（V）旋转（R）］：（移动鼠标至要标注文字的位置，单击完成标注）

标注文字 =20

2. 对齐标注（DIMALIGNED）

对齐标注用于测量和标记两点之间的实际距离，两点之间连线可以为任意方向，两点之间的连线与尺寸线平行。该命令调用方法有以下几种。

方法 1："标注"工具栏→"对齐"图标＼；

方法 2："标注"菜单→"对齐"；

方法 3：命令行中输入 DIMALIGNED（快捷命令 DAL）。

操作示例：

打开素材"尺寸标注 .dwg"，创建对齐标注 26，效果如图 2.4.40 所示。

命令：DIMALIGNED

指定第一条尺寸界线原点或〈选择对象〉：（指定标注对象的一个端点）

指定第二条尺寸界线原点：（指定标注对象的另一个端点）

指定尺寸线位置或［多行文字（M）文字（T）角度（A）］：（移动鼠标至要标注文字的位置，单击完成标注）

标注文字 =26

3. 基线标注（DIMBASELINE）

基线标注是指以第一个标注的界线为基准，连续标注多个线性尺寸，每个新尺寸会自动偏移一个距离以避免重叠。机械标注中，基线标注的距离一般取 8 ~ 10。基线标注的前提是必须已经有一个线性标注、坐标标注或角度标注。该命令调用方法有以下几种。

方法 1："标注"工具栏→"基线"图标┝┥；

方法 2："标注"菜单→"基线"；

方法 3：命令行中输入 DIMBASELINE（快捷命令 DBA）。

操作示例：

打开素材"尺寸标注 .dwg",创建基线标注 50,效果如图 2.4.41 所示。

（1）应用"线性标注"标注 20。

（2）以线性标注 20 为基准,应用"基线标注"标注 50。

命令：DIMBASELINE

指定第二条尺寸界线原点或［选择（S）/ 放弃（U）]〈选择〉：（单击指定界线点）

标注文字 =50

指定第二条尺寸界线原点或［选择（S）/ 放弃（U）]〈选择〉：（回车）

4. 连续标注（DIMCONTINUE）

连续标注可以快速地标注首尾相连的连续尺寸,该标注的前提也是必须先有一个线性标注、坐标标注或角度标注,每个后续标注将使用前一个标注的第二尺寸界线为本标注的第一尺寸界线。该命令调用方法有以下几种。

方法 1："标注"工具栏→"连续"图标┡┤;

方法 2："标注"菜单→"连续";

方法 3：命令行中输入 DIMCONTINUE（快捷命令 DCO）。

操作示例：

打开素材"尺寸标注 .dwg",创建连续标注 22 和 8,效果如图 2.4.42 所示。

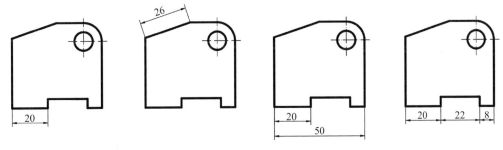

图 2.4.39　线性标注　　图 2.4.40　对齐标注　　图 2.4.41　基线标注　　图 2.4.42　连续标注

（1）作线性尺寸标注 20。

（2）应用连续标注（系统将以线性尺寸标注 20 为基准）。

命令：DIMCONTINUE

指定第二条尺寸界线原点或［选择（S）/ 放弃（U）]〈选择〉：（单击指定界线点）

标注文字 =22

指定第二条尺寸界线原点或［选择（S）/ 放弃（U）]〈选择〉：（单击指定界线点）

标注文字 =8

指定第二条尺寸界线原点或［选择（S）/ 放弃（U）]〈选择〉：（回车）

5. 坐标标注（DIMORDINATE）

坐标标注用于测量原点到标记点的坐标位置。该命令调用方法有以下几种。

方法 1："标注"工具栏→"坐标"图标；

方法 2："标注"菜单→"坐标";

方法 3：命令行中输入 DIMORDINATE（快捷命令 DOR）。

操作示例：

打开素材"尺寸标注 .dwg"，创建坐标标注 40 和 15，效果如图 2.4.43 所示。

命令：DIMORDINATE

指定点坐标：（指定标注对象的一个端点）

指定引线端点或 [X 基准（X）Y 基准（Y）多行文字（M）文字（T）角度（A）]：（向上 / 下拖动鼠标标注该点相对于原点的 X 坐标值，单击完成标注）

标注文字 =40

同样的方法标注 Y 坐标值。

6. 半径标注（DIMRADIUS）

半径标注用于对圆、圆弧进行半径标注，半径符号为 R。该命令调用方法有以下几种。

方法 1："标注"工具栏→"半径"图标 ；

方法 2："标注"菜单→"半径"；

方法 3：命令行中输入 DIMRADIUS（快捷命令 DRA）。

操作示例：

打开素材"尺寸标注 .dwg"，创建半径标注 R10，效果如图 2.4.44 所示。

命令：DIMRADIUS

选择圆弧或圆：（单击 R10 圆弧）

标注文字 =10

指定尺寸线位置或 [多行文字（M）文字（T）角度（A）]：（移动鼠标至要标注文字的位置，单击完成标注）

7. 直径标注（DIMDIAMETER）

直径标注用于对圆、圆弧进行直径标注，直径符号为 ϕ。该命令调用方法有以下几种。

方法 1："标注"工具栏→"直径"图标 ；

方法 2："标注"菜单→"直径"；

方法 3：命令行中输入 DIMDIAMETER（快捷命令 DDI）。

操作示例：

打开素材"尺寸标注 .dwg"，创建直径标注 ϕ 10，效果如图 2.4.45 所示。

命令：DIMDIAMETER

选择圆弧或圆：（单击 ϕ 10 圆）

标注文字 =10

指定尺寸线位置或 [多行文字（M）文字（T）角度（A）]：（移动鼠标至要标注文字的位置，单击完成标注）

8. 折弯半径标注（DIMJOGGED）

折弯半径标注可以用于对圆、圆弧进行半径标注，在无法完全显示标注时可使用折弯样式进行标注。折弯半径标注也称为"缩放半径标注"。默认"折弯"的度数为45°，应用尺寸样式中"符号与箭头"选项卡右下角的折弯角度可以修改默认值（例如改为 60°）。该命令调用方法有以下几种。

方法 1："标注"工具栏→"折弯"图标 ；

方法 2："标注"菜单→"折弯"；

方法 3：命令行中输入 DIMJOGGED（快捷命令 DJO）。

操作示例：

打开素材"尺寸标注 .dwg"，创建折弯半径标注 $R10$，效果如图 2.4.46 所示。

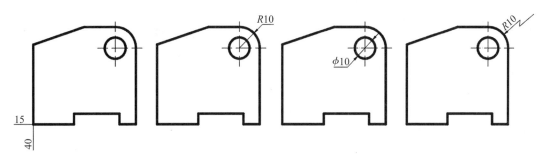

图 2.4.43　坐标标注　　图 2.4.44　半径标注　　图 2.4.45　直径标注　　图 2.4.46　折弯半径标注

命令：DIMJOGGED

选择圆弧或圆：（单击 $R10$ 圆弧）

指定图示中心位置：（单击指定弧标注的参考中心位置）

标注文字 =10

指定尺寸线位置或［多行文字（M）文字（T）角度（A）］：（单击指定弧半径标注位置）

指定折弯位置：（移动鼠标表明折弯位置，单击完成标注）

9. 角度标注（DIMANGULAR）

角度标注用于标注角度尺寸，机械标注中角度文字为"水平"放置。该命令调用方法有以下几种。

方法 1："标注"工具栏→"角度"图标△；

方法 2："标注"菜单→"角度"；

方法 3：命令行中输入 DIMANGULAR（快捷命令 DAN）。

操作示例：

打开素材"尺寸标注 .dwg"，对斜线相对于 Y 轴创建角度标注 72°，效果如图 2.4.47 所示。

命令：DIMANGULAR

选择圆弧、圆、直线或〈指定顶点〉：（单击指定角的一条边）

选择第二条直线：（单击指定角的另一条边）

指定标注弧线位置或［多行文字（M）文字（T）角度（A）］：（移动鼠标至要标注的位置，单击完成标注）

标注文字 =72

10. 弧长标注（DIMARC）

弧长标注用于标注圆弧的长度尺寸。该命令调用方法有以下几种。

方法 1："标注"工具栏→"弧长"图标 ⌒；

方法 2："标注"菜单→"弧长"；

方法 3：命令行中输入 DIMARC（快捷命令 DAR）。

操作示例：

打开素材"尺寸标注 .dwg"，对圆弧标注弧长 16，效果如图 2.4.48 所示。

命令：DIMARC

选择弧线段或多段线弧线段：（单击指定弧）

指定弧长标注位置或［多行文字（M）文字（T）角度（A）部分（P）引线（L）］：（移动鼠标至标注位置，单击完成标注）

标注文字 =16

11. 圆心标记（DIMCENTER）

圆心标记命令用于创建圆和圆弧的圆心标记或中心线。可以通过"标注样式管理器"对话框→"符号和箭头"选项卡→"圆心标记"（DIMCEN 系统变量）设定圆心标记组件的默认大小。该命令调用方法有以下几种。

方法 1："标注"工具栏→"圆心标记"图标⊕；

方法 2："标注"菜单→"圆心标记"；

方法 3：命令行中输入 DIMCENTER（快捷命令 DCE）。

操作示例：

打开素材"尺寸标注 .dwg"，创建圆心标记，效果如图 2.4.49 所示。

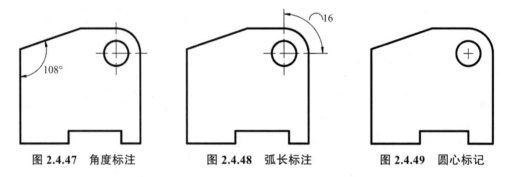

图 2.4.47　角度标注　　　图 2.4.48　弧长标注　　　图 2.4.49　圆心标记

命令：DIMCENTER

选择圆弧或圆：（选择需要标记的圆）

12. 引线标注（QLEADER）

引线标注可以快速地对图形对象进行注释说明。该命令调用方法有以下几种。

方法 1："标注"菜单→"引线"；

方法 2：命令行中输入 QLEADER（快捷命令 LE）。

操作示例：

任意绘制一圆弧，并创建引线标注"圆弧的起点"和"圆弧的终点"，效果如图 2.4.50 所示。

命令：QLEADER

指定第一个引线点或［设置（S）］〈设置〉：（单击指定引线点 1）

指定下一点：（单击指定引线点 2）

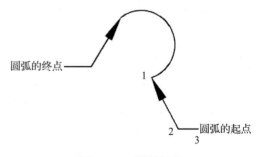

图 2.4.50　引线标注

指定下一点：（单击指定引线点 3）

指定文字宽度〈0〉：20（输入文字宽度）

输入注释文字的第一行〈多行文字（M）〉：圆弧的起点

输入注释文字的下一行：（回车）

以同样的方法创建"圆弧的终点"引线标注。

13. 形位公差标注（TOLERANCE）

形位公差标注定义图形中形状和轮廓、定向、定位的最大允许误差以及几何图形的跳动允差。该命令的调用方法有以下几种。

方法 1："标注"工具栏→"公差"图标 ⊞ ；

方法 2："标注"菜单→"公差"；

方法 3：命令行中输入 TOLERANCE（快捷命令 TOL）。

执行该命令后，弹出如图 2.4.51 所示"形位公差"对话框，设置形位公差的组元符号和参数值（可以一组或多组），公差特征符号、附加符号分别如表 2.4.3 和表 2.4.4 所示。

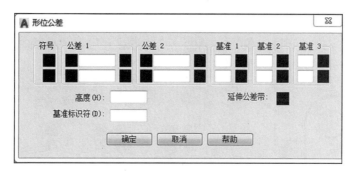

图 2.4.51 "形位公差"对话框

表 2.4.3 公差特征符号

符号	含义	符号	含义
⊕	位置度	▱	平面度
◎	同心 / 同轴度	○	圆度
≐	对称度	—	直线度
//	平行度	⌒	面轮廓度
⊥	垂直度	⌒	线轮廓度
∠	倾斜度	↗	圆跳动
⌀	圆柱度	↗↗	全跳动

表 2.4.4　附加符号表

符号	含义
Ⓜ	最大包容条件
Ⓛ	最小包容条件
Ⓢ	不考虑特征尺寸

操作示例：

打开素材"尺寸标注 .dwg"，创建形位公差标注（垂直度），效果如图 2.4.52（a）所示。

（1）创建引线。具体操作见"引线标注"部分详解。

（2）标注公差。

应用"标注"菜单→"公差"，弹出"形位公差"对话框，如图 2.4.52（b）所示，设置形位公差的组元符号"b"和参数值"0.001"，单击"确定"按钮结束设置，将出现的形位公差图案拖动到适当位置后单击完成（注意开启对象捕捉并应用参考基点）。双击公差标注可编辑修改公差符号和相应参数值。

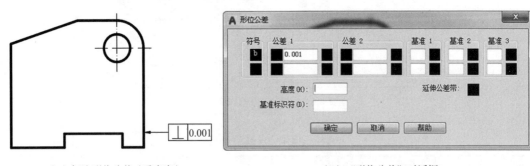

（a）标注形位公差（垂直度）　　　　　　（b）"形位公差"对话框

图 2.4.52　形位公差标注

三、编辑尺寸标注

选择尺寸标注后可以应用 Delete 键删除，也可利用 AutoCAD 提供的尺寸编辑功能修改尺寸标注。

操作示例：

打开素材"尺寸标注 .dwg"，运用"线性标注"命令和"基线标注"命令，标出尺寸 20 和尺寸 50，选中需要编辑的尺寸标注 50，单击文字夹点移动鼠标，尺寸标注随之移动，到适当位置后单击确定可以改变尺寸标注位置，效果如图 2.4.53（a）、图 2.4.53（b）所示。若需要替代标注文字，可以双击文字夹点，弹出尺寸标注"特性"选项面板，如图 2.4.53（c）所示，在"文字替代"中输入替代文字（如 25）并回车确认，尺寸数据被替换，效果如图 2.4.53（d）所示。

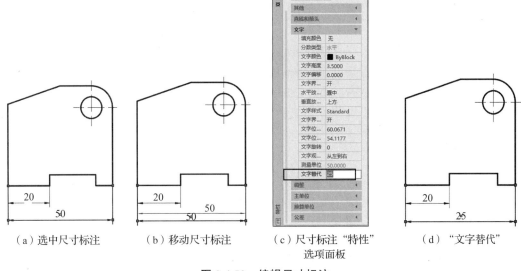

| （a）选中尺寸标注 | （b）移动尺寸标注 | （c）尺寸标注"特性"选项面板 | （d）"文字替代" |

图 2.4.53　编辑尺寸标注

项目小结

本项目介绍了文字、表格、尺寸标注等的相关知识，通过案例重点训练了文字、表格与尺寸标注的样式创建与应用，主要包括文字的创建、表格的创建以及线性标注、坐标标注、半径标注、直径标注、角度标注、形位公差标注、折弯半径标注、基线标注、圆心标记、引线标注等的创建与编辑。

实训与评价

一、基础实训

1. 创建文字标注样式时通常需要设置哪些参数？如果中文不能正常显示需要更改哪项设置？

2. 单行文字和多行文字标注的区别是什么？

3. 尺寸标注由哪几部分组成？

4. 连续标注和基线标注有何异同点？半径标注和折弯半径标注有何异同点？

5. 形位公差标注包括哪些？当机械零件需要标注多项形位公差时该如何做？

6. 创建"标题栏"和"明细栏"的区别在哪里？它们的粗细实线应该如何设置？

二、拓展实训

1. 绘制图 2.4.54 并标注尺寸，完成后以"2.4.54.dwg"为文件名将文件进行保存。

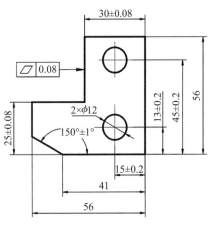

图 2.4.54　尺寸标注练习 1

绘图提示：

绘制时，建议设置辅助线层、绘图层、标注层三个图层，注意尺寸标注单独放到标注层，以便于修改。

应用多段线工具从坐标系原点开始绘图，注意应用相对坐标更方便。

标注尺寸时注意连续标注和基线标注都需要先作一个线性标注为基准参考。若尺寸标注时文字与箭头的大小不合适，还需要修改尺寸标注样式和文字样式。

2.绘制 2.4.55 图并标注尺寸，完成后以"2.4.55.dwg"为文件名将文件进行保存。

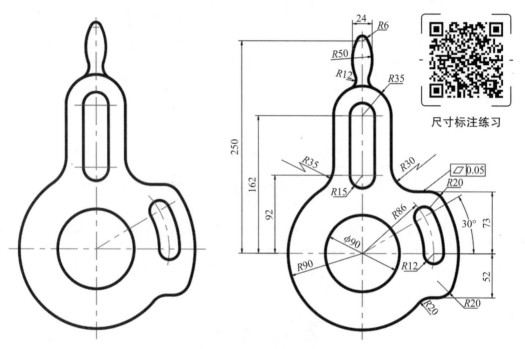

图 2.4.55　尺寸标注练习 2

绘图提示：

绘制时，建议设置辅助线层、绘图层、标注层三个图层，尺寸标注应单独放到标注层，便于修改。

图形绘制建议从图形下边 $\phi 90$ 中心处开始绘制，找到定位尺寸再绘制其他图形。

尺寸标注样式和文字样式决定了标注尺寸的结构和样式，在标注前根据标注需要提前设置好样式，标注过程中也有必要去编辑修改样式，使尺寸标注更合理。

3.绘制图 2.4.56 并标注尺寸，完成后以"2.4.56.dwg"为文件名将文件进行保存。

绘图提示：

绘制时，建议设置辅助线层、绘图层、标注层三个图层，尺寸标注应单独放到标注层，以便于修改。

图形应从中心处开始绘制，先绘制直径 25 的圆，然后绘制八个腰圆形，再绘制外轮廓。

左边的图形可以先绘制长为 32.25 的斜线，再绘制其垂线，后利用偏移绘制余下的图形。

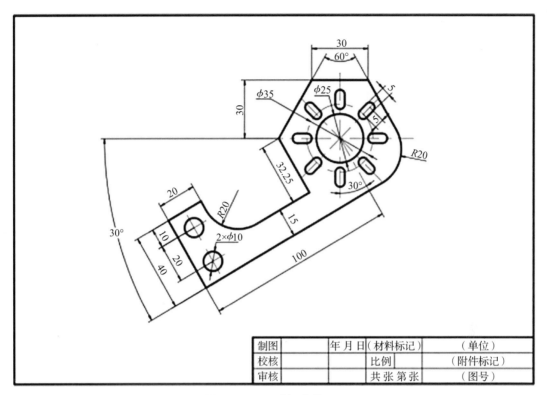

制图		年 月 日	（材料标记）	（单位）
校核			比例	（附件标记）
审核			共张 第张	（图号）

图 2.4.56　尺寸标注练习 3

模块 3

平面 CAD 精确绘图

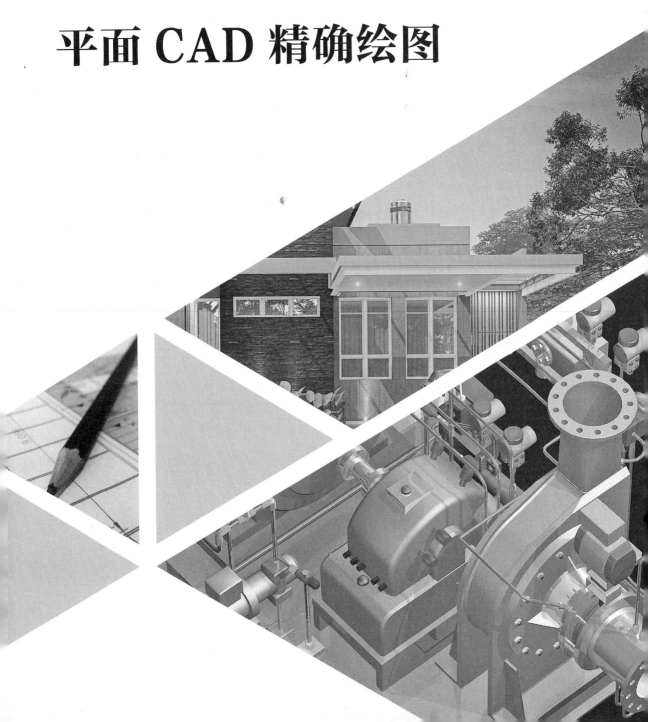

内容提要

本模块共 4 个项目。

项目 1：综合实训（一）。综合运用绘图工具、编辑工具等绘制圆弧轴、通孔轴、圆盘式零件等，掌握操作方法和技能。

项目 2：综合实训（二）。综合运用绘图及编辑工具等绘制带螺纹轴、螺纹孔以及局部剖视图等，掌握绘图操作技能。

项目 3：综合实训（三）。综合应用绘图工具、修改工具及尺寸标注，绘制综合性机械工程图。

项目 4：综合实训（四）。综合应用绘图工具、修改工具及尺寸标注，绘制结构特征复杂的综合性机械工程图。

本模块常用绘图命令如表 3.0.1 所示：

表 3.0.1 本模块常用绘图命令

序号	命令说明	命令	快捷命令	序号	命令说明	命令	快捷命令
1	直线	LINE	L	10	移动	MOVE	M
2	矩形	RECTANG	REC	11	修剪	TRIM	TR
3	圆	CLRCLE	C	12	打断线段	BREAK	BR
4	圆弧	ARC	A	13	倒角	CHAMFER	CHA
5	删除	ERASE	E	14	倒圆	FILLET	F
6	复制	COPY	CO/CP	15	分解	EXPLODE	X
7	镜像	MIRROR	MI	16	图形界限	LIMITS	LIM
8	偏移	OFFSET	O	17	多边形	POLYGON	POL
9	图形阵列	ARRAY	AR	18	图案填充	HATCH	H

综合实训（一）

项目要求

分析并绘制圆弧类、孔类、圆盘类等零件图，掌握零件不同视图的绘制方法。

项目目标

综合运用绘图工具及编辑工具绘制零件图；掌握绘制圆弧类、孔类、圆盘类等零件图的操作方法及绘图技能；掌握零件不同视图的绘制方法，绘图要符合制图规范、布局合理。

重点难点

项目重点

综合运用平面绘图基本工具绘制零件图。

项目难点

绘制零件图的操作方法及绘图技能。

实训概述

任务 1.1　绘制圆弧轴零件图。介绍绘图环境的设置，综合运用直线、圆弧、矩形、圆角、偏移、分解、修剪、删除、修改、特性等功能绘制圆弧轴零件图。

任务 1.2　绘制通孔轴零件图。综合运用直线、特性、镜像、剖面线、倒角、删除等功能绘制通孔轴零件图。该零件图的绘制分为外圆和内孔两部分，在绘制过程中掌握孔轴类零件的绘制方法及技能。

任务 1.3　绘制圆盘式零件图。综合运用直线、圆、镜像、阵列、特性、图案填充、倒角、偏移、删除等功能绘制圆盘式零件图。该零件图的绘制主要分为主视图和俯视图两部分图样，绘制过程中不同视图要符合制图规范、布局合理。

本项目评价标准如表 3.1.1 所示。

表 3.1.1　项目评价标准

序号	评分点	分值	得分条件	判分要求（分值作参考）
1	绘图环境设置	10	内容设置正确	没有按要求设置扣分
2	绘制图形	50	图形绘制正确	错画、漏画、多画扣分
3	图案填充	20	按要求填充图案	没有按要求填充扣分
4	尺寸标注	20	尺寸标注规范、布局合理	漏标、多标尺寸扣分

任务 1.1　绘制圆弧轴零件图

🔧 任务需求

如图 3.1.1 所示，完成圆弧轴零件图的绘制，并以 "3.1.1.dwg" 为文件名保存。

📚 知识与技能目标

掌握绘制圆弧轴类零件的操作步骤、绘图方法及技能。

绘制圆弧轴零件图

📖 任务分析

根据零件图进行图形分析和尺寸数据分析，创建图层管理线型，综合运用直线、矩形、圆、特性、偏移、修剪等绘图和编辑工具绘制图形，并标注尺寸。根据零件图能识读三维实体图样（如图 3.1.2 所示），达到绘图操作的基本要求。

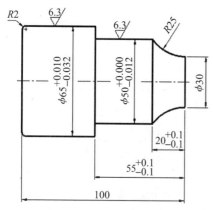

图 3.1.1　圆弧轴零件图

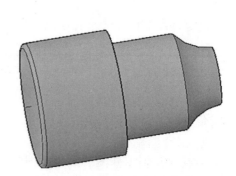

图 3.1.2　圆弧轴零件三维实体图

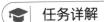 任务详解

一、设置绘图环境

1. 新建图形文件，设置模型空间界限

选择"格式"菜单→"图形界限"，在左下角点输入"0，0"，右上角点输入"297，210"。

2. 设置图形单位

选择"格式"菜单→"单位"，在弹出的"图形单位"对话框中设置单位为"毫米"。

3. 设置图层

根据零件图的一般需要，创建如表 3.1.2 所示的图层设置。

表 3.1.2　图层设置

图层	类型	颜色	线型	线宽 /mm
01	轮廓线	白色	Continuous	0.70
02	细实线	绿色	Continuous	0.35
05	中心线	红色	CENTER2	0.35
08	标注	绿色	Continuous	0.35

二、绘制图形

1. 绘制中心线

（1）单击图层下拉列表按钮选择"05 中心线"层，打开"正交"模式。

（2）应用直线命令绘制一条水平中心线，如图 3.1.3 所示。

—— · —— · —— · —— · —— · —— ·

图 3.1.3　绘制水平中心线

技能点拨：绘制中心线时，可适当调整中心线线型比例，单击"修改"菜单栏→"特性"命令，在线型比例中输入比例数值即可。

2. 绘制两个矩形

（1）将当前图层切换到"01 轮廓线"图层。

（2）单击"绘图"工具栏上的"矩形"命令，绘制矩形 45mm×65mm，命令提示如下：

命令：RECTANG

指定第一个角点或［倒角（C）/标高（E）/圆角（F）/厚度（T）/宽度（W）］:（在绘图区用鼠标左键单击某一空白位置）

指定另一个角点或［面积（A）/尺寸（D）/旋转（R）］: D

指定矩形的长度〈45.0000〉: 45

指定矩形的宽度〈65.0000〉: 65

指定另一个角点或［面积（A）/尺寸（D）/旋转（R）］:（在绘图区右下角单击鼠标左键，结束命令）

运用同样方法绘制另一个矩形，其尺寸为 35mm×50mm，如图 3.1.4 所示。

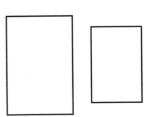

图 3.1.4　绘制两矩形

（3）单击"修改"工具栏→"移动"命令，命令提示如下：

命令：MOVE

选择对象：找到 1 个（鼠标左键单击 45mm×65mm 矩形）

选择对象：（单击鼠标右键结束选择对象命令）

指定基点或［位移（D）］〈位移〉：（捕捉 45mm×65mm 矩形右边线中点后单击鼠标左键）

指定第二个点或〈使用第一个点作为位移〉：（将鼠标移动至 35mm×50mm 矩形左边线中点，单击鼠标左键，结束命令）

绘制效果如图 3.1.5（a）所示。

（4）单击"修改"工具栏→"分解"命令，鼠标左键分别单击图 3.1.5（a）中两矩形，单击鼠标右键结束命令。

（5）单击"修改"工具栏→"删除"命令，鼠标左键单击 35mm×50mm 矩形左边线，再单击鼠标右键，完成线段的删除，避免两线重合。

（6）应用"移动"命令，将图 3.1.5（a）两矩形移动至水平中心线左端点，如图 3.1.5（b）所示。

（a）移动两矩形　　　　　　　　（b）移动至中心线左端点

图 3.1.5　移动图形

（7）单击"修改"工具栏→"偏移"命令，命令提示如下：

命令：OFFSET

当前设置：删除源＝否　图层＝源　OFFSETGAPTYPE=0

指定偏移距离或［通过（T）/删除（E）/图层（L）］〈通过〉：20

选择要偏移的对象，或［退出（E）/放弃（U）］〈退出〉：（鼠标左键单击 35mm×50mm 矩形右边线）

指定要偏移的那一侧上的点或［退出（E）/多个（M）/放弃（U）］〈退出〉：（在线段右侧任意位置单击鼠标左键）

选择要偏移的对象，或［退出（E）/放弃（U）］〈退出〉：（单击鼠标右键退出命令）

同理，将中心线分别向上和向下偏移距离 15，完成后如图 3.1.6 所示。

（8）单击"绘图"菜单→"圆弧"命令→"起点、端点、半径"，命令提示如下：

命令：ARC

指定圆弧的起点或［圆心（C）］：（鼠标左键单击 A 点）

指定圆弧的第二个点或［圆心（C）/端点（E）］：E

指定圆弧的端点：（鼠标左键单击 B 点）

指定圆弧的中心点（按住 Ctrl 键以切换方向）或［角度（A）/方向（D）/半径（R）］: R

指定圆弧的半径（按住 Ctrl 键以切换方向）: 25（按键盘回车键结束命令）

绘制结果如图 3.1.7 所示。

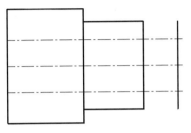

图 3.1.6　偏移线段

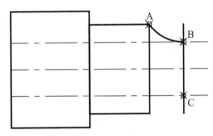

图 3.1.7　绘制圆弧

（9）单击"修改"工具栏→"镜像"命令，命令提示如下：

命令：MIRROR

选择对象：找到 1 个（鼠标左键单击 AB 圆弧）

选择对象：（鼠标右键结束对象选择）

指定镜像线的第一点：（鼠标左键捕捉水平中心线左端点）

指定镜像线的第二点：（鼠标左键捕捉水平中心线右端点）

要删除源对象吗？［是（Y）/否（N）］〈否〉: N

单击"修改"工具栏→"修剪"命令，修剪中直线 BC 上下多余线段；使用"删除"命令，将中心线上下两条偏移出来的辅助线删除，完成后效果如图 3.1.8 所示。

（10）倒 R2 圆角及调整中心线。单击"修改"工具栏→"圆角"命令，对最左边矩形倒圆角；单击中心线，调整两端长度，完成后效果如图 3.1.9 所示。

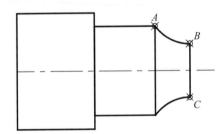

图 3.1.8　镜像圆弧、修剪直线及删除多余线条

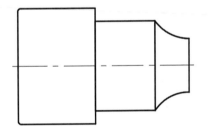

图 3.1.9　倒圆角及调整中心线

三、标注尺寸

设置尺寸标注样式（标注样式设置参考模块 2 项目 4）。将当前图层切换到"08 标注"层，参照图 3.1.1 对图形进行尺寸标注。

四、保存

完成后，以"3.1.1.dwg"为文件名将文件进行保存。

任务 1.2　绘制通孔轴零件图

⚙️ 任务需求

如图 3.1.10 所示，完成通孔轴零件图的绘制，并以"3.1.10.dwg"为文件名保存。

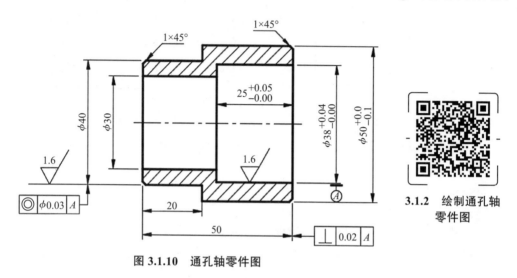

图 3.1.10　通孔轴零件图

3.1.2　绘制通孔轴零件图

📚 知识与技能目标

掌握运用镜像、图案填充等命令绘制通孔轴零件图的方法和技能。

📖 任务分析

综合运用直线、特性、镜像、剖面线、倒角、删除等功能绘制通孔轴零件图。

该通孔轴零件图分为外圆和内孔两部分，可先分析零件图并根据尺寸运用直线和镜像等功能绘制内外两部分轮廓，再设置剖面线参数并填充，最后完成尺寸标注。

🎓 任务详解

一、设置绘图环境

1. 新建图形文件，设置模型空间界限

选择"格式"菜单→"图形界限"，在左下角点输入"0，0"，右上角点输入"297，210"。

2. 设置图形单位

选择"格式"菜单→"单位"，在弹出的"图形单位"对话框中设置单位为"毫米"。

3. 设置图层

根据零件图的一般需要，创建如表 3.1.3 所示的图层设置。

表 3.1.3　图层设置

图层	类型	颜色	线型	线宽 /mm
01	轮廓线	白色	Continuous	0.70
05	中心线	红色	CENTER2	0.35
08	标注	绿色	Continuous	0.35
10	剖面线	绿色	Continuous	0.35

二、绘制图形

1.绘制中心线

（1）将当前图层切换到"05 中心线"层，打开"正交"模式。

（2）应用直线命令绘制一条水平中心线，如图 3.1.11 所示。

———— · ——— · ——— · ——— · ——— · ——

图 3.1.11　绘制中心线

2.绘制零件外轮廓上半部分

（1）将当前图层切换到"01 轮廓线"层。

（2）单击"绘图"菜单→"直线"命令，命令提示如下：

命令：LINE

指定第一个点：（单击中心线左端点）

指定下一点或［放弃（U）］:〈正交开〉20（打开"正交"，将十字光标向上移动，输入 ϕ40 尺寸的一半，即 20，如图 3.1.12 所示）

指定下一点或［放弃（U）］: 20（十字光标向右移动，输入尺寸 20）

指定下一点或［闭合（C）/放弃（U）］: 5（十字光标向上移动，输入尺寸 5）

指定下一点或［闭合（C）/放弃（U）］: 30（十字光标向右移动，输入尺寸 30）

指定下一点或［闭合（C）/放弃（U）］:（十字光标向下移动，单击中心线的"垂足"点）

指定下一点或［闭合（C）/放弃（U）］:（单击鼠标右键，退出命令）

完成后效果如图 3.1.13 所示。

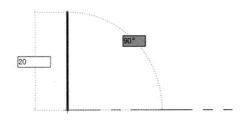

图 3.1.12　用"直线"命令绘制外轮廓示意图

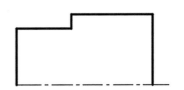

图 3.1.13　绘制外轮廓上半部分

（3）单击"修改"工具栏→"倒角"命令，进行倒角，命令提示如下：

命令：CHAMFER

（"修剪"模式）当前倒角距离 1=1.0000，距离 2=1.0000

选择第一条直线或［放弃（U）/多段线（P）/距离（D）/角度（A）/修剪（T）/方式（E）/多个（M）］：D（根据提示框内容，输入字母 D）

指定第一个倒角距离〈1.0000〉：1（输入数字 1）

指定第二个倒角距离〈1.0000〉：1（输入数字 1）

选择第一条直线或［放弃（U）/多段线（P）/距离（D）/角度（A）/修剪（T）/方式（E）/多个（M）］：（单击需要倒角的第一条线）

选择第二条直线，或按住 Shift 键选择直线以应用角点或［距离（D）/角度（A）/方法（M）］：（单击需要倒角的第二条线）

（4）按下键盘空格键，分别单击需要倒角的两条线，绘制另一个倒角，完成后效果如图 3.1.14 所示。

图 3.1.14 倒角

3. 绘制零件内轮廓上半部分

（1）单击"绘图"工具栏→"直线"命令，操作方法与绘制零件外轮廓上半部分相同，命令提示如下：

命令：LINE

指定第一个点：（单击中心线左端点）

指定下一点或［放弃（U）］：15（输入 ϕ30 尺寸的一半，即 15）

指定下一点或［放弃（U）］：25

指定下一点或［闭合（C）/放弃（U）］：4

指定下一点或［闭合（C）/放弃（U）］：（单击最右侧外轮廓垂直线的垂足点）

指定下一点或［闭合（C）/放弃（U）］：（单击鼠标右键退出命令）

（2）单击"修改"工具栏→"删除"命令，选择内轮廓左侧尺寸 15 的直线，单击鼠标右键确认删除，避免两直线重叠。

（3）单击"修改"工具栏→"延伸"命令，命令提示如下：

命令：EXTEND

当前设置：投影 =UCS，边 = 无，模式 = 快速

选择要延伸的对象，或按住 Shift 键选择要修剪的对象或［边界边（B）/窗交（C）/模式（O）/投影（P）］：（此时将十字光标放置于靠近 A 点的位置，软件会自动显示线延伸后的效果，如图 3.1.15 所示）

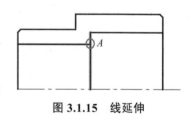

图 3.1.15 线延伸

选择要延伸的对象，或按住 Shift 键选择要修剪的对象或［边界边（B）/窗交（C）/模式（O）/投影（P）/放弃（U）］：（单击鼠标右键退出）

4. 绘制零件内外轮廓下半部分

单击"修改"工具栏→"镜像"命令，命令提示如下：

命令：MIRROR

指定对角点：找到 10 个（框选上半部分内外轮廓线）

选择对象：（单击鼠标右键完成对象选择）

指定镜像线的第一点：（单击中心线左端点）

指定镜像线的第二点：（单击中心线右端点）

要删除源对象吗？［是（Y）/ 否（N）］〈否〉：N

完成后如图 3.1.16 所示。

5. 填充剖面线

（1）将当前图层切换到"10 剖面线"层。

（2）单击"绘图"工具栏→"图案填充"命令，打开"图案填充和渐变色"对话框，图案选择 ANST31，颜色选择绿色，角度默认为 0，输入比例 20，如图 3.1.17 所示，单击右侧"边界"下方的"添加：拾取点（K）"，运用十字光标分别单击图形上下两部分需要填充剖面线的封闭轮廓，单击鼠标右键，系统自动跳转回对话框，在对话框下方单击"确定"按钮，完成图如图 3.1.18 所示。

6. 调整中心线长度

鼠标左键单击中心线，调整中心线左右两端伸出长度，完成后效果如图 3.1.19 所示。

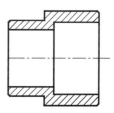

图 3.1.16 镜像

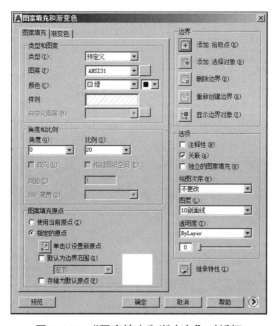

图 3.1.17 "图案填充和渐变色"对话框

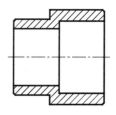

图 3.1.18 填充剖面线

图 3.1.19 调整中心线长度

三、标注尺寸

设置尺寸标注样式（标注样式设置参考模块 2 项目 4）。将当前图层切换到"08 标注"层，参照图 3.1.10 对图形进行尺寸标注。

四、保存

完成后，以"3.1.10.dwg"为文件名将文件进行保存。

任务 1.3 绘制圆盘式零件图

📽 | 任务需求

如图 3.1.20 所示，完成圆盘式零件图的绘制，并以"3.1.20.dwg"为文件名进行保存。

📚 | 知识与技能目标

掌握绘制圆盘式零件图的操作方法及绘图技巧；能正确绘制零件的不同视图，绘图符合制图规范，布局合理。

绘制圆盘式零件图

📖 | 任务分析

综合运用直线、圆、镜像、阵列、特性、图案填充、倒角、偏移、删除等功能绘制圆盘式零件图。

该零件图分为主视图和俯视图两部分，根据零件特征及尺寸灵活运用绘图工具进行绘制，绘制过程中注意不同视图要符合制图规范、合理布局。

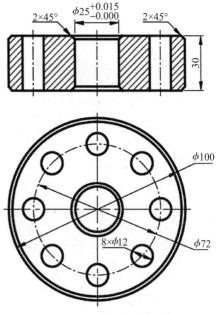

图 3.1.20 圆盘式零件图

🎓 | 任务详解

一、设置绘图环境

1. 新建图形文件，设置模型空间界限

选择"格式"菜单→"图形界限"，在左下角点输入"0，0"，右上角点输入"210，297"。

2. 设置图形单位

选择"格式"菜单→"单位"，在弹出的"图形单位"对话框中设置单位为"毫米"。

3. 设置图层

根据零件图的一般需要，创建如表 3.1.4 所示的图层设置。

表 3.1.4 图层设置

图层	类型	颜色	线型	线宽 /mm
01	轮廓线	白色	Continuous	0.70
05	中心线	红色	CENTER2	0.35
08	标注	绿色	Continuous	0.35
10	剖面线	绿色	Continuous	0.35

二、绘制图形

1. 绘制零件主视图

（1）将当前图层切换到"05 中心线"层。

（2）打开"正交"模式，应用"直线"命令绘制垂直中心线，如图 3.1.21 所示。

技能点拨：绘制中心线时，单击"修改"工具栏→"特性"命令，可适当调整中心线线型比例。

图 3.1.21　绘制垂直中心线

（3）将当前图层切换到"01 轮廓线"层。

（4）单击"绘图"工具栏→"矩形"命令，绘制主视图右侧尺寸为 50×30 的矩形，命令提示如下：

命令：RECTANG

指定第一个角点或［倒角（C）/ 标高（E）/ 圆角（F）/ 厚度（T）/ 宽度（W）］：（捕捉中心线上方端点）

指定另一个角点或［面积（A）/ 尺寸（D）/ 旋转（R）］：D

指定矩形的长度〈10.0000〉：50

指定矩形的宽度〈10.0000〉：30

指定另一个角点或［面积（A）/ 尺寸（D）/ 旋转（R）］：
（单击鼠标左键将矩形放置在合适位置）

图 3.1.22　绘制矩形

完成后效果如图 3.1.22 所示。

（5）调整中心线长度，分解矩形，删除多余线段。

1）单击图 3.1.22 所示的垂直中心线，调整中心线至合适长度。单击"修改"工具栏→"分解"命令，将矩形分解，命令提示如下：

命令：EXPLODE

选择对象：找到 1 个（单击选择矩形）

选择对象：（单击鼠标右键退出命令，完成分解）

2）单击"修改"工具栏→"删除"命令，将图 3.1.22 中矩形左边线段删除，完成后效果如图 3.1.23（a）所示。

（6）单击修改工具栏→"偏移"命令，将中心线向右偏移，偏移距离为 36。命令提示如下：

命令：OFFSET

当前设置：删除源 = 否　图层 = 源　OFFSETGAPTYPE=0

指定偏移距离或［通过（T）/ 删除（E）/ 图层（L）］〈通过〉：36

选择要偏移的对象或［退出（E）/ 放弃（U）]〈退出〉：（单击中心线）

指定要偏移的那一侧上的点或［退出（E）/ 多个（M）/ 放弃（U）]〈退出〉：（十字光标向右移动，单击鼠标左键确认）

选择要偏移的对象或［退出（E）/ 放弃（U）]〈退出〉：（单击鼠标右键退出命令）

完成后效果如图 3.1.23（b）所示。

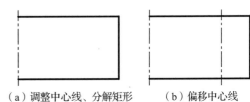

（a）调整中心线、分解矩形　　（b）偏移中心线
　　及删除多余线段

图 3.1.23

（7）运用直线命令捕捉点 A、点 B 绘制一条线段，捕捉点 C、点 D 绘制另一条线段，如图 3.1.24（a）所示。单击"修改"工具栏→"偏移"命令，将线段 AB 向右偏移，偏移距离为 12.5，线段 CD 分别向左右各偏移 6。运用"删除"命令将 AB 和 CD 删除，完成效果如图 3.1.24（b）所示。

（8）运用"倒角"命令进行倒角，倒角距离均为 2，如图 3.1.25（a）所示。运用"直线"命令补充图形，完成效果如图 3.1.25（b）所示。

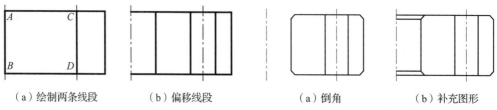

| （a）绘制两条线段 | （b）偏移线段 | （a）倒角 | （b）补充图形 |

图 3.1.24　绘制并偏移线段　　　　　图 3.1.25　倒角及补充图形

（9）单击"修改"工具栏→"镜像"命令，对中心线右侧图形进行镜像，命令提示如下：

命令：MIRROR

指定对角点：找到 14 个（框选图形所有粗实线）

选择对象：找到 1 个，总计 15 个（单击右侧中心线）

选择对象：（单击鼠标右键结束镜像对象的选择）

指定镜像线的第一点：（捕捉中心线上端点）

指定镜像线的第二点：（捕捉中心线下端点）

要删除源对象吗？［是（Y）/ 否（N）]〈否〉：N（输入 N 后，按键盘回车键结束命令）

完成效果如图 3.1.26 所示。

（10）将当前图层切换到"10 剖面线"层。

（11）单击"修改"工具栏→"图案填充"命令，打开"图案填充和渐变色"对话框，比例设置为 20，单击需加剖面线的位置，单击对话框中的"确定"按钮（具体操作方法参照模块三项目 1 任务 1.2 中的"图案填充"操作），完成效果如图 3.1.27 所示。

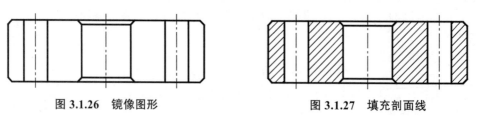

图 3.1.26　镜像图形　　　　　　　　图 3.1.27　填充剖面线

2. 绘制零件俯视图

（1）将当前图层切换到"05 中心线"层。

（2）打开"正交"模式，对齐主视图中心线，绘制俯视图十字中心线，如图 3.1.28 所示。

（3）将当前图层切换到"01 轮廓线"层。

（4）单击"绘图"工具栏→"圆心，半径"命令，绘制 $\phi100$ 圆及倒角圆，命令提示如下：

命令：CIRCLE

指定圆的圆心或［三点（3P）/ 两点（2P）/ 切点、切点、半径（T）］：（捕捉十字中心线交点）

指定圆的半径或［直径（D）］〈50.0000〉：50（输入半径尺寸 50，按键盘空格键）

命令：CIRCLE

指定圆的圆心或［三点（3P）/ 两点（2P）/ 切点、切点、半径（T）］：（捕捉十字中心线交点）

指定圆的半径或［直径（D）］〈50.0000〉：48（输入半径尺寸 48，按键盘空格键）

调整中心线长度，完成效果如图 3.1.29 所示。

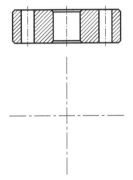

图 3.1.28　绘制俯视图中心线

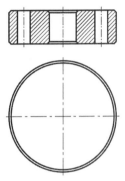

图 3.1.29　绘制两圆

（5）将当前图层切换到"05 中心线"层。

（6）运用"圆，半径"绘制半径为 36 的辅助圆。

技能点拨：单击"修改"菜单栏→"特性"，调整线型比例。

（7）将当前图层切换到"01 轮廓线"层。

（8）单击"绘图"工具栏→"圆心，半径"，捕捉半径 36 的辅助圆与垂直中心线的交点作为圆心，半径输入 6，完成效果如图 3.1.30 所示。

（9）阵列 8 个半径为 6 的圆。单击"修改"菜单栏→"阵列"命令→"环形阵列"，命令提示如下：

命令：ARRAYPOLAR

选择对象：找到 1 个（单击 R6 圆）

选择对象：（单击鼠标右键结束选择）

类型 = 极轴　关联 = 是

指定阵列的中心点或［基点（B）/ 旋转轴（A）］：（捕捉俯视图两条中心线的交点）

选择夹点以编辑阵列或［关联（AS）/ 基点（B）/ 项目（I）/ 项目间角度（A）/ 填充角度（F）/ 行（ROW）/ 层（L）/ 旋转项目（ROT）/ 退出（X）］〈退出〉：I（输入项目字母 I）

输入阵列中的项目数或［表达式（E）］〈6〉：8（输入阵列数量为 8）

选择夹点以编辑阵列或［关联（AS）/ 基点（B）/ 项目（I）/ 项目间角度（A）/ 填充角度（F）/ 行（ROW）/ 层（L）/ 旋转项目（ROT）/ 退出（X）］〈退出〉：（单击鼠标右键退出）

完成效果如图 3.1.31 所示。

（10）绘制中间圆孔。单击"绘图"工具栏→"圆心，半径"命令，绘制半径为12.5 的圆，再绘制半径为 14.5 的倒角圆，完成效果如图 3.1.32 所示。

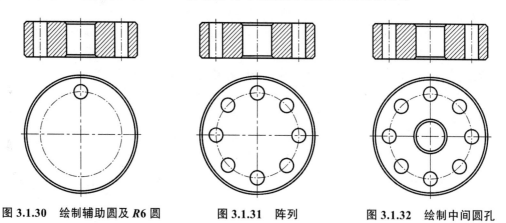

| 图 3.1.30 绘制辅助圆及 *R*6 圆 | 图 3.1.31 阵列 | 图 3.1.32 绘制中间圆孔 |

三、标注尺寸

设置尺寸标注样式（标注样式设置参考模块 2 项目 4）。将当前图层切换到"08 标注层"，参照图 3.1.20 对图形进行尺寸标注。

四、保存

完成后，以"3.1.20.dwg"为文件名将文件进行保存。

项目小结

本项目是在学习了基本绘图之后对这些绘图工具的综合应用实训，是继模块 2 后的巩固和提升。三个案例具有较强的综合性，需要根据零件图进行图形分析和尺寸数据分析，案例包含绘图环境设置、图层管理、绘图工具应用、尺寸标注样式设置、尺寸标注、块创建等操作技能。每个案例都给出了运用绘图工具绘制不同零件图的方法及步骤，并且详细描述了零件图尺寸标注的方法，以达到制图规范、布局合理的要求。绘图时要先认真识读图形，根据图形特征分析数据尺寸，然后确定绘图方案。

实训与评价

一、基础实训

1. 绘制如图 3.1.33 所示零件图，并标注尺寸。

绘图提示：此零件图为上下对称图形，可运用直线命令输入尺寸，完成上半部分轮廓的绘制，再运用镜像命令完成下半部分轮廓的绘制，然后倒角，补充倒角线，最后标注尺寸及技术尺寸，完成图样。

注意：图右下角字样需要运用文字命令进行书写。

2. 绘制如图 3.1.34 所示零件图，并标注尺寸。

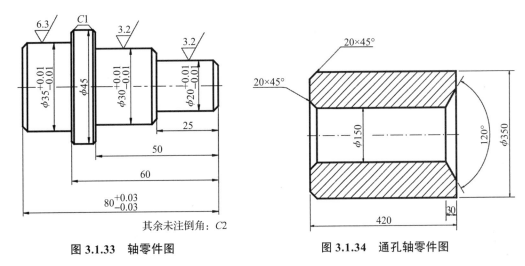

图 3.1.33 轴零件图

图 3.1.34 通孔轴零件图

绘图提示：应用直线、矩形、镜像、偏移、修剪、图案填充等命令；图中尺寸 $420 \times \phi 350$ 的图形可用矩形命令绘制，再倒角。$20 \times 45°$ 和 $120°$ 夹角可启用极轴追踪进行绘制，最后通过图案填充绘制剖面线。

二、拓展实训

1. 绘制如图 3.1.35 所示零件图，并标注尺寸。

绘图提示：该零件图属于对称图形，图形的主要绘图元素是直线、圆弧和多边形，可先绘制左半部分图样，运用镜像命令完成基本图样，再绘制最中间多边形和圆，最后标注尺寸。

2. 绘制如图 3.1.36 所示零件图，并标注尺寸。

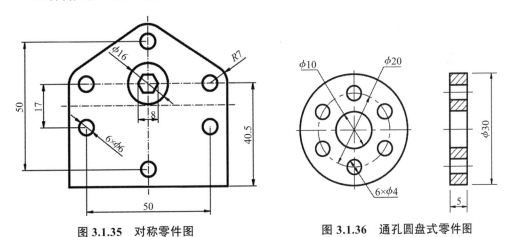

图 3.1.35 对称零件图

图 3.1.36 通孔圆盘式零件图

绘图提示：该零件图属于圆盘、阵列类图形，该零件主要是由圆柱体和圆孔构成，分为主视图和左视图两个部分进行绘制。绘图时，先设置绘图环境，而后设置图层，在中心线图层绘制两条相互垂直的中心线，并绘制 $\phi 20$ 的定位圆，再绘制 $\phi 30$ 圆、$\phi 10$ 圆和最上方 $\phi 4$ 圆，运用阵列命令将另外 5 个 $\phi 4$ 圆绘制出来，然后运用矩形、偏移、图案填充等命令完成左视图的绘制，最后根据图样标注尺寸。

>> **项目 ②**

综合实训（二）

项目要求

分析、绘制螺纹长杆、带螺纹孔轴等综合性机械零件图，规范制图，合理布局。

项目目标

能运用平面绘图工具、编辑工具等绘制综合性零件图；掌握绘制螺纹长杆、螺纹孔轴等零件图的操作方法和绘图技能。

重点难点

项目重点
综合运用平面绘图基本工具、编辑工具绘制螺纹长杆、螺纹孔轴等零件图。
项目难点
螺纹轴、螺纹孔的熟练绘制。

实训概述

任务 2.1　绘制螺纹长杆零件图。设置绘图环境，综合运用直线、矩形、圆、圆角、倒角、偏移、分解、修剪、删除、特性等功能绘制螺纹长杆零件图，并掌握外螺纹的视图表达和绘制方法。

任务 2.2　绘制螺纹孔轴零件图。设置绘图环境，综合运用样条曲线、极轴追踪、图案填充等功能绘制该零件图，并掌握零件外轮廓（含外圆、槽、外螺纹）的绘制以及内螺纹孔局部剖的视图表达方法和绘图操作技能。

本项目评价标准如表 3.2.1 所示。

表 3.2.1　项目评价标准

序号	评分点	分值	得分条件	判分要求（分值作参考）
1	绘图环境设置	10	内容设置正确	没有按要求设置扣分
2	绘制图形	50	图形绘制正确	错画、漏画、多画扣分
3	图案填充	20	按要求填充图案	没有按要求填充扣分
4	尺寸标注	20	尺寸标注规范、布局合理	漏标、多标尺寸扣分

任务 2.1　绘制螺纹长杆零件图

任务需求

如图 3.2.1 所示，完成螺纹长杆零件图的绘制，并以"3.2.1.dwg"为文件名进行保存。

绘制螺纹长杆零件图

知识与技能目标

掌握外螺纹的视图表达和绘制方法；掌握螺纹长杆零件图的绘图方法和技巧。

任务分析

该零件图分为主视图和俯视图两部分，绘图时要注意不同视图尺寸绘制与布局要符合规范，要能熟练掌握绘制本类型外螺纹图例零件的方法及操作技能。

任务详解

一、设置绘图环境

1. 新建图形文件，设置模型空间界限

选择"格式"菜单→"图形界限"，在左下角点输入"0，0"，右上角点输入"210，297"。

2. 设置图形单位

选择"格式"菜单→"单位"，在弹出的"图形单位"对话框中设置单位为"毫米"。

3. 设置图层

根据零件图的一般需要，创建如表 3.2.2 所示的图层设置。

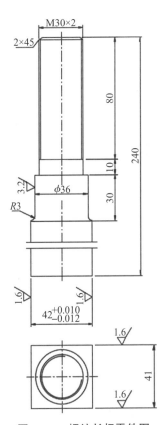

图 3.2.1　螺纹长杆零件图

表 3.2.2　图层设置

图层	类型	颜色	线型	线宽 /mm
01	轮廓线	白色	Continuous	0.70
02	细实线	绿色	Continuous	0.35
05	中心线	红色	CENTER2	0.35
08	标注	绿色	Continuous	0.35
10	剖面线	绿色	Continuous	0.35

二、绘制图形

1. 绘制中心线

（1）将当前图层切换到"05 中心线"层。

（2）打开"正交"模式，应用"直线"命令绘制垂直中心线，如图 3.2.2 所示。

技能点拨：单击"修改"菜单→"特性"命令，可调整线型比例。

2. 绘制零件主视图

（1）将当前图层切换到"01 轮廓线"层。

（2）单击"绘图"工具栏→"矩形"命令，分别绘制三个不同尺寸的矩形：30×90，36×30，42×36。命令提示如下：

图 3.2.2　绘制垂直中心线

命令：RECTANG

指定第一个角点或［倒角（C）/标高（E）/圆角（F）/厚度（T）/宽度（W）］：（在中心线附近合适位置单击鼠标左键，定位矩形第一个角点）

指定另一个角点或［面积（A）/尺寸（D）/旋转（R）］：D

指定矩形的长度〈30.0000〉：30

指定矩形的宽度〈90.0000〉：90

指定另一个角点或［面积（A）/尺寸（D）/旋转（R）］：（单击鼠标左键，将矩形另一角点放置在合适的位置）

命令：RECTANG

指定第一个角点或［倒角（C）/标高（E）/圆角（F）/厚度（T）/宽度（W）］：（在30×90 矩形下方合适位置单击鼠标左键，定位矩形第一个角点）

指定另一个角点或［面积（A）/尺寸（D）/旋转（R）］：D

指定矩形的长度〈30.0000〉：36

指定矩形的宽度〈90.0000〉：30

指定另一个角点或［面积（A）/尺寸（D）/旋转（R）］：（单击鼠标左键，将矩形另一角点放置在合适的位置）

命令：RECTANG

指定第一个角点或［倒角（C）/标高（E）/圆角（F）/厚度（T）/宽度（W）］：（在36×30 矩形下方合适位置单击鼠标左键，定位矩形第一个角点）

指定另一个角点或［面积（A）/尺寸（D）/旋转（R）］：D

指定矩形的长度〈36.0000〉：42

指定矩形的宽度〈30.0000〉：36

指定另一个角点或［面积（A）/尺寸（D）/旋转（R）］：（单击鼠标左键，将矩形另一角点放置在合适的位置）

完成效果如图 3.2.3（a）所示。

（3）单击"修改"工具栏→"移动"命令，将三个矩形移动到中心线上，调整中心线伸出长度，完成效果如图 3.2.3（b）所示。

（4）单击"修改"工具栏→"分解"命令，将三个矩形分解，并删除多余线段。绘制螺纹细实线，单击"修改"工具栏→"偏移"命令，将最上方矩形左右两边线段 AC、BD 分别向矩形内部偏移，偏移距离为 2，再选中偏移后的两线段，切换到"02 细实线"层，如图 3.2.3（c）所示。

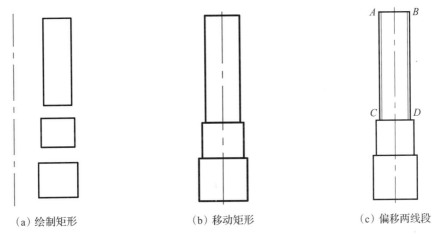

（a）绘制矩形　　　　　　　　（b）移动矩形　　　　　　　　（c）偏移两线段

图 3.2.3　绘制主视图

（5）单击"修改"工具栏→"偏移"命令，将最上方矩形线段 AB 向下偏移距离 80，得到线段 EF，单击"修剪"命令，修剪线段 AC 和 BD 在 EF 下方的细实线小线段，完成效果如图 3.2.4 所示。

（6）倒角和倒圆角。单击"修改"工具栏→"倒角"命令，按照图样完成 2×45° 倒角，倒角过程中注意调整细实线长度，补充倒角粗实线。单击"修改"工具栏→"圆角"命令，按照图样进行倒圆角，命令提示如下：

命令：FILLET

当前设置：模式 = 修剪，半径 =0.0000

选择第一个对象或［放弃（U）/多段线（P）/半径（R）/修剪（T）/多个（M）］：R

指定圆角半径〈0.0000〉：3

选择第一个对象或［放弃（U）/多段线（P）/半径（R）/修剪（T）/多个（M）］：（单击需要倒圆角的第一条线段）

选择第二个对象，或按住 Shift 键选择对象以应用角点或［半径（R）］：（单击需要倒圆角的第二条线段）

命令：FILLET（按下键盘空格键再次启用"倒圆角"命令）

当前设置：模式 = 修剪，半径 =3.0000（直接使用 R3 的默认设置）

选择第一个对象或 ［放弃（U）/ 多段线（P）/ 半径（R）/ 修剪（T）/ 多个（M）］:（单击需要倒圆角的第一条线段）

选择第二个对象，或按住 Shift 键选择对象以应用角点或 ［半径（R）］:（单击需要倒圆角的第二条线段）

完成效果如图 3.2.5 所示。

（7）单击"绘图"工具栏→"直线"命令，按图 3.2.6 绘制一条直线，再单击"修改"工具栏→"复制"命令，复制第一条直线，单击"修剪"命令对多余直线进行修剪，完成效果如图 3.2.6 所示。

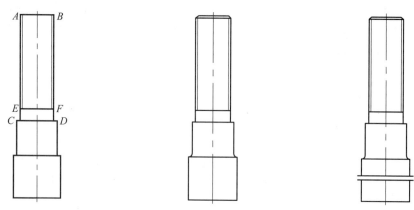

图 3.2.4　偏移和修剪　　　　图 3.2.5　倒角和倒圆角　　　　图 3.2.6　绘制直线和修剪

3. 绘制零件俯视图

（1）将当前图层切换到"05 中心线"层。

（2）按照三视图"长对正"的原则，对正主视图，打开"正交"模式，单击"绘图"工具栏→"直线"命令，绘制垂直辅助线和水平辅助线。

（3）将当前图层切换到"01 轮廓线"层。

（4）单击"绘图"工具栏→"矩形"命令，绘制矩形，尺寸是 42×41。单击"绘图"工具栏→"圆心，半径"命令，绘制 $\phi 36$ 圆，命令提示如下：

命令：CIRCLE

指定圆的圆心或 ［三点（3P）/ 两点（2P）/ 切点、切点、半径（T）］:（运用十字光标捕捉垂直辅助线和水平辅助线的交点）

指定圆的半径或 ［直径（D）］: 18（输入 $\phi 36$ 圆的半径 18）

完成效果如图 3.2.7 所示。

（5）绘制 M30×2 螺纹。单击"绘图"工具栏→"圆心，半径"命令，绘制螺纹大径 $\phi 30$。将当前图层切换到"02 细实线"层，同样运用"圆心，半径"命令绘制螺纹小径。单击"修改"工具栏→"打断"命令，打断四分之一螺纹小径圆，命令提示如下：

命令：BREAK

选择对象：（捕捉图 3.2.8 中的点 A，十字光标沿逆时针方向移动至靠近点 B 处）

指定第二个打断点或 ［第一点（F）］:（鼠标左键单击点 B）

完成效果如图 3.2.8 所示。

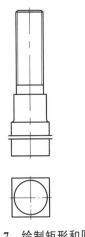

图 **3.2.7** 绘制矩形和圆

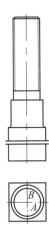

图 **3.2.8** 绘制 **M30×2** 螺纹

三、标注尺寸

设置尺寸标注样式（标注样式设置参考模块 2 项目 4）。将当前图层切换到"08 标注"层，参照图 3.2.1 对图形进行尺寸标注。

四、保存

完成后，以"3.2.1.dwg"为文件名将文件进行保存。

任务 2.2 | 绘制螺纹孔轴零件图

📖 | 任务需求

如图 3.2.9 所示，完成螺纹孔轴零件图的绘制，并以"3.2.9.dwg"为文件名保存。

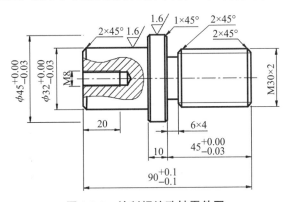

图 **3.2.9** 绘制螺纹孔轴零件图

绘制螺纹孔轴
零件图

📚 | 知识与技能目标

掌握零件外螺纹的绘制方法、内螺纹孔局部剖的视图表达方法和绘图操作技能。

📖 **任务分析**

　　该零件图分为外轮廓（含外圆、槽、外螺纹）以及螺纹孔局部剖视图的绘制，要综合运用螺纹孔局部剖视图的视图表达方法及绘图技能。

🎓 **任务详解**

一、设置绘图环境

　　1.新建图形文件，设置模型空间界限

　　选择"格式"菜单→"图形界限"，在左下角点输入"0，0"，右上角点输入"297，210"。

　　2.设置图形单位

　　选择"格式"菜单→"单位"，在弹出的"图形单位"对话框中设置单位为"毫米"。

　　3.设置图层

　　根据零件图的一般需要，创建如表 3.2.3 所示的图层设置。

表 3.2.3　图层设置

图层	类型	颜色	线型	线宽 /mm
01	轮廓线	白色	Continuous	0.70
05	中心线	红色	CENTER2	0.35
08	标注	绿色	Continuous	0.35
10	剖面线	绿色	Continuous	0.35

二、绘制图形

　　1.绘制中心线

　　（1）将当前图层切换到"05 中心线"层。

　　（2）打开"正交"模式，单击"绘图"工具栏→"直线"命令，绘制一条水平中心线，如图 3.2.10 所示。

图 3.2.10　绘制水平中心线

　　2.绘制零件外轮廓

　　（1）将当前图层切换到"01 轮廓线"层。

　　（2）单击"绘图"工具栏→"矩形"命令，绘制 4 个不同尺寸的矩形，尺寸分别是：35×32、10×45、6×22、39×30。命令提示如下：

　　命令：RECTANG

　　指定第一个角点或［倒角（C）/标高（E）/圆角（F）/厚度（T）/宽度（W）］：（在

中心线右侧空白合适位置单击鼠标左键，指定矩形第一个角点）

指定另一个角点或［面积（A）/尺寸（D）/旋转（R）］：D

指定矩形的长度〈39.0000〉：35

指定矩形的宽度〈30.0000〉：32

指定另一个角点或［面积（A）/尺寸（D）/旋转（R）］：（单击鼠标左键指定矩形另一角点）

命令：RECTANG（按下键盘空格键再起启用"矩形"命令）

指定第一个角点或［倒角（C）/标高（E）/圆角（F）/厚度（T）/宽度（W）］：（在第一个矩形右侧空白合适位置单击鼠标左键，指定矩形第一个角点）

指定另一个角点或［面积（A）/尺寸（D）/旋转（R）］：D

指定矩形的长度〈35.0000〉：10

指定矩形的宽度〈32.0000〉：45

指定另一个角点或［面积（A）/尺寸（D）/旋转（R）］：（单击鼠标左键指定矩形另一角点）

命令：RECTANG（按下键盘空格键再起启用"矩形"命令）

指定第一个角点或［倒角（C）/标高（E）/圆角（F）/厚度（T）/宽度（W）］：（在第二个矩形右侧空白合适位置单击鼠标左键，指定矩形第一个角点）

指定另一个角点或［面积（A）/尺寸（D）/旋转（R）］：D

指定矩形的长度〈10.0000〉：6

指定矩形的宽度〈45.0000〉：22

指定另一个角点或［面积（A）/尺寸（D）/旋转（R）］：（单击鼠标左键指定矩形另一角点）

命令：RECTANG（按下键盘空格键再起启用"矩形"命令）

指定第一个角点或［倒角（C）/标高（E）/圆角（F）/厚度（T）/宽度（W）］：（在第三个矩形右侧空白合适位置单击鼠标左键，指定矩形第一个角点）

指定另一个角点或［面积（A）/尺寸（D）/旋转（R）］：D

指定矩形的长度〈6.0000〉：39

指定矩形的宽度〈22.0000〉：30

指定另一个角点或［面积（A）/尺寸（D）/旋转（R）］：（单击鼠标左键指定矩形另一角点）

完成效果如图 3.2.11 所示。

（3）单击"修改"工具栏→"移动"命令，分别捕捉 4 个矩形左边线段中点，将它们按图 3.2.12 所示放置，并调整中心线至合适长度。

（4）单击"修改"工具栏→"分解"命令，单击 4 个矩形将其分解，命令提示如下：

命令：EXPLODE

指定对角点：找到 4 个（运用鼠标左键框选 4 个矩形）

选择对象：（单击鼠标右键结束对象选择，完成"分解"命令的操作）

完成"分解"命令之后，单击"删除"命令，删除矩形与矩形之间重叠部分多余的线段。运用"直线"命令，补充图样。完成效果如图 3.2.12 所示。

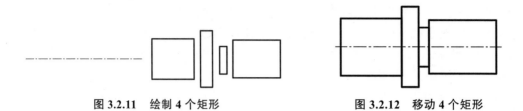

图 3.2.11　绘制 4 个矩形　　　　　　　　　图 3.2.12　移动 4 个矩形

（5）单击"修改"工具栏→"倒角"命令，完成图样中 6 处 *C*2 的倒角，以及 4 处 *C*1 倒角，命令提示如下：

命令：CHAMFER

（"修剪"模式）当前倒角距离 1=1.0000，距离 2=1.0000

选择第一条直线或［放弃（U）/多段线（P）/距离（D）/角度（A）/修剪（T）/方式（E）/多个（M）］：D（输入代表距离的字母 D）

指定第一个倒角距离〈1.0000〉：2（输入倒角距离 2）

指定第二个倒角距离〈2.0000〉：2（再次输入倒角距离 2）

选择第一条直线或［放弃（U）/多段线（P）/距离（D）/角度（A）/修剪（T）/方式（E）/多个（M）］：（单击需要倒角的第一条直线）

选择第二条直线，或按住 Shift 键选择直线以应用角点或［距离（D）/角度（A）/方法（M）］：（单击需要倒角的第二条直线）

命令：CHAMFER（按下键盘空格键再次启用"倒角"命令）

（"修剪"模式）当前倒角距离 1=2.0000，距离 2=2.0000（此处无须再输入倒角距离，直接按照默认倒角距离 2 进行绘制）

选择第一条直线或［放弃（U）/多段线（P）/距离（D）/角度（A）/修剪（T）/方式（E）/多个（M）］：（单击需要倒角的第一条直线）

选择第二条直线，或按住 Shift 键选择直线以应用角点或［距离（D）/角度（A）/方法（M）］：（单击需要倒角的第二条直线）

命令：CHAMFER（按下键盘空格键再次启用"倒角"命令）

（"修剪"模式）当前倒角距离 1=2.0000，距离 2=2.0000（默认倒角距离为 2）

选择第一条直线或［放弃（U）/多段线（P）/距离（D）/角度（A）/修剪（T）/方式（E）/多个（M）］：（单击需要倒角的第一条直线）

选择第二条直线，或按住 Shift 键选择直线以应用角点或［距离（D）/角度（A）/方法（M）］：（单击需要倒角的第二条直线）

命令：CHAMFER（按下键盘空格键再次启用"倒角"命令）

（"修剪"模式）当前倒角距离 1=2.0000，距离 2=2.0000（默认倒角距离为 2）

选择第一条直线或［放弃（U）/多段线（P）/距离（D）/角度（A）/修剪（T）/方式（E）/多个（M）］：（单击需要倒角的第一条直线）

选择第二条直线，或按住 Shift 键选择直线以应用角点或［距离（D）/角度（A）/方法（M）］：（单击需要倒角的第二条直线）

命令：CHAMFER（按下键盘空格键再次启用"倒角"命令）

（"修剪"模式）当前倒角距离 1=2.0000，距离 2=2.0000（默认倒角距离为 2）

选择第一条直线或［放弃（U）/多段线（P）/距离（D）/角度（A）/修剪（T）/方

式（E）/多个（M）]：（单击需要倒角的第一条直线）

选择第二条直线，或按住 Shift 键选择直线以应用角点或［距离（D）/角度（A）/方法（M）]：（单击需要倒角的第二条直线）

命令：CHAMFER（按下键盘空格键再次启用"倒角"命令）

（"修剪"模式）当前倒角距离 1=2.0000，距离 2=2.0000（默认倒角距离为 2）

选择第一条直线或［放弃（U）/多段线（P）/距离（D）/角度（A）/修剪（T）/方式（E）/多个（M）]：（单击需要倒角的第一条直线）

选择第二条直线，或按住 Shift 键选择直线以应用角点或［距离（D）/角度（A）/方法（M）]：（单击需要倒角的第二条直线）

4 处 C1 倒角的操作方法同上，完成效果如图 3.2.13 所示。

（6）单击"绘图"工具栏→"直线"命令，应用"直线"命令补充图样中所有倒角线。完成效果如图 3.2.14 所示。

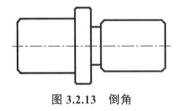
图 3.2.13　倒角

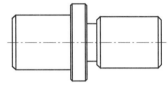
图 3.2.14　补充倒角线

（7）将当前图层切换到"02 细实线"层。

（8）绘制外螺纹细实线。单击"直线"命令，捕捉图 3.2.15 中点 A 和点 B，绘制一条辅助线 AB，单击"偏移"命令，分别将该辅助线 AB 向上和向下进行偏移，命令提示如下：

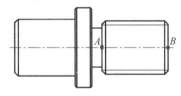
图 3.2.15　绘制外螺纹细实线

命令：OFFSET

当前设置：删除源 = 否　图层 = 源　OFFSETGAPTYPE=0

指定偏移距离或［通过（T）/删除（E）/图层（L）]〈通过〉：12.75

选择要偏移的对象或［退出（E）/放弃（U）]〈退出〉：（单击辅助线 AB）

指定要偏移的那一侧上的点或［退出（E）/多个（M）/放弃（U）]〈退出〉：（十字光标向上移动，单击鼠标左键确认）

选择要偏移的对象或［退出（E）/放弃（U）]〈退出〉：（再次单击辅助线 AB）

指定要偏移的那一侧上的点或［退出（E）/多个（M）/放弃（U）]〈退出〉：（十字光标向下移动，单击鼠标左键确认）

选择要偏移的对象或［退出（E）/放弃（U）]〈退出〉：（单击鼠标右键退出命令）

完成偏移之后，单击"删除"命令，删除辅助线 AB，完成效果如图 3.2.15 所示。

（9）绘制 M8 内螺纹盲孔。

1）运用"直线"命令，如图 3.2.16 所示，捕捉零件最左边线段中心点 C，打开"正交"模式，将十字光标向右移动，输入长度尺寸 20，该线段作为辅助线，单击"偏移"命令［操作方法同步骤（8）]，输入偏移距离 4，分别向上、向下偏移，得到如图 3.2.16 所示两

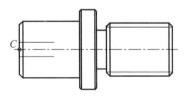
图 3.2.16　偏移螺纹细实线

条细实线。单击"删除"命令，删除辅助线。

2）将当前图层切换到"01 轮廓线"层。

3）与上述操作步骤相同，单击"直线"命令绘制一条辅助线，捕捉图 3.2.16 中零件最左边线段中心点 C，打开"正交"模式，十字光标向右移动，输入长度尺寸 24，该线段作为辅助线，单击"偏移"命令，将该辅助线分别向上和向下偏移距离 3.4。单击"删除"命令，将该辅助线删除，完成效果如图 3.2.17（a）所示。

4）单击"直线"命令，捕捉图 3.2.17（a）中的细实线右方两端点，连接成一条线段，同理捕捉图 3.2.17（a）中的粗实线右方两端点，连接成一条线段，完成螺纹终止线 a 和线段 b 的绘制，效果如图 3.2.17（b）所示。

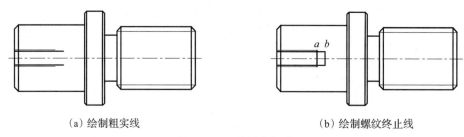

（a）绘制粗实线　　　　　　　　　　　　（b）绘制螺纹终止线

图 3.2.17　绘制内螺纹

5）单击"直线"命令，绘制 120° 孔底锥角，关闭"正交"模式，打开并设置极轴追踪，绘制两相交线，单击"修剪"命令，修剪两相交线中多余线段，完成效果如图 3.2.18 所示。单击"删除"命令，删除图 3.2.18 中的线段 DE。

（10）绘制样条曲线。

1）将当前图层切换到"02 细实线"层。

2）单击"绘图"工具栏→"样条曲线"命令，在图上按照图样中样条曲线的大致行状和走向进行绘制，完成效果如图 3.2.19 所示。

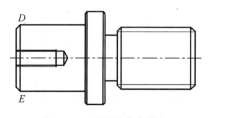

图 3.2.18　绘制孔底锥角

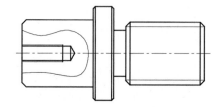

图 3.2.19　绘制样条曲线

（11）填充剖面线。

1）单击"绘图"工具栏→"图案填充"命令，打开"图案填充和渐变色"对话框，按照图 3.2.20 进行设置。

2）在图 3.2.20 中，单击"添加：拾取点（K）"，单击需要填充剖面线的位置，单击鼠标右键结束选择，单击"确定"按钮，完成效果如图 3.2.21 所示。

（12）补充倒角线。单击"直线"命令，捕捉点 F、点 I 绘制一条线段 FI，单击"修剪"命令，修剪线段 GH，完成效果如图 3.2.22 所示。

图 3.2.20 "图案填充和渐变色"对话框

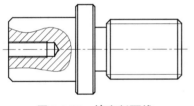

图 3.2.21 填充剖面线

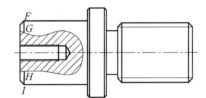

图 3.2.22 补充倒角线

三、标注尺寸

设置尺寸标注样式（标注样式设置参考模块 2 项目 4）。将当前图层切换到"08 标注"层，参照图 3.2.9 对图形进行尺寸标注。

四、保存

完成后，以"3.2.9.dwg"为文件名将文件进行保存。

项目小结

本项目是在学习了基本绘图工具和编辑工具之后对这些工具的综合应用实训，是模块 3 项目 1 的巩固和补充。案例具有较强的代表性，包含内外螺纹、剖面线、螺纹盲孔、局部剖表达视图的绘制等操作技能。任何一个几何体都离不开零件图，读者要能利用零件平面图形想象出三维几何体。绘图时要先认真识读图形，根据图形特征分析数据尺寸，然后确定绘图方案。

实训与评价

一、基础实训

绘制如图 3.2.23 所示零件图，并按图示标注尺寸。

绘图提示：运用直线、偏移、修剪、镜像、图案填充等命令绘图。先绘制左边轮廓，然后运用镜像命令完成基本图样的绘制，再绘制 $\phi 12$ 和 M16，给图案填充剖面线，最后标注尺寸。

绘图提示：剖面线要填充至粗实线处。

二、拓展实训

1. 绘制如图 3.2.24 所示零件图，并按图示标注尺寸。

绘图提示：绘制中心线后，运用矩形命令绘制尺寸为 92×116 的矩形，再绘制半径为 46 的圆，捕捉圆最上方四等分点，将其放置在矩形最上边线中心点处，经修剪留下需要的轮廓，右侧绘制尺寸为 28×116 的矩形，再绘制 M16 螺纹盲孔，经复制完成第二个盲孔的绘制。接着绘制样条曲线和剖面线，最后标注尺寸，完成图样。注意填充的剖面线是向右倾斜，这需要在"图案填充和渐变色"对话框中设置角度为 90°。

2. 绘制如图 3.2.25 所示零件图并按图示标注尺寸。

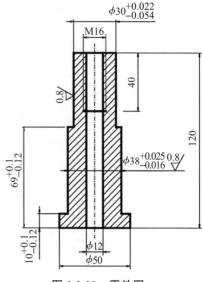

图 3.2.23　零件图一

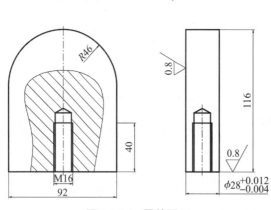

图 3.2.24　零件图二

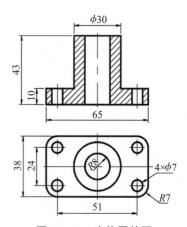

图 3.2.25　座体零件图

绘图提示：首先根据零件图样及尺寸进行分析，先绘制俯视图再绘制主视图。绘制中心线后，运用矩形命令绘制圆角 R7、长宽为 65×38 的矩形，再绘制中间两圆 $\phi 30$、R8，捕捉矩形圆角 R7 的圆心，绘制 $\phi 7$ 四个圆（可运用复制命令提高绘图效率）。对齐下方俯视图绘制主视图，绘制垂直中心线后，运用直线命令绘制中心线右侧图样轮廓线及圆孔轮廓，然后运用镜像命令完成中心线左侧图样的绘制。再运用图案填充命令绘制剖面线，最后标注尺寸，完成零件图绘制。

>> **项目** ❸
综合实训（三）

项目要求

分析并绘制简单箱体、叉架等综合性机械工程图。

项目目标

掌握综合性机械工程图的绘制方法和步骤；灵活应用用户坐标系及坐标辅助绘图；熟练应用绘图工具、修改工具等；能设置尺寸标注样式，掌握编辑、修改尺寸标注的操作方法。

重点难点

项目重点
绘制综合性机械工程图；综合应用绘图工具、修改工具、尺寸标注工具。
项目难点
绘制综合性机械工程图的操作方法及绘图技能。

实训概述

任务 3.1　绘制座体零件图。分析座体零件结构特征及尺寸参数；创建图层；应用直线、圆、矩形、偏移、修剪、圆角、填充等工具绘制图形；设置尺寸标注样式，编辑、修改尺寸标注。

任务 3.2　绘制连接器零件图。分析连接器的特征及尺寸参数；应用用户坐标系及坐标辅助绘图；应用直线、圆、矩形、偏移、修剪、填充等工具绘制图形；设置尺寸标注样式，编辑、修改尺寸标注。

本项目评价标准如表 3.3.1 所示。

表 **3.3.1**　项目评价标准

序号	评分点	分值	得分条件	判分要求（分值作参考）
1	绘图环境设置	10	内容设置正确	没有按要求设置要扣分
2	绘制图形	60	图形绘制正确	错画、漏画、多画扣分
3	图案填充	10	按要求填充图案	没有按要求填充扣分
3	尺寸标注	20	尺寸标注完整、美观	漏标、多标尺寸扣分

任务 3.1　绘制座体零件图

任务需求

如图 3.3.1 所示，完成座体零件图的绘制，并以"3.3.1.dwg"为文件名保存。

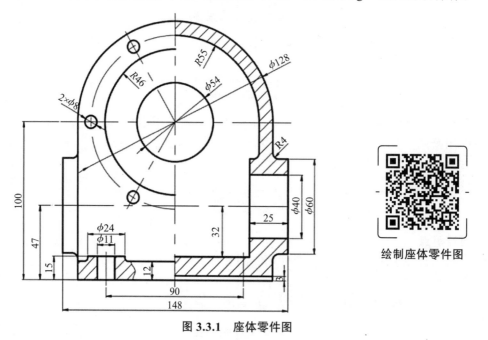

绘制座体零件图

图 **3.3.1**　座体零件图

知识与技能目标

掌握座体零件图的绘制方法和步骤；应用直线、圆、矩形、偏移、修剪、圆角、填充等工具绘制图形；设置尺寸标注样式，编辑、修改尺寸标注。

任务分析

明确掌握复杂图形的绘制步骤，构建复杂图形的绘制思路框架；综合运用绘图工具、修改工具等。

要绘制座体图形，需先理清座体的主要特征，分析座体的定位尺寸和定形尺寸。该座体可分为上半部分、下半部分，下半部分的图元主要是直线，上半部分的图元主要是圆弧。

任务详解

一、设置绘制环境

1. 新建图形文件，设置模型空间界限

选择"格式"菜单→"图形界限"，在左下角点输入"0，0"，右上角点输入"200，200"。

2. 设置图形单位

选择"格式"菜单→"单位"，在弹出的"图形单位"对话框中设置单位为"毫米"。

3. 设置图层

根据零件图的一般需要，创建如表 3.3.2 所示的图层。

表 3.3.2　图层设置

图层类型	颜色	线型	线宽 /mm
轮廓线层	白色	Continuous	0.70
细实线层	绿色	Continuous	0.35
细虚线层	黄色	DASHED	0.35
中心线层	红色	CENTER2	0.35
标注层	绿色	Continuous	0.35
剖切线层	绿色	Continuous	0.35

二、绘制图形

1. 绘制定位中心线

（1）将当前图层切换到"中心线层"。

（2）应用"直线"命令绘制水平中心线和垂直中心线，如图 3.3.2 所示。

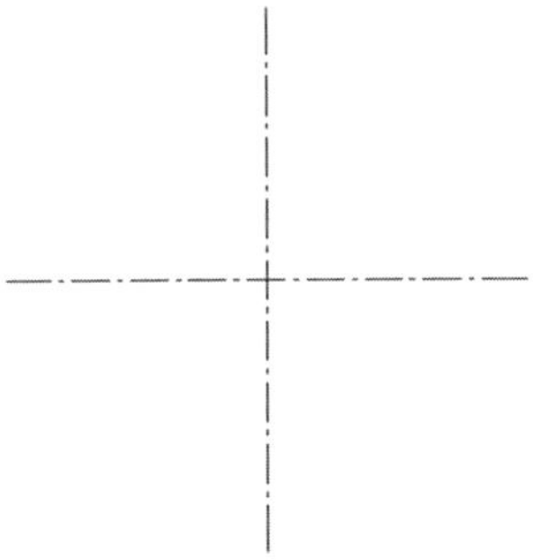

2. 绘制图形上半部分结构

（1）将当前图层切换到"轮廓线层"。

（2）绘制 $\phi 54$、$R46$、$R55$、$\phi 128$ 的同心圆。

单击"绘图"工具栏→"圆"命令，打开对象捕捉功能，准确选择中心线交点，绘制 $\phi 54$、$R46$、$R55$、$\phi 128$ 的四个同心圆，如图 3.3.3 所示。

（3）修剪 $R46$、$R55$、$\phi 128$ 圆。

单击"修改"工具栏→"修剪"命令，修剪 $R46$ 圆的右半边、$R55$ 圆的右下边、

图 3.3.2　绘制中心线

ϕ128 圆的下半边，如图 3.3.4 所示。

（4）编辑 R55 圆弧。

单击"修改"工具栏→"打断于点"命令，将 R55 圆弧打断于 A 点。选中 R55 左半边，换置到中心线层，如图 3.3.5 所示。

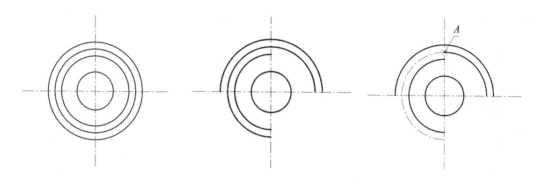

图 3.3.3　画同心圆　　　　　图 3.3.4　修剪圆弧　　　　　图 3.3.5　编辑 R55 圆弧

（5）绘制 ϕ8 小圆。

将当前图层切换到"中心线层"，打开极轴追踪，设置增量角为 30°。应用"直线"命令，从圆心向左上、左下绘制角度辅助线，如图 3.3.6 所示。

将当前图层切换到"轮廓线层"，应用圆绘图命令，以图形左半边辅助线间的交点为圆心，分别绘制 ϕ8 的圆，如图 3.3.7 所示。

3. 绘制图形下半部分结构

（1）应用"直线"命令，分别从 ϕ128 圆弧左、右两端点向下绘制垂线，长度为 100，并连接两垂线，如图 3.3.8 所示。

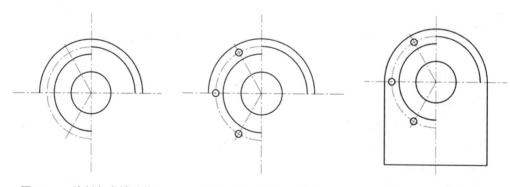

图 3.3.6　绘制角度辅助线　　　　图 3.3.7　绘制 ϕ8 圆　　　　图 3.3.8　绘制垂线

（2）将水平中心线向下偏移 53，得到偏移水平辅助线，将其分别向上偏移 30，向下侧偏移 30、32；将垂直中心线分别向左右两侧偏移 74，得到两垂直辅助线。右侧垂直辅助线向左偏移 25，如图 3.3.9 所示。

（3）应用"直线"命令依次连接左右两边的特征点，再删除辅助线，修剪线段，如图 3.3.10 所示。

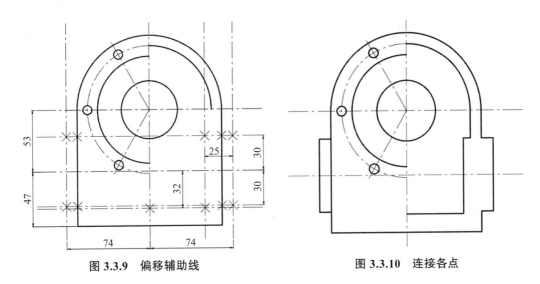

图 3.3.9　偏移辅助线　　　　　　　图 3.3.10　连接各点

（4）将偏移水平辅助线分别向上、下两侧偏移 20；将图形底面轮廓线分别向上偏移 3、12，如图 3.3.11 所示。

（5）应用"直线"命令，连接各特征点，再删除偏移线段，如图 3.3.12 所示。

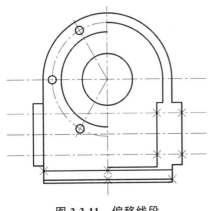

图 3.3.11　偏移线段

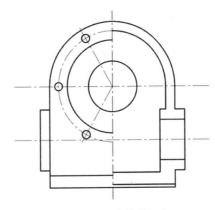

图 3.3.12　连接特征点

（6）将垂直中心线向左偏移 45，得到偏移垂直辅助线；将图形底部轮廓线向上偏移 15，与偏移垂直辅助线相交于 B 点。单击"工具"菜单→"新建 UCS"→"原点"，激活"新建原点"命令，应用"对象捕捉"捕捉 B 点并将其确定为新原点，如图 3.3.13 所示。

（7）绘制 ϕ24 凸台、ϕ11 通孔，并修剪图线。

单击"绘图"工具栏→"矩形"命令，绘制 ϕ24 凸台，命令提示如下：

命令：RECTANG

指定第一个角点或［倒角（C）/标高（E）/圆角（F）/厚度（T）/宽度（W）］：-12，0（ϕ24 凸

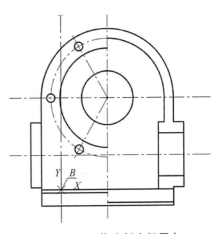

图 3.3.13　构建新坐标原点

台左上角坐标)

指定另一个角点或［面积（A）/尺寸（D）/旋转（R）］：12，–3（ϕ24凸台右下角坐标）

回车结束矩形绘制，完成图形如图 3.3.14 所示。

单击"绘图"工具栏→"矩形"命令，绘制 ϕ11 通孔，命令提示如下：

命令：RECTANG

指定第一个角点或［倒角（C）/标高（E）/圆角（F）/厚度（T）/宽度（W）］：–5.5，0（ϕ11通孔左上角坐标）

指定另一个角点或［面积（A）/尺寸（D）/旋转（R）］：5.5，–15（ϕ11 通孔右下角坐标）

回车结束矩形绘制，完成图形如图 3.3.14 所示。

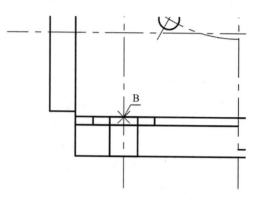

图 3.3.14　绘制 ϕ24 凸台、ϕ11 通孔

修剪图线后，效果如图 3.3.15 所示。

4. 对图形进行倒圆角处理

参考图 3.3.16，应用"圆角"命令对图形进行倒圆角。

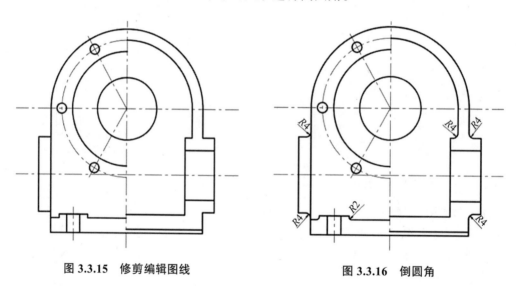

图 3.3.15　修剪编辑图线　　　　　　图 3.3.16　倒圆角

5. 绘制样条曲线

将当前图层切换到细"细实线层"。应用"样条曲线"命令，绘制样条曲线，如图 3.3.17 所示。

三、剖切面填充

将当前图层切换到"剖面线层"，单击"绘图"工具栏→"图案填充"命令，打开"图案填充和渐变色"对话框，拾取如图 3.3.18 所示区域，选择图案"ANSI31"，设置比例为"40",单击确定,完成填充。

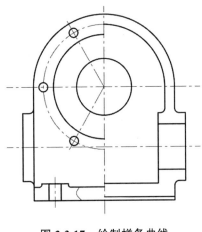

图 3.3.17　绘制样条曲线

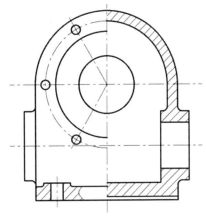

图 3.3.18　图案填充

四、尺寸标注

设置尺寸标注样式(标注样式设置参考模块 2 项目 4)。将当前图层切换到"标注层",参照图 3.3.1 对图形进行尺寸标注。

五、保存

完成后,以"3.3.1.dwg"为文件名将文件进行保存。

任务 3.2　绘制连接器零件图

任务需求

如图 3.3.19 所示,完成连接器零件图的绘制,并以"3.3.19.dwg"为文件名保存。

知识与技能目标

通过零件图分析连接器的特征及尺寸数据;掌握连接器零件图的绘制方法和步骤;灵活应用用户坐标系及坐标辅助绘图;应用直线、圆、矩形、偏移、修剪、图案填充等工具绘制图形;设置尺寸标注样式,编辑、修改尺寸标注。

绘制连接器零件图

任务分析

在绘制连接器零件图前,需要准确分析连接器的结构特征和尺寸参数。在绘制零件图时,要注意将主视图轮廓尺寸和左视图轮廓尺寸对应起来,综合运用工具、修改工具、用户坐标系依次完成每个特征的绘制。

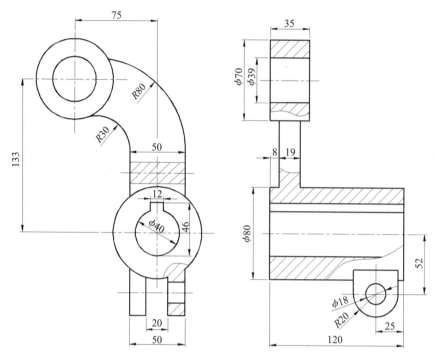

图 3.3.19　连接器零件图

🎓 **任务详解**

一、设置绘制环境

1. 新建图形文件，设置模型空间界限

选择"格式"菜单→"图形界限"，在左下角点输入"0，0"，右上角点输入"297，210"。

2. 设置图形单位

选择"格式"菜单→"单位"，在弹出的"图形单位"对话框中设置单位为"毫米"。

3. 设置图层

根据零件图的一般需要，创建如表 3.3.3 所示的图层。

表 3.3.3　图层设置

图层类型	颜色	线型	线宽 /mm
轮廓线层	白色	Continuous	0.70
细实线层	绿色	Continuous	0.35
细虚线层	黄色	DASHED	0.35
中心线层	红色	CENTER2	0.35
标注层	绿色	Continuous	0.35
剖切线层	绿色	Continuous	0.35

二、绘制图形

1. 绘制辅助中心线
（1）将当前图层切换到"中心线层"。
（2）应用直线命令绘制水平辅助线和垂直辅助线，如图 3.3.20 所示。

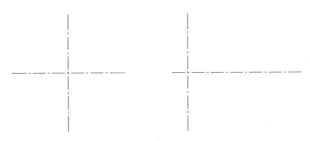

图 3.3.20　绘制辅助线

2. 绘制 $\phi 80$ 轴、$\phi 40$ 孔特征
（1）将当前图层切换到"轮廓线层"。
（2）绘制主视图 $\phi 40$、$\phi 80$ 的两个同心圆。
单击"绘图"工具栏→"圆"命令，以主视图辅助线的交点为圆心，绘制 $\phi 40$、$\phi 80$ 的圆。
（3）绘制左视图中尺寸为 40×120、80×120 的矩形。
单击"工具"菜单→"新建 UCS"→"原点"，将坐标原点放置到左视图辅助线相交处。
应用"绘图"工具栏→"矩形"命令，绘制尺寸为 40×120 的矩形，命令提示如下：
命令：RECTANG
指定第一个角点或［倒角（C）/标高（E）/圆角（F）/厚度（T）/宽度（W）］：0，-20（输入 40×120 矩形左下角点坐标，单击鼠标右键完成输入）
指定另一个角点或［面积（A）/尺寸（D）/旋转（R）］：120，20（输入 40×120 矩形右上角点坐标，单击鼠标右键完成输入）
以同样的操作方法，绘制尺寸为 80×120 的矩形，矩形左下角点坐标为（0，-40）、右上角点坐标为（120，40）。
完成效果如图 3.3.21 所示。

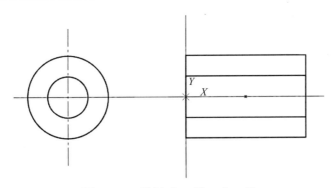

图 3.3.21　绘制 $\phi 80$ 轴、$\phi 40$ 孔

3. 绘制键槽特征

（1）应用"修改"工具栏→"分解"命令，将左视图的两矩形图块分解。

（2）将主视图垂直中心线向左、右两侧偏移 6；将左视图中 $\phi40$ 孔的下方轮廓线向上偏移 46；应用直线的夹点，将偏移线段向左延长至如图 3.3.22 所示位置。

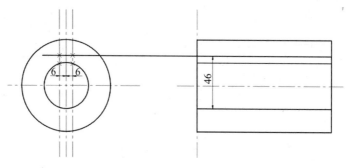

图 3.3.22　偏移线段

（3）应用直线命令将主视图各特征点连接起来，并从主视图中 $\phi40$ 圆上的特征点向右绘制水平线，如图 3.3.23 所示。

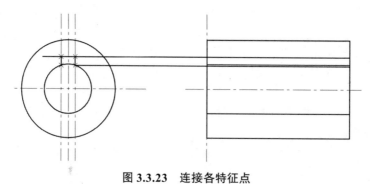

图 3.3.23　连接各特征点

（4）删除主视图偏移辅助线、左视图 $\phi40$ 孔的上轮廓线，修剪相关轮廓线，效果如图 3.3.24 所示。

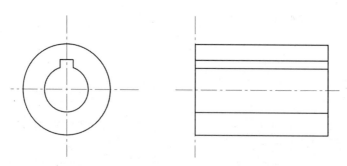

图 3.3.24　删除、修剪图线

4. 绘制耳板特征

（1）将主视图的垂直辅助线分别向左、右两侧偏移 10、25；将左视图的垂直辅助线向右偏移 95，水平辅助线向下偏移 52。绘制效果如图 3.3.25 所示。

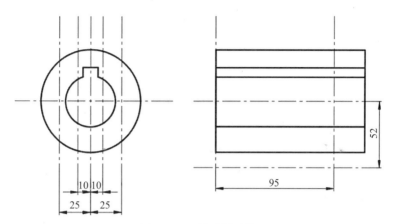

图 3.3.25　偏移辅助线

（2）以左视图偏移辅助线的交点为圆心绘制 ϕ18、R20 的同心圆，如图 3.3.26 所示。

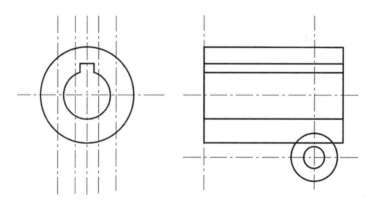

图 3.3.26　绘制 ϕ18、R20 的同心圆

（3）应用直线命令从主视图 ϕ80 圆与偏移距离为 25 的辅助线交点处向右绘制水平线；从左视图 R20 圆的下象限点向左绘制水平线；从左视图 ϕ18 圆的上、下象限点分别向左绘制水平线，如图 3.3.27 所示。

（4）应用直线命令连接各特征点，如图 3.3.28 所示。

（5）删除、修剪多余图线，最后效果如图 3.3.29 所示。

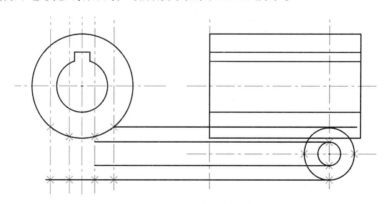

图 3.3.27　绘制水平线

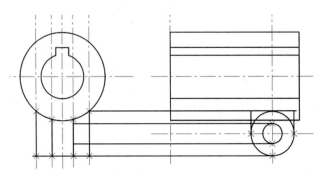

图 3.3.28　连接各特征点

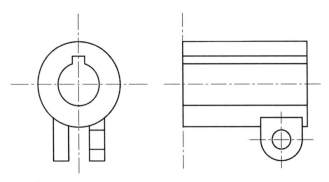

图 3.3.29　删除、修剪图线

5. 绘制 $\phi 70$ 轴、$\phi 39$ 孔特征

（1）将主视图垂直辅助线向左偏移 75，水平辅助线向上偏移 133，两偏移辅助线相交于 A 点；应用直线的夹点，将偏移的水平辅助线向右延伸到如图 3.3.30 所示位置，与左视图垂直辅助线相交于 B 点。

（2）绘制主视图 $\phi 39$、$\phi 70$ 的同心圆。

应用圆命令，以 A 点为圆心，绘制 $\phi 39$、$\phi 70$ 的同心圆，如图 3.3.31 所示。

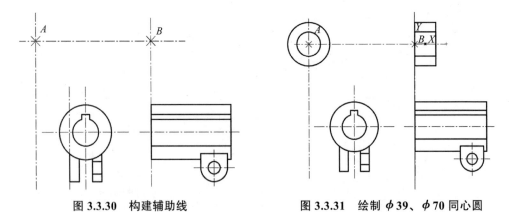

图 3.3.30　构建辅助线　　　　图 3.3.31　绘制 $\phi 39$、$\phi 70$ 同心圆

（3）绘制左视图中尺寸为 39×35、70×35 的矩形

单击 "工具" 菜单→ "新建 UCS" → "原点"，将坐标原点放置到 B 点处，如图 3.3.31 所示。

应用矩形命令，绘制 39×35 矩形，命令提示如下：

命令：RECTANG

指定第一个角点或［倒角（C）/标高（E）/圆角（F）/厚度（T）/宽度（W）］：0，−19.5（输入 39×35 矩形左下角点坐标，单击鼠标右键完成输入）

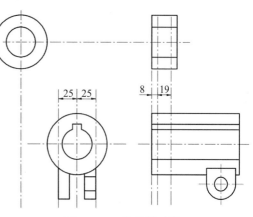

指定另一个角点或［面积（A）/尺寸（D）/旋转（R）］：35，19.5（输入 39×35 矩形右上角点坐标，单击鼠标右键完成输入）

以同样的操作方法，绘制 70×35 矩形，矩形左下角点坐标为（0，−35），右上角点坐标为（35，35）。

6. 绘制连接部分特征

（1）将主视图垂直辅助线向左、右两侧分别偏移 25；将左视图垂直辅助线向右偏移 8，再将垂直偏移辅助线向右偏移 19，如图 3.3.32 所示。

图 3.3.32　偏移辅助线

（2）绘制 R30、R80 圆。

单击菜单"绘图"→"圆"→"相切、相切、半径"，拾取主视图 φ70 圆弧、左侧偏移距离为 25 的偏移辅助线，绘制 R30 圆。拾取 R30 圆的圆心，以此为圆心绘制 R80 圆，如图 3.3.33 所示。

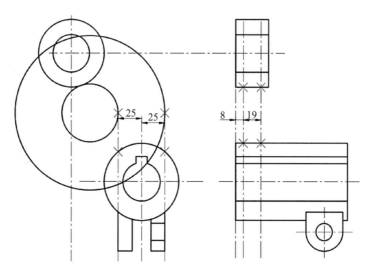

图 3.3.33　绘制 R30、R80 圆

（3）应用直线命令，依次连接各特征点，删除偏移辅助线，修剪 R30、R80 圆后，效果如图 3.3.34 所示。

7. 绘制主视图重合断面图轮廓

（1）将主视图水平辅助线向上偏移 50，与垂直辅助线相交于 C 点。将新建的 UCS 坐标原点置于 C 点，如图 3.3.35 所示。

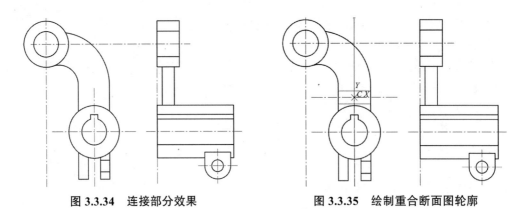

图 3.3.34　连接部分效果　　　　　　　图 3.3.35　绘制重合断面图轮廓

（2）将当前图层切换到"细实线层"。应用矩形绘图工具绘制 50×19 矩形，命令提示如下：

命令：RECTANG

指定第一个角点或 [倒角（C）/ 标高（E）/ 圆角（F）/ 厚度（T）/ 宽度（W）]：-25，-9.5（输入 50×19 矩形左下角点坐标，单击鼠标右键完成输入）

指定另一个角点或 [面积（A）/ 尺寸（D）/ 旋转（R）]：25，9.5（输入 50×19 矩形右上角点坐标，单击鼠标右键完成输入）

完成效果如图 3.3.35 所示。

8. 绘制样条曲线并编辑、修剪图线

将当前图层切换到"细实线层"。应用"绘图"工具栏→"样条"命令，参照图 3.3.36 绘制样条曲线。并应用"修改"工具栏→"修剪"命令，修剪图线，效果如图 3.3.36 所示。

三、剖切面填充

将当前图层切换到"剖面线层"，单击"绘图"工具栏→"图案填充"命令，打开"图案填充和渐变色"对话框，拾取如图 3.3.37 所示区域，选择图案"ANSI31"，设置比例为"50"，单击确定，完成填充。

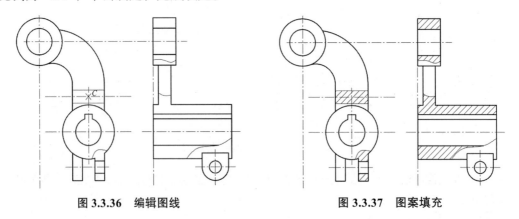

图 3.3.36　编辑图线　　　　　　　　　图 3.3.37　图案填充

四、尺寸标注

设置尺寸标注样式（标注样式设置参考模块二项目 4）。将当前图层切换到"标注层"，参照图 3.3.19 对图形进行尺寸标注。

五、保存

完成后，以"3.3.19.dwg"为文件名将文件进行保存。

项目小结

本项目旨在帮助学生初步搭建起绘制综合性工程图的思路框架。各任务详细描述了单个视图、两个视图及简单装配图的绘制方法和步骤。绘制不同图形时要灵活应用绘图工具、修改工具及用户坐标系和坐标。

实训与评价

一、基础实训

绘制如图 3.3.38 所示零件图，并按要求标注尺寸。

绘图提示：在绘制主视图时，可应用直线、偏移等命令。先绘制主视图下半部分，应用镜像命令，以水平中心线为镜像线，镜像图形，再绘制孔特征。在绘制左视图时，先以中心线交点为圆心，绘制 $\phi 6$、$\phi 12$、$\phi 18$、$\phi 33$、$\phi 40$ 同心圆，再绘制角度辅助线，捕捉角度辅助线与 $\phi 33$ 的交点，绘制 $\phi 4$ 小圆。偏移垂直中心线，捕捉偏移辅助线与 $\phi 40$ 的交点，绘制直线。最后，按要求标注尺寸。

二、拓展实训

1. 绘制如图 3.3.39 所示零件图，并按要求标注尺寸。

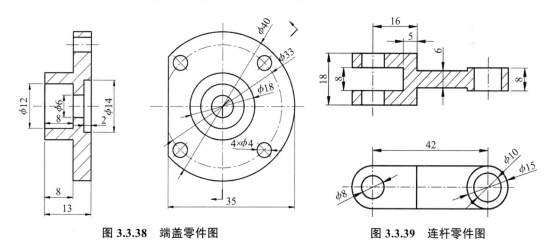

图 3.3.38　端盖零件图　　　　图 3.3.39　连杆零件图

绘图提示：结合两个视图分析该连杆零件的尺寸数据。先绘制主视图、俯视图定位中心线，应用圆、直线命令绘制俯视图。应用直线、偏移等命令绘制主视图。最后，按要求标注尺寸。

2. 绘制如图 3.3.40 所示零件图，并按要求标注尺寸。

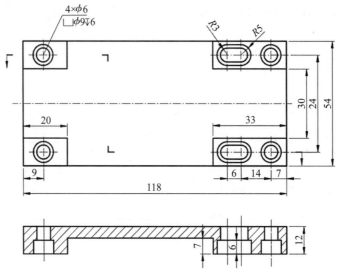

图 3.3.40　基座零件图

绘图提示：该基座零件主视图为上下对称的结构，俯视图作了阶梯剖表达。需要结合两个视图分析基座零件的尺寸数据。在绘制主视图时，先利用矩形命令，绘制 118×54 矩形，绘制左下角 20×12 矩形、右下角 33×12 矩形，然后应用圆、直线命令绘制左下角、右下角图线。再利用镜像命令，镜像主视图下半部分的图形，得出上半部分图形。在绘制俯视图时，开启正交模式，应用直线命令，绘制基座外轮廓，利用偏移、直线命令绘制沉头孔特征。最后，按要求标注尺寸。

3. 如图 3.3.41 所示，完成装配图的绘制，并以"3.3.41.dwg"为文件名保存。

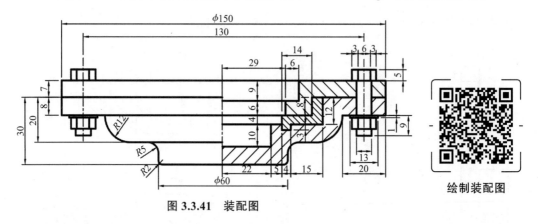

图 3.3.41　装配图

绘制装配图

绘图提示：该组件由三个零件及两套紧固件装配而成，结构左右对称。左边表达了组件的外部轮廓，外部轮廓结构简单。右边表达了组件的内部及连接结构，特征较多。在绘制该组件装配图时，可先绘制左边轮廓，再利用镜像命令向右镜像绘制相同的结构特征，然后绘制其他特征。最后，按要求标注尺寸。

综合实训（四）

项目要求

分析、绘制结构特征复杂的综合性机械工程图。

项目目标

熟练应用绘图工具、修改工具等绘图；能设置尺寸标注样式，掌握编辑、修改尺寸标注的操作方法。

重点难点

项目重点
平面绘图基本工具、编辑工具、文字与尺寸标注的综合应用。
项目难点
平面绘图基本工具、编辑工具、文字与尺寸标注的熟练应用。

实训概述

任务　绘制箱体零件图。分析箱体零件特征，创建图层管理线型；掌握绘制工具、编辑工具的综合应用；熟练设置尺寸标注样式，进行尺寸标注，会编辑、修改尺寸标注。

本项目评价标准如表 3.4.1 所示。

表 3.4.1　项目评价标准

序号	评分点	分值	得分条件	判分要求（分值作参考）
1	绘图环境设置	5	内容设置正确	没有按要求设置扣分（每项扣）
2	绘制图形	60	图形绘制正确	错画、漏画、多画扣分

续表

序号	评分点	分值	得分条件	判分要求（分值作参考）
3	图案填充	10	按要求填充图案	没有按要求填充扣分
4	尺寸标注	20	尺寸标注完整、美观	漏标、多标尺寸扣分
5	剖切符号	5	位置绘制正确	绘制错误扣分

任务　绘制箱体零件图

任务需求

如图 3.4.1 所示，完成箱体零件图的绘制，并以"3.4.1.dwg"为文件名保存。

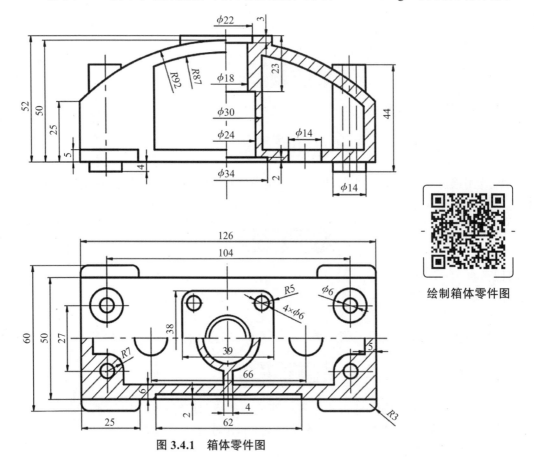

绘制箱体零件图

图 3.4.1　箱体零件图

知识与技能目标

掌握零件图的绘制方法和步骤；应用用户坐标系和坐标辅助绘图；灵活应用绘图工具、修改工具绘制图形。

📖 任务分析

本任务是绘制一个箱体零件图，该箱体零件特征结构多，要求学生有较好的空间思维能力、读图分析能力及尺寸数据计算能力。此箱体是对称机械图形，在绘制时要注意将箱体主视图轮廓尺寸和俯视图轮廓尺寸对应起来，防止绘制后箱体上下脱节，或左右脱节。在绘图时，可先绘制主视图再绘制俯视图。在绘制单个视图时，先绘制主要特征，再绘制其他特征。

🎓 任务详解

一、设置绘制环境

1.新建图形文件，设置模型空间界限

选择"格式"菜单→"图形界限"，在左下角点输入"0，0"，右上角点输入"210，297"。

2.设置图形单位

选择"格式"菜单→"单位"，在弹出的"图形单位"对话框中设置单位为"毫米"。

3.设置图层

根据零件图的一般需要，创建如表 3.4.2 所示的图层。

表 3.4.2　图层设置

图层类型	颜色	线型	线宽 /mm
轮廓线层	白色	Continuous	0.70
细实线层	绿色	Continuous	0.35
细虚线层	黄色	DASHED	0.35
中心线层	红色	CENTER2	0.35
标注层	绿色	Continuous	0.35
剖切线层	绿色	Continuous	0.35

二、绘制图形

1.构建定位中心线

（1）将当前图层切换到"中心线层"。

（2）应用直线命令绘制水平辅助线和垂直辅助线，如图 3.4.2 所示。

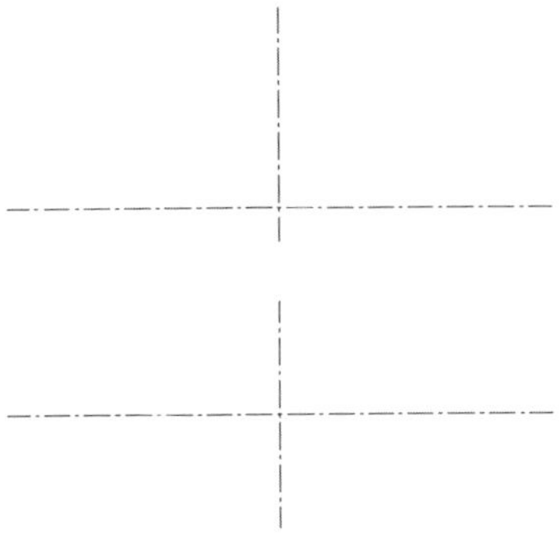

2.绘制主视图

（1）绘制箱体外壳结构。

1）向上偏移水平辅助线，偏移距离分别为 25、50；分别向左、右两侧偏移垂直辅助线，偏移距离为63，如图 3.4.3 所示。

图 3.4.2　构建辅助线

2）将当前图层切换到"轮廓线层"。应用直线、圆弧命令，连接各特征点，如图 3.4.3 所示。

3）应用偏移命令，将垂直辅助线向左偏移，偏移距离为 31；将轮廓线向箱体里侧偏移，偏移距离为 5，如图 3.4.4 所示。

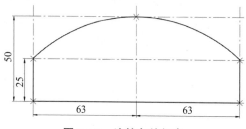

图 3.4.3　连接各特征点

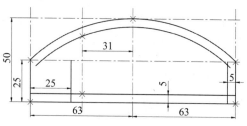

图 3.4.4　偏移轮廓线

4）删除偏移辅助线，修剪图线，连接特征点，完成效果如图 3.4.5 所示。

（2）绘制箱体轴孔特征。

1）向上偏移水平辅助线，偏移距离分别为 2、52；再将最上方的偏移水平辅助线向下偏移，偏移距离分别为 3、23；将垂直辅助线向右偏移，偏移距离分别为 9、11、12、17。偏移辅助线两两相交，应用直线命令，连接各特征点，如图 3.4.6 所示。

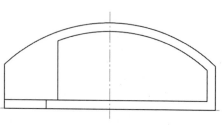

图 3.4.5　修剪图线

2）将垂直辅助线分别向左、右偏移，向左偏移距离为 19.5，向右偏移距离为 15、19.5，与轮廓线相交。应用直线命令，连接各特征点，如图 3.4.7 所示。

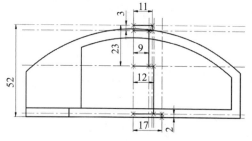

图 3.4.6　连接各特征点

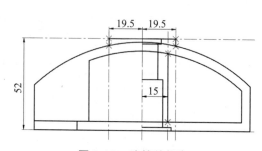

图 3.4.7　连接特征点

3）修剪图线，完成后的效果如图 3.4.8 所示。

（3）绘制左右支撑柱。

1）将垂直辅助线分别向左、右两侧偏移，偏移距离为 52；将水平辅助线向下偏移，偏移距离为 4，与两垂直偏移辅助线相交于 A、B 两点。新建坐标原点于 B 点处，如图 3.4.9 所示。

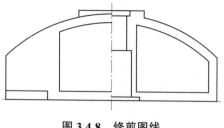

图 3.4.8　修剪图线

2）应用矩形命令，绘制 14×44 矩形，命令提示如下：

命令：RECTANG

指定第一个角点或［倒角（C）/标高（E）/圆角（F）/厚度（T）/宽度（W）］：-7，0（输入 14×44 矩形左下角点坐标，单击鼠标右键结束输入）

指定另一个角点或［面积（A）/尺寸（D）/旋转（R）］：7，44（输入 14×44 矩形右上角点坐标，单击鼠标右键结束输入）

完成效果如图 3.4.9 所示。

3）将当前图层切换到"细虚线层"。应用矩形命令，绘制 6×44 矩形，命令提示如下：

命令：RECTANG

指定第一个角点或［倒角（C）/标高（E）/圆角（F）/厚度（T）/宽度（W）］：-3，0（输入 6×44 矩形左下角点坐标，单击鼠标右键结束输入）

指定另一个角点或［面积（A）/尺寸（D）/旋转（R）］：3，44（输入 6×44 矩形右上角点坐标，单击鼠标右键结束输入）

完成效果如图 3.4.9 所示。

4）应用复制命令，将 14×44 矩形复制至左侧，命令提示如下：

命令：COPY

选择对象：找到 1 个（单击 14×44 矩形图线）

选择对象：（单击鼠标右键结束选择）

当前设置：复制模式 = 多个

指定基点或［位移（D）/模式（O）]〈位移〉：（单击 *B* 点）

指定第二个点或［阵列（A）〈使用第一个点作为位移〉：（单击 *A* 点）

指定第二个点或［阵列（A）/退出（E）/放弃（U）]〈退出〉：（单击鼠标右键结束）

完成效果如图 3.4.10 所示。

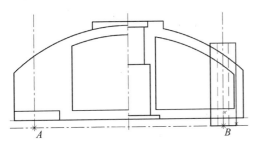

图 3.4.9 绘制右支撑柱

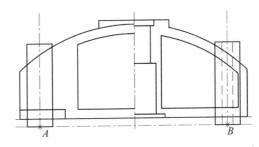

图 3.4.10 复制矩形

（4）绘制底面通孔特征。

将垂直辅助线向右偏移，偏移距离为 33；再将偏移后的垂直辅助线，分别向左、右两侧偏移 7，与箱体底板轮廓线相交。将当前图层切换到"轮廓线层"，应用直线命令连接各特征点，如图 3.4.11 所示。

（5）修剪编辑图线。

应用修剪命令，修剪图线，效果如图 3.4.12 所示。

3．绘制俯视图

（1）绘制箱体外轮廓。

1）在俯视图中偏移中心线，偏移距离如图 3.4.13 所示。

2）应用直线命令，连接各个特征点，并删除偏移辅助线，效果如图 3.4.13 所示。

3）将垂直中心线分别向左、右两侧偏移，偏移距离为 31；将箱体外轮廓线的下侧轮廓线向里偏移，偏移距离为 2，与垂直偏移辅助线相交。应用直线命令，连接特征点，如图 3.4.14 所示。

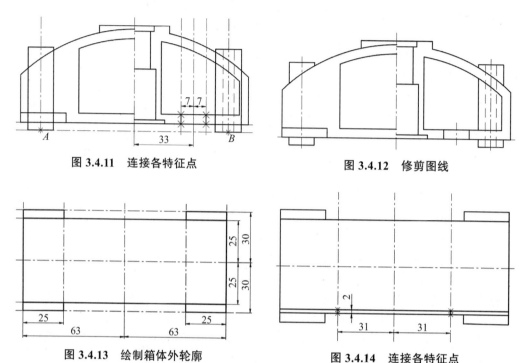

图 3.4.11　连接各特征点　　　　　　图 3.4.12　修剪图线

图 3.4.13　绘制箱体外轮廓　　　　　　图 3.4.14　连接各特征点

4）修剪不需要的图线。

（2）绘制箱体四根支撑柱。

将垂直中心线分别向左、右两侧偏移，偏移距离为 52；将水平中心线分别向上、下两侧偏移，偏移距离为 13.5，偏移辅助线相交。在各交点处，应用圆命令，绘制 $\phi6$、$\phi14$ 圆，如图 3.4.15 所示。

（3）绘制箱体内部特征。

1）绘制箱体内部侧壁。分别将箱体外轮廓左、右轮廓线向里偏移，偏移距离为 5；将箱体外轮廓的下方轮廓线向里偏移，偏移距离为 6，如图 3.4.16 所示。

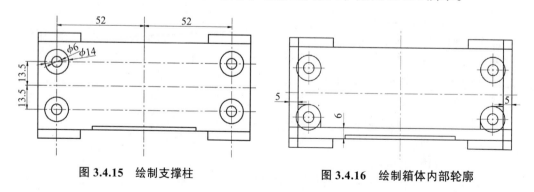

图 3.4.15　绘制支撑柱　　　　　　图 3.4.16　绘制箱体内部轮廓

2）应用直线命令，绘制下方两个 $\phi14$ 圆到左、右偏移轮廓线及下方偏移轮廓线的垂线。

3）修剪图线，完成效果如图 3.4.17 所示。

4）绘制剖切轴孔特征。应用圆及修剪命令，绘制如图 3.4.18 所示特征。

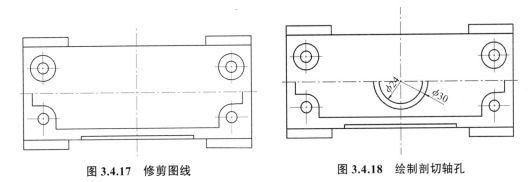

图 3.4.17　修剪图线　　　　　　图 3.4.18　绘制剖切轴孔

5）绘制加强筋。将垂直中心线分别向左、右两侧偏移距离 2，偏移辅助线与 $\phi30$ 圆弧及箱体里侧轮廓线相交。应用直线命令，连接特征点。删除偏移辅助线，绘制效果如图 3.4.19 所示。

6）绘制底板通孔。分别将垂直中心线向左、右两侧偏移，偏移距离为 33，与水平中心线相交于两点。应用圆命令，分别以两交点为圆心，绘制 $\phi14$ 圆，并修剪 $\phi14$ 上半圆弧，效果如图 3.4.19 所示。

（4）绘制法兰盘特征。

1）将坐标原点放置到水平中心线与垂直中心线的交点处，应用矩形命令，绘制 39×38 矩形。命令提示如下：

命令：RECTANG

指定第一个角点或［倒角（C）/标高（E）/圆角（F）/厚度（T）/宽度（W）］：
-19.5，-19（输入 39×38 矩形左下角点坐标，右击结束输入）

指定另一个角点或［面积（A）/尺寸（D）/旋转（R）］：19.5，19（输入 39×38 矩形右上角点坐标，单击鼠标右键结束输入）

完成效果如图 3.4.20 所示。

应用圆命令，绘制 $\phi18$、$\phi22$ 圆弧，如图 3.4.20 所示。

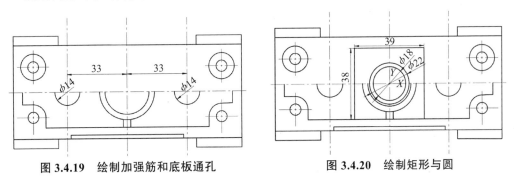

图 3.4.19　绘制加强筋和底板通孔　　　　图 3.4.20　绘制矩形与圆

2）将水平中心线向上偏移 14；将垂直中心线分别向左、右两侧偏移，偏移距离为 14.5；偏移辅助线相交。应用圆命令，以偏移辅助线的交点为圆心，绘制 $\phi6$ 圆，如图 3.4.21 所示。

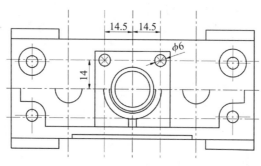

图 3.4.21　绘制 $\phi6$ 圆

（5）倒圆角及修剪编辑图线。

对箱体底板、法兰盘特征进行倒圆角，修剪编辑图线，完成效果如图 3.4.22 所示。

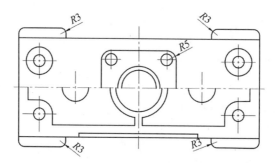

图 3.4.22　倒圆角及编辑图线

三、填充图案

将当前图层切换到"剖面线层"，单击"绘图"工具栏→"图案填充"命令，打开"图案填充和渐变色"对话框，拾取如图 3.4.1 所示区域，选择图案"ANSI31"，设置比例为"20"，单击确定，完成填充。

四、尺寸标注

设置尺寸标注样式（标注样式设置参考模块二项目 4）。将当前图层切换到"标注层"，参照图 3.4.1 对图形进行尺寸标注。

五、保存

完成后，以"3.4.1.dwg"为文件名将文件进行保存。

项目小结

本项目通过绘制箱体零件图帮助绘图者掌握绘制复杂工程图的方法和步骤，灵活使用绘图、修改、标注等工具绘图。

实训与评价

一、基础实训

绘制如图 3.4.23 所示零件，并按图示标注尺寸。

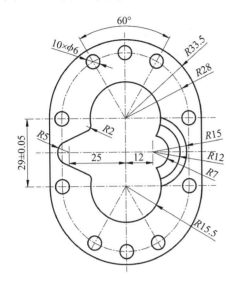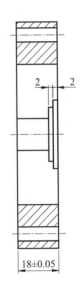

图 3.4.23 泵体零件图

绘图提示：先绘制各视图中心线，再分别绘制主视图、左视图。在绘制主视图时，应用圆、直线命令绘制主视图外轮廓；应用偏移、直线命令，绘制辅助线，捕捉交点绘制 ϕ6 小圆；应用偏移命令，偏移垂直中心线，得到 R5、R15 圆的圆心位置；捕捉各交点，绘制 R5、R7、R12、R15、R15.5 的圆弧；绘制 R5 圆弧的角度切线，再倒圆角。在绘制左视图时，应用直线、偏移等命令，绘制左视图上半部分，再应用镜像命令，完成图形绘制，最后标注尺寸。

二、拓展实训

1. 绘制如图 3.4.24 所示零件图，并按图示标注尺寸。

绘图提示：先绘制主视图、左视图中心线，再分别绘制主视图、左视图。绘制主视图时，应用直线、偏移等命令绘制主视图下半部分；应用镜像命令，以水平中心线为镜像线，得到主视图上半部分；再绘制左右两个 M6 特征，然后填充图案。绘制左视图时，捕捉水平、垂直中心线的交点，绘制 ϕ26、ϕ31、ϕ44、ϕ53 圆；再分别以水平、垂直中心线与 ϕ44 圆的 4 个交点为圆心，绘制 4 个 ϕ4 圆，最后按要求标注尺寸。

2. 绘制如图 3.4.25 所示零件图，并按图示标注尺寸。

绘图提示：在绘制图形之前，需要结合各个视图分析齿轮支撑座的各个特征及尺寸数据。俯视图作了一个旋转剖的表达，齿轮支撑座的后方作了局部视图表达。需先绘制各视图的定位中心线，再分别绘制各个视图。在绘制主视图时，应用直线命令绘制齿轮支撑座外轮廓、沉头孔特征，利用圆命令绘制 ϕ18、M5、M24 等孔特征；在

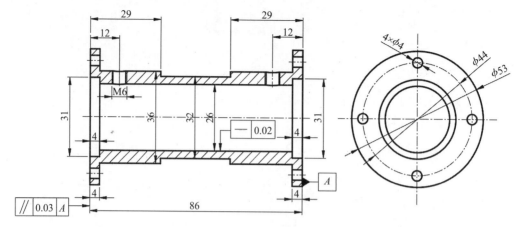

图 3.4.24　缸体零件图

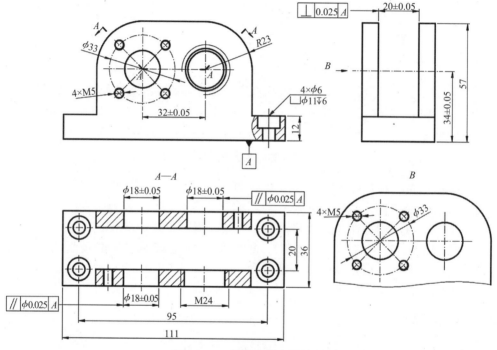

图 3.4.25　齿轮支撑座零件图

绘制左视图时，利用矩形命令绘制 36×12 矩形，再绘制左右立板；在绘制俯视图时，应用矩形命令，绘制 111×36 矩形、上下两侧的 78×8 矩形，应用圆命令绘制左右四个 $\phi6$、$\phi11$ 的同心圆，再绘制 $\phi18$、M5、M24 的孔特征。在绘制 B 局部视图时，应用直线、圆命令绘制立板外形轮廓，再利用圆命令绘制 $\phi18$、M5 等特征。最后，按图纸要求标注尺寸。

　3. 绘制左缸盖零件工程图。

　如图 3.4.26 所示，完成左缸盖零件工程图的绘制，并以"3.4.26.dwg"为文件名保存。

绘制左缸盖零件
工程图

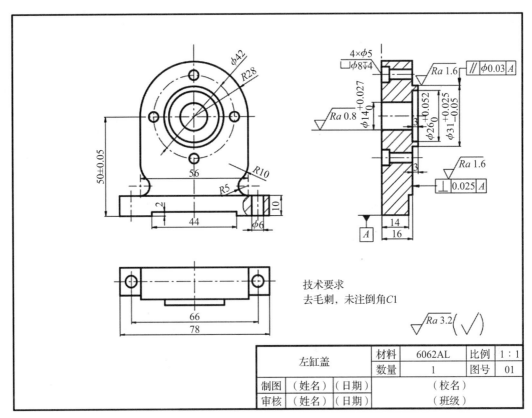

图 3.4.26　左缸盖零件工程图

绘图提示：本任务是绘制一个左缸盖零件工程图，左缸盖零件特征不多。除了绘制零件图，学生还需掌握标准工程图具备的一些要素，如技术要求、标题栏信息填写等。

设置绘制环境：

（1）新建图形文件，设置模型空间界限。选择"格式"菜单→"图形界限"，在左下角点输入"0，0"，右上角点输入"297，210"。

（2）设置图形单位。选择"格式"菜单→"单位"，在弹出的"图形单位"对话框中设置单位为"毫米"。

（3）设置图层。根据零件图的一般需要，创建如表 3.4.3 所示的图层。

表 3.4.3　图层设置

图层类型	颜色	线型	线宽 /mm
轮廓线层	白色	Continuous	0.70
细实线层	绿色	Continuous	0.35
细虚线层	黄色	DASHED	0.35
中心线层	红色	CENTER2	0.35
标注层	绿色	Continuous	0.35
剖切线层	绿色	Continuous	0.35

4. 如图 3.4.27 所示，完成阀体零件图的绘制，并以 "3.4.23.dwg" 为文件名保存。

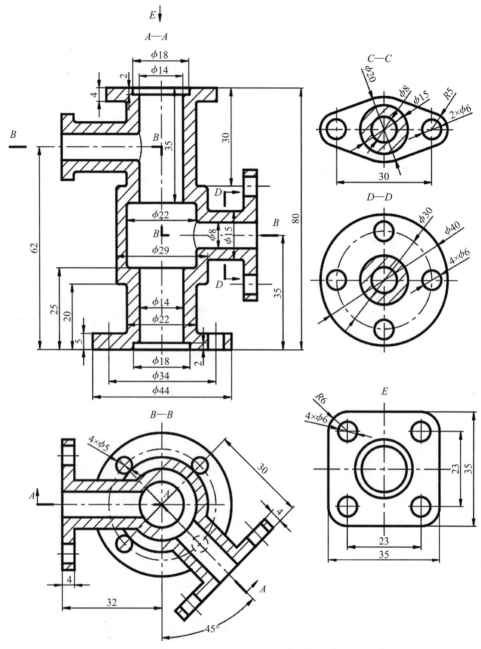

图 3.4.27 阀体零件图

绘图提示：本任务是绘制一个阀体零件图，该阀体结构特征多，主要为圆盘、法兰盘特征，要求学生有较好的空间思维能力、读图分析能力及尺寸数据计算能力。在绘图时，可结合各个视图的尺寸，依次绘制每个视图。

绘制阀体零件图

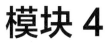

模块 4

AutoCAD 2021 三维实体

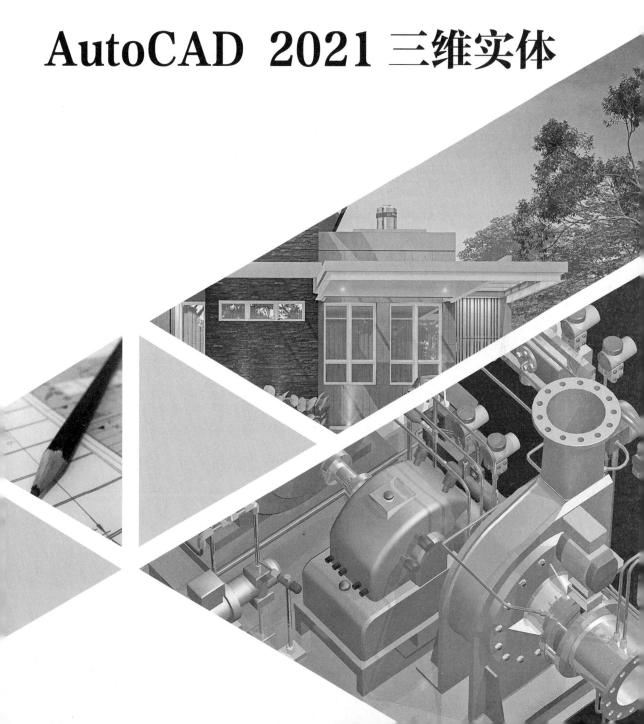

本模块共 4 个项目。

项目 1：三维设计基础。学习三维设计理念、立体几何基础、基本建模、视觉样式与渲染。

项目 2：实体基本造型。掌握基本实体模型的创建方法、实体模型的编辑命令。

项目 3：三维实体编辑。掌握拉伸、旋转、阵列、倒角、倒圆角边，以及分割、抽壳、实体布尔运算等三维实体编辑操作。

项目 4：三维实体造型综合应用。掌握三维实体的移动、旋转、对齐、阵列、镜像、复制、剖切及加厚等操作技能。

本模块常用绘图命令见表 4.0.1。

表 4.0.1　本模块常用绘图命令

序号	命令说明	命令	快捷命令	序号	命令说明	命令	快捷命令
1	长方体	BOX	BOX	9	扫掠实体	SWEEP	SWEEP
2	圆柱体	CYLINDER	CYL	10	剖切实体	SLICE	SL
3	球体	SPHERE	SPHERE	11	三维阵列	3DARRAY	3DARRAY
4	圆环	TORUS	TOR	12	三维镜像	3DMIRROR	3DMIRROR
5	楔体	WEDGE	WE	13	圆角边	FILLETEDGE	F
6	拉伸	EXTRUDE	EXT	14	倒角边	CHAMFEREDGE	CHA
7	放样	LOFT	LOFT				
8	旋转实体	REVOLVE	REV				

>> **项目 1**

三维设计基础

项目要求

三维实体设计理念，立体几何基础知识，三维坐标系，三维视图，视图实时平移与缩放，三维实体建模与渲染。

项目目标

会应用三维视图作图，培养三维读图、识图分析能力；熟练应用长方体、柱体、球体、楔体等基本几何体创建三维实体；掌握三维实体渲染的操作方法；通过案例实训掌握着色、应用材质、实体渲染和保存位图等的基本操作和应用要领。

重点难点

项目重点

理解三维组合体与基本几何体；培养三维空间逻辑思维能力；应用三维坐标系进行绘图；理解并掌握三维视图的形成原理以及在三维造型中的应用。

项目难点

三维空间逻辑思维；三维实体建模与渲染。

实训概述

任务 1.1 三维实体基础。介绍三维实体、三维视图、右手定则、三维动态观察器。

任务 1.2 基本建模。介绍三维实体建模的操作方法。

任务 1.3 视觉样式与渲染。介绍视觉样式的设置，应用材质、实体渲染等的基本操作。

本项目评价标准如表 4.1.1 所示。

表 4.1.1　项目评价标准

序号	评分点	分值	得分条件	判分要求（分值作参考）
1	三维视图设置	15	根据国标合理设置	不符合国标扣分
2	UCS 坐标系	15	UCS 坐标系相关操作正确	不符合国标扣分
3	基本建模	30	三维实体建模	必须全部正确才有得分
4	视觉样式设置	20	设置样式合理	有错扣分
5	视觉渲染	20	标注渲染要求	有不合理之处扣分

任务 1.1　三维实体基础

任务需求

在认识三维视图的基础上分析三维实体构造。

知识与技能目标

理解三维实体设计理念；掌握立体几何基础知识，三维坐标系、三维视图、三维观察器的应用，以及视图实时平移与缩放的方法。

任务分析

要想绘制出正确的三维实体，必须了解三维实体特征，在读懂图的基础上综合利用三维视图作图。

任务详解

一、三维实体

三维实体占有一定的空间，其外部特征与空间一同构成三维环境，产生三维视觉效果。例如，长方体由六个面组成，球可以理想地认为是由若干面组成，当这些不同方向的面无限多的时候，看到的球就非常平滑。

在三维设计中常把一般的物体称为组合体。组合体是由一些基本几何体组合而成的，即将基本几何体通过布尔运算求并、求差或求交而构成的形体。基本几何体是形成各种复杂形体的最基本形体，如立方体、圆柱体、圆锥体、球体和环体等。

二、三维视图

按照"投影法"垂直投影出三维实体各个侧面的投影图并把这些投影图绘制出来，这些绘制出来的投影图就称为视图。为了得到能反映物体真实形状和大小的视图，将物体放在如图 4.1.1 所示的投影体系中，分别向 V 面、H 面、W 面垂直投影，在 V 面上得到的投影图形称为主视图，在 H 面上得到的投影图形称为俯视图，在 W 面上得到的投影图形称为左视图。三视图是能够正确反映物体长、宽、高尺寸的正投影视图，是表达零件的重要依据，是工程界通用的技术语言。

在 AutoCAD 2021 中应用"视图"菜单→"三维视图"可以切换不同视图，系统还提供了四种三维实体等轴测图，帮助用户在绘图时从不同位置观察三维模型，这四种视图分别是"西南等轴测""东南等轴测""东北等轴测""西北等轴测"，如图 4.1.2 所示。

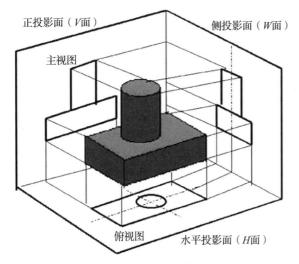

图 4.1.1　三维投影体系

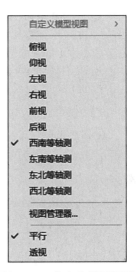

图 4.1.2　自定义模型视图

三、三维坐标系

AutoCAD 2021 提供的三维坐标系由一个原点［坐标为（0，0，0）］和三个通过原点、相互垂直的坐标轴构成（见图 4.1.3）。三维空间中任何一点都可以由 X 轴、Y 轴和 Z 轴的坐标来定义，即用坐标值（x，y，z）来定义一个点。例如，图 4.1.3 中 P 点的三维坐标为（0，5，6）。

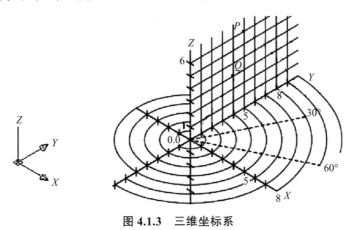

图 4.1.3　三维坐标系

AutoCAD 2021 提供世界坐标系（WCS）、用户坐标系（UCS）来定位实体上各个点，实体上的每一个点都有一个固定的坐标值。可以依据 WCS 定义 UCS，UCS 可以随时变换坐标原点、旋转坐标轴以方便绘图。

1. 新建 UCS

如图 4.1.4 所示为应用"工具"菜单→"新建 UCS"后打开的下拉菜单列表。"原点"表示重新指定 UCS 原点；选定"X"（或"Y"或"Z"）时表示 UCS 将绕 X（或 Y或 Z）轴旋转相应角度。

以定义新的 UCS 原点为例，新建 UCS 的命令调用方法有以下几种。

方法 1：单击"工具"菜单→"新建 UCS"→"原点"，指定新的原点，坐标（0，0，0）被重新定义到指定点处；

方法 2：工具栏→"UCS"；

方法 3：命令行中输入 UCS。

2. 命名 UCS

指定 UCS 后若需要恢复为 WCS，可以按以下方法进行操作：单击"工具"菜单→"命名 UCS"，在弹出的"UCS"对话框的"命名 UCS"选项卡中，选择"世界"，单击"置为当前"，单击"确定"，如图 4.1.5 所示。

图 4.1.4 新建 UCS

图 4.1.5 "命名 UCS"选项卡

四、右手定则

应用右手定则可以帮助理解三维坐标系轴的指向情况，并判断坐标旋转方向和角度。在三维坐标系中，将右手手背靠近屏幕，调整大拇指、食指、中指呈互相垂直状态，大拇指指向 X 轴的正方向，食指指向 Y 轴的正方向，中指所指示的方向则为 Z 轴的正方向。X、Y 和 Z 轴方向随着手的旋转而改变，已知任意两个轴的方向可以很方便地判断另一个轴的方向。

使用右手定则也可以确定三维空间坐标轴旋转的方向，判断方向时将右手拇指指向旋转轴的正方向（例如以 X 轴为旋转轴旋转 UCS，则右手拇指指向 X 轴正方向），卷曲右手四指握紧旋转轴，四指所指的方向为轴的正旋转方向。

五、三维动态观察器（3DORBIT）

AutoCAD 2021 不仅提供了各种三维视图方便绘图，还具有"三维动态观察器"，帮助用户从周围各个方位观察三维实体模型，从而得到任意角度的三维动态视图。

在三维动态视图中，按住鼠标左键加 Shift 键朝不同方向移动鼠标，实体模型也随着在三维空间中旋转，滚动鼠标滚轮可以缩放模型。对三维实体进行消隐着色或体着色后应用"三维动态观察器"观察实体会更直观、形象。"三维动态观察器"方便观察视图的整体、局部以及各个方位视图，这对在三维空间中观察绘制的三维几何体是否正确有很大的帮助。

应用"视图"菜单→"三维动态观察器"→"受约束的动态观察"或在命令行中输入"3DORBIT"可以激活当前视口中交互的三维动态视图。

六、实时平移与实时缩放

绘制三维实体时需要在不同方位上移动并缩放实体视图，从不同侧面观察实体模型的整体或局部。AutoCAD 系统提供"实时平移"和"实时缩放"工具。

1. 实时平移（PAN）

在绘制视图时，可以应用"PAN"命令或窗口滚动条移动视图的位置，选择"实时"选项，可以通过移动定点设备（如鼠标）动态平移视图。实时平移不改变图形对象的实际位置和放大比例，只改变视图。

该命令调用方法有以下几种。

方法 1：单击"视图"菜单→"平移"→"实时"；

方法 2：如果使用鼠标滚轮，可以在按住鼠标滚轮的同时移动鼠标；

方法 3："标准"工具栏→"实时平移"按钮；

方法 4：命令行中输入 PAN。

当出现手形光标时，按住鼠标左键并移动鼠标可以拖动视图。

2. 实时缩放（ZOOM）

实时缩放可以按比例放大和缩小视图，但不改变图形的实际大小。当需要对图形进行总体或局部观察分析时，可以将图形缩小以观察总体布局，或将图形局部放大以观察局部。

操作方法：

（1）单击"视图"菜单→"缩放"，在弹出的下拉菜单中选择相应选项，或在命令行中输入"ZOOM"命令，可以进行实时缩放，命令提示如下：

命令：ZOOM

指定窗口的角点，输入比例因子（nX 或 nXP），或者［全部（A）/中心（C）/动态（D）/范围（E）/上一个（P）/比例（S）/窗口（W）/对象（O）]〈实时〉：（按住鼠标左键拖动形成一个选框，可以很方便地进行局部放大，也可以选择某一选项来缩放视图）

（2）应用实时平移中的"方法 1""方法 3""方法 4"进行操作出现手形光标时滚动鼠标滚轮可以动态缩放视图。

基本建模

🛠 任务需求

进行简单的三维实体建模。

📚 知识与技能目标

掌握三维实体基本建模工具的使用方法。

📖 任务分析

在理解三维实体建模概念的基础上综合运用基本建模工具及常用建模命令，完成三维实体建模的基本操作。

🎓 任务详解

一、绘制长方体（BOX）

长方体是最基本的三维实体，该命令的调用方法有以下几种。

方法 1：单击"建模"工具栏→"长方体"按钮；

方法 2：在命令行中输入 BOX。

操作示例：

绘制长方体机柜外框，机柜外框的尺寸是 600×450×1200。

操作步骤如下：

（1）调整视图为西南等轴测视图。

选择"视图"菜单→"三维视图"→"西南等轴测"。

（2）调用长方体命令。

命令：BOX

指定第一个角点或 [中心（C）]〈0，0，0〉：（在屏幕上单击任意一点）

指定角点或 [立方体（C）/长度（L）]：L

指定长度：600（输入长方体机柜的长度值 600）

指定宽度：450（输入长方体机柜的宽度值 450）

指定高度：1200（输入长方体机柜的高度值 1200）

完成效果如图 4.1.6 所示。

二、绘制圆柱体（CYLINDER）

圆柱体命令的调用方法有以下几种。

方法 1：单击"建模"工具栏→"圆柱体"按钮；

方法 2：在命令行中输入 CYLINDER

操作示例 1：

绘制底面半径为 34，高度为 86 的圆柱体。

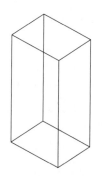

图 4.1.6　长方体机柜外框

操作如下：

命令：CYLINDER

指定底面的中心点或［三点（3P）/两点（2P）/切点、切点、半径（T）/椭圆（E）］：0，0，0（输入坐标原点为中心点）

指定圆柱体底面的半径或［直径（D）］：34（输入圆柱体的底面半径值 34）

指定高度或［两点（2P）/轴端点（A）］：86（输入圆柱体的高度值 86）

完成后的西南等轴测视图如图 4.1.7（a）所示。

操作示例 2：

绘制轴长分别为 40 和 10、高为 75 的椭圆柱体。

操作如下：

命令：CYLINDER

指定底面的中心点或［三点（3P）/两点（2P）/切点、切点、半径（T）/椭圆（E）］：E（绘制椭圆）

指定第一个轴的端点或［中心（C）］：（屏幕上任意确定一点为椭圆第一轴的一个端点）

指定第一个轴的其他端点：40（输入椭圆第一个轴的长度值）

指定第二个轴的端点：10（输入椭圆第二个轴的长度值）

指定高度或［两点（2P）/轴端点（A）］：75（输入椭圆柱体的高度值）

完成后的效果如图 4.1.7（b）所示。

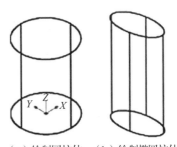

（a）绘制圆柱体　（b）绘制椭圆柱体

图 4.1.7　绘制圆柱和椭圆柱体

三、绘制球体（SPHERE）

球体绘制方法有以下几种。

方法 1：单击"建模"工具栏→"球体"按钮；

方法 2：在命令行中输入 SPHERE。

操作示例：

绘制半径为 33 的球体。

操作提示如下：

命令：SPHERE

当前线框密度：ISOLINES=18

指定球体球心〈0，0，0〉：（屏幕上任意确定一点或回车确认原点）

指定球体半径或［直径（D）］：33（输入球体的半径值）

完成后的消隐效果如图 4.1.8 所示。

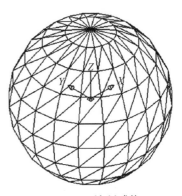

图 4.1.8　绘制球体

四、绘制楔体（WEDGE）

楔体命令的调用方法有以下几种。

方法 1：单击"建模"工具栏→"楔体"按钮；

方法 2：在命令行中输入 WEDGE。

操作示例：

绘制楔体，长度值为 400，宽度值为 300，高度值为 200，

具体操作命令提示如下：

命令：WEDGE

指定楔体的第一个角点或 ［中心点（CE）］〈0，0，0〉：（屏幕上任意确定一点）

指定角点或 ［立方体（C）/ 长度（L）］：L

指定长度：400（指定楔体的长度值）

指定宽度：300（指定楔体的宽度值）

指定高度：200（指定楔体的高度值）

完成后的西南等轴测实时缩放视图如图 4.1.9 所示。

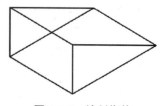

五、绘制圆锥体（CONE）

圆锥体命令的调用方法有以下几种。

方法 1：单击"建模"工具栏→"圆锥体"按钮；

方法 2：在命令行中输入 CONE。

图 4.1.9　绘制楔体

操作示例：

绘制半径为 30，高度为 90 的圆锥体。

具体操作命令提示如下：

命令：CONE

当前线框密度：ISOLINES=12

指定圆锥体底面的中心点或 ［椭圆（E）］〈0，0，0〉：（直接回车，以坐标原点为中心点）

指定圆锥体底面的半径或 ［直径（D）］：30（输入圆锥体底面的半径值）

指定圆锥体高度或 ［顶点（A）］：90（输入圆锥体的高度值）

完成后的西南等轴测视图如图 4.1.10 所示。

通过圆锥体命令还可以绘制椭圆圆锥体，在启用该命令后，根据后续提示选择参数"［椭圆（E）］"，具体操作参照椭圆柱体的绘制方法。

六、绘制圆环体（TORUS）

圆环体命令的调用方法有以下几种。

方法 1：单击"建模"工具栏→"圆环体"按钮；

方法 2：在命令行中输入 TORUS。

图 4.1.10　绘制圆锥体

操作示例：

绘制半径为 40，圆管半径为 8 的圆环体。

操作命令提示如下：

命令：TORUS

当前线框密度：ISOLINES=12

指定中心点或 ［三点（3P）/ 两点（2P）/ 切点、切点、半径（T）］：0，0，0（输入

坐标原点为中心点）

　　指定半径或［直径（D）］：40（输入圆环体的半径值）

　　指定圆管半径或［直径（D）］：8（输入圆管体的半径值）

　　完成后的消隐效果图如图 4.1.11 所示。

七、绘制棱锥体（CONE）

　　棱锥体命令的调用方法如下：

　　方法 1：单击"建模"工具栏→"圆锥体"按钮；

　　方法 2：在命令行中输入 CONE。

　　操作示例：

　　绘制半径为 30，高度为 90 的四棱锥体。

　　操作命令提示如下：

图 4.1.11　绘制圆环体

　　命令：CONE

　　当前线框密度：ISOLINES=12

　　指定棱锥体底面的中心点或［边（E）/侧面（S）]〈0，0，0〉：（直接回车，以坐标原点为中心点）

　　指定棱锥体底面的半径或［内接（I）］：30（输入棱锥体底面的半径值）

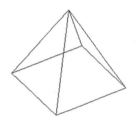

　　指定棱锥体高度或［顶点（A）］：90（输入圆锥体的高度值）

图 4.1.12　绘制圆锥体

　　完成后的西南等轴测视图如图 4.1.12 所示。

　　通过棱锥体命令还可以控制棱锥体棱的数量，只需在启用该命令后，根据后续提示选择参数"［侧面（S）］"，由侧面数来确定棱锥体中棱的数量。

任务 1.3　视觉样式与渲染

任务需求

　　结合产品设计要求和大众审美对实体进行渲染。

知识与技能目标

　　会设置视觉样式，掌握材质、贴图、配景、着色的应用；掌握着色、实体渲染和保存效果图的操作方法；会设置背景图像。

任务分析

　　在完成三维实体图形绘制的基础上修改视觉样式，进行渲染操作，使实体效果更加逼真。

🎓 | 任务详解

一、视觉样式与渲染

1. 视觉样式与渲染的作用

例如，绘制一个正方体，给它设置合适的颜色或贴上贴纸并模拟光照效果，则这个正方体就拥有了"光"和"色"，显得很真实，这就是视觉样式与渲染的作用。

若只需要看设计效果，可以选择消隐或着色；若需要模拟场景演示效果，则全部渲染。渲染复杂实体图形比较费时。

2. 视觉样式

设置视觉样式后仍可以选择模型、编辑着色对象。保存为 DWG 图形后重新打开，对象的视觉样式不会发生变化。

该命令的调用方法有以下几种。

方法 1："视图"工具栏→"视觉样式"选项卡，如图 4.1.13 所示。

方法 2：选择工作空间中的"视觉样式控件"，如图 4.1.13 所示。

图 4.1.13　视觉样式

视觉样式主要有二维线框、概念、隐藏、真实、着色、带边缘着色、灰度、勾画、线框和 X 射线，如图 4.1.14 所示。

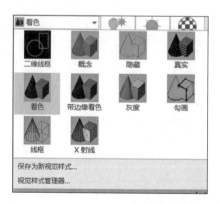 

图 4.1.14　视觉样式类型

二维线框：显示由直线、曲线表示的二维轮廓线。

线框：显示由直线、曲线表示的三维轮廓线。

隐藏：隐藏图像后面的轮廓线，使图形显得更加简洁、清晰。

平面着色：在多边形面之间着色对象，对象显得更平整，不如体着色对象光滑。

体着色：着色对象并使多边形面之间的边平滑，对象具有平滑逼真的外观。

带边框平面着色：结合"平面着色"和"线框"选项的功能。对象被平面着色，同时显示线框。

带边框体着色：结合"体着色"选项和"线框"选项的功能。对象被体着色，同时显示线框。

最常用的是线框和体着色。

3. 实体渲染（RENDER）

实体渲染从场景、灯光、背景、材质等方面让三维作品真实再现并形成效果图。渲染后的模型在选择、编辑对象以及保存为 DWG 图形后重新打开，渲染的效果会发生变化（材质会"丢失"）。

（1）渲染类型。

一般渲染：渲染时不需要应用材质和添加光源，也不需要设置场景，但可以获得最佳性能。

照片级真实感渲染：照片级真实感扫描线渲染，可以显示位图材质和透明材质（如玻璃材质），并产生体积阴影和贴图阴影。

照片级光线跟踪渲染：照片级真实感光线跟踪渲染，使用光线跟踪的方式产生反射、折射和更加精确的阴影。

（2）渲染目标。

渲染到视口：将绘制的图形渲染到当前编辑工作窗口，应用"工具"菜单→"显示图像"→"保存"，可保存图像为 BMP、TGA 或 TIFF 文件。

渲染到窗口：将绘制的图形渲染到位图文件窗口，应用"文件"菜单→"保存"可将图形保存为位图文件。

渲染到文件：将绘制的图形直接渲染保存为位图文件。

（3）渲染设置。

设置场景、光线、背景、材质与贴图等。

该命令调用方法有以下几种。

方法 1："可视化"菜单→"渲染"；

方法 2：命令行中输入 RENDER。

二、实训详解

1. 打开或创建实体

打开"案例 4.1.15.dwg"或新建图形文件，建立一个球体和一个圆柱体，如图 4.1.15（a）所示。

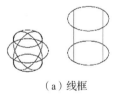

（a）线框　　　　　　（b）着色

图 4.1.15　渲染示例

2. 设置或选择视口

设置要着色视图的视口为当前视口（视口类似于 Windows 的窗口，默认情况下当前工作区就是一个视口，为了方便复杂图形的绘制可以把当前视口"拆分"为几个视口，每个视口的图形操作相对独立），本案例只有一个视口，即当前绘图工作区。

3. 视觉样式（VSCURRENT）

单击"可视化"菜单→"视觉样式"，应用"着色"视觉样式，命令提示如下：

命令：VSCURRENT

输入选项［二维线框（2）/线框（W）/隐藏（H）/真实（R）/概念（C）/着色（S）/带边缘着色（E）/灰度（G）/勾画（SK）/X 射线（X）/其他（O）]〈线框〉：S

效果图如图 4.1.15（b）所示。

应用"工具"菜单→"对象特性管理器"打开"特性"选项面板，如图 4.1.16 所示，改变颜色设置：圆柱体为"青色"，球为"洋红"。应用"着色"视觉样式后观察效果。

4. 渲染

（1）基本渲染（RENDER）。

1）按系统默认值对当前视口对象作"渲染"操作。

操作方法有以下几种。

方法 1："可视化"菜单→"渲染"；

方法 2：命令行输入 RENDER。

不作任何设置，单击"渲染"按钮渲染对象。

2）保存为位图图像。

操作方法为："文件"菜单→"保存"。

执行操作后出现图 4.1.17 所示对话框，选择"文件类型"后，输入文件名单击"确定"按钮后将当前渲染效果图保存到指定位置。（可指定图像格式为 bmp，文件名为"案例 4.1.16.bmp"，保存到"我的文档"）

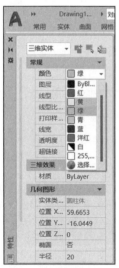

图 4.1.16　对象颜色属性

图 4.1.17　保存图像

（2）高级渲染（RPREF）。

渲染生成具有材质、灯光效果的图形包含以下几个环节：

布置灯光（若不需自定义，可应用默认灯光设置）；设置材质；设置贴图；设置渲染环境（若不需自定义，可应用默认值）。

（3）材质（MATBROWSEROPEN）。

自然界中不同材料会给人不同的视觉感受，AutoCAD 2021 自建了许多不同材质，选择需要的材质类型，将其直接拖到对象上，这样材质就附着其上。当进行渲染或将视觉样式切换为"真实"时，附着材质就会给人现实材料的质感。

操作方法有以下几种。

方法1："渲染"工具栏→"材质"→"材质浏览器"；

方法2："视图"菜单→"渲染"→"材质"；

方法3：命令行中输入 MATBROWSEROPEN。

命令提示如下：

1）单击"可视化"菜单→"材质"→"材质浏览器"。

命令：MATBROWSEROPEN

出现"材质浏览器"对话框，如图4.1.18所示，在对话框中找到"大理石－白绿色"，拖动材质到圆柱体上，然后再找到"枫木－天然中心光泽实心"，拖动材质到球体上。

2）单击"可视化"菜单→"视觉样式"→"真实"。

命令：VSCURRENT

输入选项［二维线框（2）/线框（W）/隐藏（H）/真实（R）/概念（C）/着色（S）/带边缘着色（E）/灰度（G）/勾画（SK）/X射线（X）/其他（O）]〈着色〉：R

材质的真实质感如图4.1.19所示。

**图4.1.18　"材质浏览器"
对话框**

3）单击"视图"菜单→"渲染"→"渲染"。

命令：RENDER

渲染效果如图4.1.20所示。

图4.1.19　附着材质效果图

图4.1.20　渲染效果

项目小结

从二维绘图到三维绘图，从线框模型到应用材质渲染模型，AutoCAD 2021在抽象平面和"真实"立体方面都具有较为完备的功能。本项目介绍了动态旋转、平移、缩放三维视图的操作方法，利用这些功能可以方便地绘制、观察、分析空间中三维实体。三维视图从绘制和出图两个方面为设计创造了便利。

实训与评价

一、基础实训

1. 三维建模的作用有哪些？

2. 三维建模有哪几类？其特点有哪些？

3. 什么是视图？

4. AutoCAD 提供了哪几种三维视图？试举例说明。

二、拓展实训

1. 应用基本几何体构建如图 4.1.21 所示几何体，并渲染"黄铜 – 抛光"效果。
绘图提示：先绘制 $50 \times 50 \times 20$ 的实体，而后在底座实体中心绘制圆锥。

2. 应用基本几何体构建如图 4.1.22 所示几何体，并渲染"板岩 – 红色"效果。
绘图提示：先绘制 $50 \times 50 \times 20$ 的楔体，而后在底座实体中心绘制圆柱。

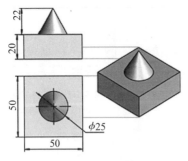

图 4.1.21　几何体 1

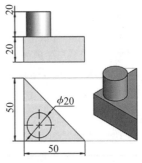

图 4.1.22　几何体 2

3. 应用基本几何体构建如图 4.1.23 所示几何体。

4. 应用基本几何体构建如图 4.1.24 所示几何体。

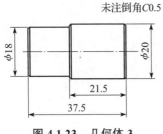

图 4.1.23　几何体 3

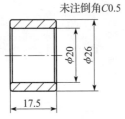

图 4.1.24　几何体 4

>> 项目 ②

实体基本造型

项目要求

基本实体模型的创建，实体模型编辑命令的使用。

项目目标

了解实体模型的创建过程，包括拉伸、放样、旋转、扫掠等；灵活应用基本实体模型的相关编辑命令，包括切割、拉伸面、圆角、倾斜面等命令。

重点难点

项目重点

理解三维实体的基本创建方式；培养三维空间逻辑思维能力；灵活运用实体编辑相关命令；理解并掌握三维实体的构建思路。

项目难点

三维实体编辑命令的合理应用。

实训概述

任务 2.1　创建基本实体模型。掌握拉伸、放样、旋转实体等命令的使用。

任务 2.2　实体模型的编辑命令。掌握切割、镜像、阵列实体等命令的使用。

本项目评价标准如表 4.2.1 所示。

表 4.2.1　项目评价标准

序号	评分点	分值	得分条件	判分要求（分值作参考）
1	草图的建立	20	根据需要建立相应的草图	不符合国标扣分
2	UCS 坐标系	20	UCS 坐标系相关操作正确	不符合国标扣分
3	基本实体建模	30	正确使用三维实体建模相关命令	有错扣分
4	实体编辑	30	正确使用实体建模相关编辑命令	有错扣分

任务 2.1 　创建基本实体模型

任务需求

初步认识基本几何体，绘制基本几何体，具备三维空间逻辑思维能力。

知识与技能目标

熟悉三维作图，培养分析三维空间的能力；会构建基本三维实体模型，熟悉拉伸、旋转、扫掠、放样等基本实体创建命令。

任务分析

在理解实体创建概念和基本实体建模流程的基础上综合运用建模操作基本命令。

任务详解

一、拉伸实体（EXTRUDE）

拉伸实体是最基本的三维实体生成方式，该命令的调用方法有以下几种。

方法 1：单击"建模"工具栏→"拉伸"按钮；

方法 2：在命令行中输入 EXTRUDE。

操作示例：绘制图 4.2.1 所示圆柱体，尺寸为 $\phi 60 \times 120$。

操作步骤如下：

（1）调整视图为西南等轴测视图。

选择"视图"菜单→"三维视图"→"西南等轴测"。

（2）绘制 $\phi 60$ 的圆，拉伸实体。

命令：EXTRUDE

选择要拉伸的对象或 [模式（MO）]：找到 1 个

指定拉伸的高度或 [方向（D）/ 路径（P）/ 倾斜角（T）/ 表达式（E）]〈120.0000〉：120

完成效果如图 4.2.1 所示。

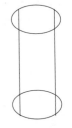

图 4.2.1　圆柱体

二、放样实体（LOFT）

该命令的使用方法有以下几种。

方法 1：单击"建模"工具栏→"放样"按钮；

方法 2：在命令行中输入 LOFT。

操作示例：如图 4.2.2（a）所示，分别以二个矩形和一个圆为放样横截面对象进行放样，创建实体，如图 4.2.2（b）所示。

操作提示如下：

命令：LOFT

当前线框密度：ISOLINES=4，闭合轮廓创建模式 = 实体

（a）放样横截面对象　　（b）放样实体

图 4.2.2　放样示例

按放样次序选择横截面或［点（PO）/ 合并多条边（J）/ 模式（MO）］：_MO　闭合轮廓创建模式［实体（SO）/ 曲面（SU）]〈实体〉：_SO

按放样次序选择横截面或［点（PO）/ 合并多条边（J）/ 模式（MO）］：找到 1 个

按放样次序选择横截面或［点（PO）/ 合并多条边（J）/ 模式（MO）］：找到 1 个，总计 2 个

按放样次序选择横截面或［点（PO）/ 合并多条边（J）/ 模式（MO）］：找到 1 个，总计 3 个

按放样次序选择横截面或［点（PO）/ 合并多条边（J）/ 模式（MO）］：

输入选项［导向（G）/ 路径（P）/ 仅横截面（C）/ 设置（S）]〈仅横截面〉：

删除定义对象？［是（Y）/ 否（N）]〈是〉：

三、旋转实体（REVOLVE）

该命令的使用方法有以下几种。

方法 1：单击"建模"工具栏→"旋转"按钮；

方法 2：在命令行中输入 REVOLVE。

操作示例：以整圆绕 X 轴旋转 180°，创建一个旋转实体，如图 4.2.3 所示。

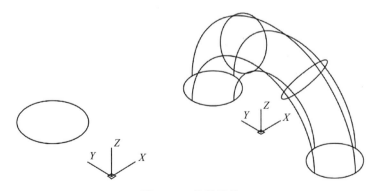

图 4.2.3　旋转实体

操作提示如下：

命令：REVOLVE

当前线框密度：ISOLINES=4，闭合轮廓创建模式 = 实体

选择要旋转的对象或［模式（MO）］：_MO　闭合轮廓创建模式［实体（SO）/ 曲面（SU）]〈实体〉：_SO

选择要旋转的对象或［模式（MO）］：找到 1 个

选择要旋转的对象或［模式（MO）］：

指定轴起点或根据以下选项之一定义轴［对象（O）/X/Y/Z］〈对象〉：X

指定旋转角度或［起点角度（ST）/ 反转（R）/ 表达式（EX）]〈360〉：180

删除定义对象？［是（Y）/ 否（N）]〈是〉：

四、扫掠实体（SWEEP）

该命令的使用方法有以下几种。

方法 1：单击"建模"工具栏→"扫掠"按钮；

方法 2：在命令行中输入 SWEEP。

操作示例：如图 4.2.4（a）所示，以圆为扫掠对象，以样条曲线为扫掠路径，扫掠出一实体，如图 4.2.4（b）所示。

命令：SWEEP

当前线框密度：ISOLINES=4，闭合轮廓创建模式 = 实体

选择要扫掠的对象或［模式（MO）］：_MO 闭合轮廓创建模式［实体（SO）/ 曲面（SU）]〈实体〉：_SO

选择要扫掠的对象或［模式（MO）］：找到 1 个

选择要扫掠的对象或［模式（MO）］：

选择扫掠路径或［对齐（A）/ 基点（B）/ 比例（S）/ 扭曲（T）]：

删除定义对象？［是（Y）/ 否（N）]〈是〉：

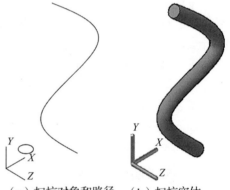

（a）扫掠对象和路径　（b）扫掠实体

图 4.2.4　扫掠示例

任务 2.2　实体模型的编辑命令

任务需求

认识三维实体的视觉样式，掌握几何体场景设置与渲染的相关操作。

知识与技能目标

具备基本的实体编辑能力；会使用实体编辑命令合理编辑实体。

📖 任务分析

在完成三维实体图形绘制的基础上通过实体编辑命令，得到所要求的实体模型。通过案例实训掌握实体模型编辑的基本操作。

🎓 任务详解

一、切割实体（SLICE）

该命令的使用方法有以下几种。

方法 1：单击"实体编辑"工具栏→"剖切"按钮；

方法 2：在命令行中输入 SLICE。

操作示例：对图 4.2.5（a）所示圆柱体进行切割，并保留左边部分，得到图 4.2.5（b）所示图形。

命令：SLICE

选择要剖切的对象：找到 1 个

选择要剖切的对象：

指定切面的起点或［平面对象（O）/曲面（S）/z 轴（Z）/视图（V）/xy（XY）/yz（YZ）/zx（ZX）/三点（3）]〈三点〉：

指定平面上的第二个点：

在所需的侧面上指定点或［保留两个侧面（B）]〈保留两个侧面〉：

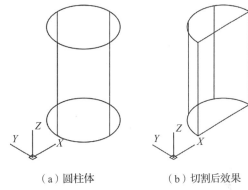

（a）圆柱体　　（b）切割后效果

图 4.2.5　切割实体

二、三维阵列（3DARRAY）

该命令的使用方法有以下几种。

方法 1：单击"实体编辑"工具栏→"三维阵列"按钮；

方法 2：在命令行中输入 3DARRAY。

操作示例：将图中的长方体阵列成 2 行、3 列、2 层的组合，且行宽、列宽、层宽分别为 10、10、20，如图 4.2.6 所示。

命令：3DARRAY

选择对象：找到 1 个

选择对象：

输入阵列类型［矩形（R）/环形（P）]〈矩形〉：R

输入行数（---）〈1〉：2

输入列数（|||）〈1〉：3

输入层数（...）〈1〉：2

指定行间距（---）：10

指定列间距（|||）：10

指定层间距（...）：20

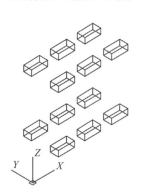

图 4.2.6　三维阵列

三、三维镜像（MIRROR3D）

该命令的使用方法有以下几种。

方法 1：单击"实体编辑"工具栏→"三维镜像"按钮；

方法 2：在命令行中输入 MIRROR3D。

操作示例：如图 4.2.7（a）所示，以 *ABC* 面为镜像面对该实体进行镜像操作，生成的新实体如图 4.2.7（b）所示。

命令：MIRROR3D

选择对象：找到 1 个

选择对象：

指定镜像平面（三点）的第一个点或 [对象（O）/最近的（L）/Z 轴（Z）/视图（V）/XY 平面（XY）/YZ 平面（YZ）/ZX 平面（ZX）/三点（3）]〈三点〉：3

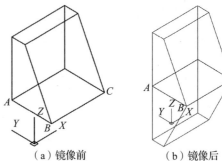

（a）镜像前 （b）镜像后

图 4.2.7 三维镜像

在镜像平面上指定第一点：

在镜像平面上指定第二点：

在镜像平面上指定第三点：

是否删除源对象？[是（Y）/否（N）]〈否〉：

四、三维倒圆角（FILLETEDGE）

该命令的使用方法有以下几种。

方法 1：单击"实体"工具栏→"圆角边"按钮；

方法 2：在命令行中输入 FILLETEDGE。

操作示例：如图 4.2.8（a）所示，应用圆角命令对该实体右上边倒半径为 5 的圆角，如图 4.2.8（b）所示。

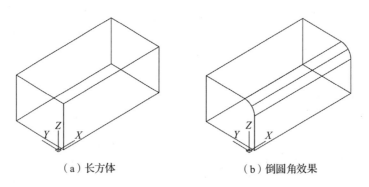

（a）长方体 （b）倒圆角效果

图 4.2.8 三维倒圆角

命令：FILLETEDGE

半径 =1.0000

选择边或 [链（C）/环（L）/半径（R）]：R

输入圆角半径或 [表达式（E）]〈1.0000〉：5

选择边或［链（C）/ 环（L）/ 半径（R）］：

已选定 1 个边用于圆角。

按 Enter 键确认，完成圆角的绘制。

五、三维倒角（CHAMFEREDGE）

该命令的使用方法有以下几种。

方法 1：单击"实体"工具栏→"倒角边"按钮；

方法 2：在命令行中输入 CHAMFEREDGE。

操作示例：如图 4.2.9（a）所示，应用倒角边命令将该实体右上边倒成 5×5 的斜角，如图 4.2.9（b）所示。

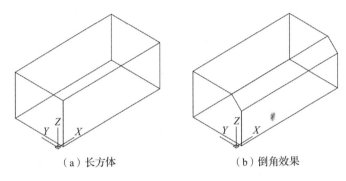

（a）长方体　　　　　　　　　（b）倒角效果

图 4.2.9　三维倒角

命令：CHAMFEREDGE

距离 1=1.0000，距离 2=1.0000

选择一条边或［环（L）/ 距离（D）］：D

指定距离 1 或［表达式（E）]〈1.0000〉：5

指定距离 2 或［表达式（E）]〈1.0000〉：5

选择一条边或［环（L）/ 距离（D）］：

选择同一个面上的其他边或［环（L）/ 距离（D）］：

按 Enter 键确认，完成斜角的绘制。

六、拉伸面（SOLIDEDIT）

该命令的使用方法有以下几种。

方法 1：单击"实体"工具栏→"拉伸面"按钮；

方法 2：在命令行中输入 SOLIDEDIT。

操作示例：如图 4.2.10（a）所示，将该实体的 *A* 面向上方拉伸 5mm，拉伸的倾斜角度为 30°，如图 4.2.10（b）所示。

命令：SOLIDEDIT

实体编辑自动检查：SOLIDCHECK=1

输入实体编辑选项［面（F）/ 边（E）/ 体（B）/ 放弃（U）/ 退出（X）]〈退出〉：F

输入面编辑选项

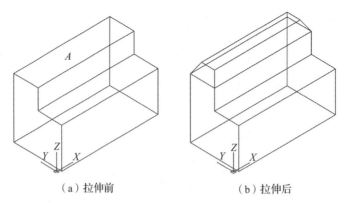

（a）拉伸前　　　　　　　　　　（b）拉伸后

图 4.2.10　拉伸面

〔拉伸（E）/ 移动（M）/ 旋转（R）/ 偏移（O）/ 倾斜（T）/ 删除（D）/ 复制（C）/ 颜色（L）/ 材质（A）/ 放弃（U）/ 退出（X）〕〈退出〉：E

选择面或〔放弃（U）/ 删除（R）〕：找到一个面。

选择面或〔放弃（U）/ 删除（R）/ 全部（ALL）〕：

指定拉伸高度或〔路径（P）〕：5

指定拉伸的倾斜角度〈0〉：30

已开始实体校验。

已完成实体校验。

七、倾斜面（SOLIDEDIT）

该命令的使用方法有以下几种：

方法 1：单击"实体"工具栏→"倾斜面"按钮；

方法 2：在命令行中输入 SOLIDEDIT。

操作示例：如图 4.2.11（a）所示，将该实体下前方表面以 BD 边为倾斜轴向外倾斜 -45°，如图 4.2.11（b）所示。

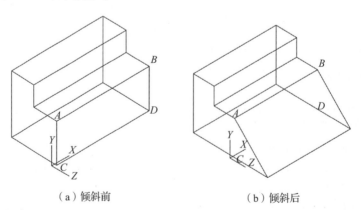

（a）倾斜前　　　　　　　　　　（b）倾斜后

图 4.2.11　倾斜面

命令：SOLIDEDIT

实体编辑自动检查：SOLIDCHECK=1

输入实体编辑选项［面（F）/ 边（E）/ 体（B）/ 放弃（U）/ 退出（X）］〈退出〉：F
输入面编辑选项

［拉伸（E）/ 移动（M）/ 旋转（R）/ 偏移（O）/ 倾斜（T）/ 删除（D）/ 复制（C）/ 颜色（L）/ 材质（A）/ 放弃（U）/ 退出（X）］〈退出〉：T

选择面或［放弃（U）/ 删除（R）］：找到一个面。

选择面或［放弃（U）/ 删除（R）/ 全部（ALL）］：

指定基点：

指定沿倾斜轴的另一个点：

指定倾斜角度：-45

已开始实体校验。

已完成实体校验。

八、抽壳（SOLIDEDIT）

该命令的使用方法有以下几种。

方法 1：单击"实体"工具栏→"抽壳"按钮；

方法 2：在命令行中输入 SOLIDEDIT。

操作示例：如图 4.2.12（a）所示，将该实体上表面开放成壁厚为 0.8mm 的空心薄壁体，如图 4.2.12（b）所示。

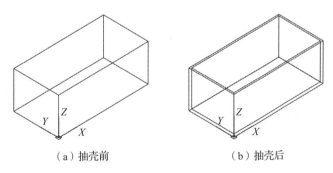

（a）抽壳前　　　　　　　　　　（b）抽壳后

图 4.2.12　抽壳

命令：SOLIDEDIT

实体编辑自动检查：SOLIDCHECK=1

输入实体编辑选项［面（F）/ 边（E）/ 体（B）/ 放弃（U）/ 退出（X）］〈退出〉：B
输入体编辑选项

［压印（I）/ 分割实体（P）/ 抽壳（S）/ 清除（L）/ 检查（C）/ 放弃（U）/ 退出（X）］〈退出〉：S

选择三维实体：

删除面或［放弃（U）/ 添加（A）/ 全部（ALL）］：

输入抽壳偏移距离：0.8

已开始实体校验。

已完成实体校验。

九、偏移面（OFFSET）

该命令的使用方法有以下几种。

方法 1：单击"实体"工具栏→"偏移面"按钮；

方法 2：在命令行中输入 OFFSET。

操作示例：如图 4.2.13（a）所示，将该实体的内表面向右偏移 5mm，如图 4.2.13（b）所示。

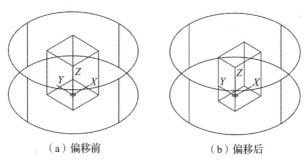

（a）偏移前 　　　　　　　　（b）偏移后

图 4.2.13　偏移面

命令：OFFSET

实体编辑自动检查：SOLIDCHECK=1

输入实体编辑选项［面（F）/边（E）/体（B）/放弃（U）/退出（X）］〈退出〉：F

输入面编辑选项

［拉伸（E）/移动（M）/旋转（R）/偏移（O）/倾斜（T）/删除（D）/复制（C）/颜色（L）/材质（A）/放弃（U）/退出（X）］〈退出〉：O

选择面或［放弃（U）/删除（R）］：找到一个面。

选择面或［放弃（U）/删除（R）/全部（ALL）］：

指定偏移距离：5

已开始实体校验。

已完成实体校验。

项目小结

AutoCAD 可以进行三维绘图，通过拉伸、旋转、切割、阵列、偏移、抽壳等命令，能够方便快捷地创建三维实体并对三维实体进行编辑。

实训与评价

一、基础实训

1. 举例说明放样实体的操作步骤。

2. 举例说明镜像命令操作步骤。

3. 如何使用三维阵列命令？

4. 偏移面的操作优势有哪些？

5. 拉伸实体的必要条件是什么？

二、拓展实训

1. 应用三维实体绘图、编辑工具等绘制如图 4.2.14 所示实体，并渲染"黄铜－抛光"效果。

2. 应用三维实体绘图、编辑工具等绘制如图 4.2.15 所示实体，并渲染"金属－半抛光"效果。

3. 应用三维实体绘图、编辑工具等绘制如图 4.2.16 所示实体。

4. 应用三维实体绘图、编辑工具等绘制如图 4.2.17 所示实体。

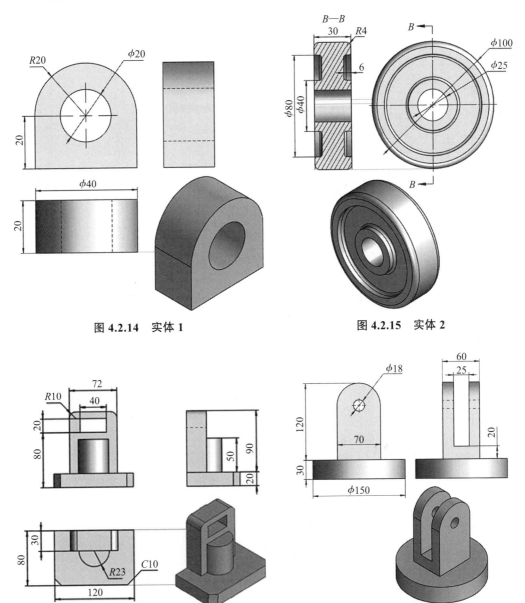

图 4.2.14　实体 1　　　　　　　　　　图 4.2.15　实体 2

图 4.2.16　实体 3　　　　　　　　　　图 4.2.17　实体 4

>> 项目 ③
三维实体编辑

项目要求

三维实体编辑工具的操作与使用技巧的应用。

项目目标

培养视图分析能力、读图和识图能力、综合布局能力，提高三维实体空间结构逻辑分析能力；会利用二维图形创建复杂三维组合体；拉伸、旋转二维图形生成三维实体，对三维实体进行"交""并""差"等布尔运算生成三维组合体；掌握复制、镜像、阵列、旋转，删除、分解、修角、截面、剖切等三维实体编辑工具的使用方法；会利用用户坐标创建三维实体；掌握三维用户坐标系、三维视图的应用。

重点难点

项目重点

三维实体的创建；三维实体对象编辑工具的使用。

项目难点

三维实体创建综合应用；三维用户坐标系在实体造型中的应用；对实体作布尔运算形成复杂三维组合体。

实训概述

任务 3.1　三维实体编辑工具。介绍三维实体编辑工具的使用方法。

任务 3.2　绘制齿轮泵外壳。掌握基本三维实体的创建方法，三维实体编辑工具（并集 / 差集 / 镜像）的使用，以及三维用户坐标系在三维实体建模中的应用。

任务 3.3 绘制换向轴套。掌握三维实体空间结构的分析方法，应用二维图形创建三维实体的方法，三维阵列的应用，以及差集/并集在三维实体创建中的应用。

任务 3.4 换向轴套的截面与剖切。掌握截面和剖切的应用，以及截面填充的操作方法。

本项目评价标准如表 4.3.1 所示。

表 4.3.1 项目评价标准

序号	评分点	分值	得分条件	判分要求（分值作参考）
1	视图的建立及识别	20	根据需要建立相应的草图	不符合国标扣分
2	UCS 坐标系	20	UCS 坐标系相关操作正确	不符合国标扣分
3	视图绘制	30	正确使用三维实体建模相关命令	有错扣分
4	实体编辑	30	正确使用实体建模相关编辑命令	有错扣分

任务 3.1 三维实体编辑工具

任务需求

学会利用实体编辑功能进行布尔运算、实体倒圆角与倒角、拉伸、旋转、阵列、实体剖切等操作。

知识与技能目标

培养读图和识图能力、综合布局能力、三维实体空间结构逻辑分析能力；掌握复制、镜像、阵列、旋转、删除、分解、修角、剖切等三维实体编辑命令的应用；

任务分析

在了解三维实体特征的基础上综合运用三维实体编辑工具。

任务详解

一、实体编辑

在 AutoCAD 系统中，用户可以直接绘制长方体、圆锥体、圆柱体、球体、楔体和圆环体等基本三维实体，还可以先创建二维图形再利用拉伸或旋转的方式创建实体。用户可利用 AutoCAD 提供的"建模"工具栏，也可以直接输入对应的命令，或单击"绘图"菜单→"建模"中对应的菜单命令绘制几何实体。应用复制、镜像、阵列、删除、布尔运算、干涉等编辑工具可将基本三维实体组合成更复杂的实体。

二、布尔运算

可以通过布尔运算（"并集（Union）""差集（Subtract）""交集（Intersect）"等），针

对指定的实体创建交集、并集或差集，形成复合实体。在三维实体编辑中布尔运算的运用方法与平面的基本相同，在实例中也有应用，此处不再重复。

三、实体圆角与倒角

给三维实体倒角、倒圆角，生成新的三维结构，操作方法与平面部分相同，可参考"平面 CAD 基本绘图"章节中有关倒角、圆角的操作应用和案例讲解。

复制、镜像、移动、删除等编辑工具在三维实体创建中的应用与在二维图形中的应用相似，但其在三维空间中的操作会更灵活、更复杂，这需要有较强的空间思维能力和三维坐标系的灵活应用能力。

四、拉伸

可以在一个平面内作二维拉伸，也可以在三维空间里进行三维拉伸。

1. 二维拉伸（STRETCH）

在一个平面内拉伸二维图形。

该命令的调用方法有以下几种。

方法 1："修改"菜单→"拉伸"；

方法 2："修改"工具栏→"拉伸"按钮；

方法 3：命令行中输入 STRETCH。

2. 三维拉伸

在三维空间中拉伸图形或实体面。

（1）拉伸二维图形创建三维实体（EXTRUDE）。

应用多段线、多边形、矩形、圆、椭圆、闭合的样条曲线、圆环和面域布尔运算等创建闭合的二维对象，再将二维对象拉伸为三维实体（不能拉伸三维对象）。可以沿路径拉伸对象，也可以按指定的高度值和斜角来拉伸二维对象。

该命令的调用方法有以下几种。

方法 1："绘图"菜单→"建模"→"拉伸"；

方法 2："实体"工具栏→"拉伸"按钮；

方法 3：命令行中输入 EXTRUDE。

调用该命令后在命令行中若输入参数 P 可以按选择的绘制路径拉伸二维图形创建实体；若输入参数 T 可以通过输入一个倾斜角度值来创建一个倾斜的实体。

绘制的二维对象需要闭合成一个整体，若用不同的绘图工具绘制封闭二维图形，还需要应用面域工具构建具有一定面积的闭合区域，然后再应用拉伸工具创建实体。

（2）拉伸面修改三维实体（SOLIDEDIT）。

可以沿一条路径或者指定一个高度值和倾斜角拉伸三维实体的表面。输入一个正值可以向外拉伸面；输入一个负值可以向内拉伸面。以正角度倾斜选定的面将向内倾斜；以负角度倾斜选定的面将向外倾斜；倾斜角度为 0 则垂直于平面拉伸面。用于拉伸的路径曲线可以是直线、圆、圆弧、椭圆、椭圆弧、多段线或样条曲线，路径曲线不能与需要拉伸的面共面，也不能太复杂。

该命令的调用方法有以下几种。

方法 1："修改"菜单→"实体编辑"→"拉伸面"；

方法 2："实体编辑"工具栏→"拉伸面"按钮；

方法 3：命令行中输入 SOLIDEDIT 后依次选择"面（F）"和"拉伸（E）"。

单击需要拉伸的实体表面（选中后呈虚线状），若指定到边，系统也会选中邻近的表面，这时可以按住 Shift 键单击删除一个面或按 Ctrl 键单击增加一个面。

两种拉伸操作的拉伸原理相同，都可以以一定高度或路径拉伸。拉伸操作是通过拉伸二维图形创建三维几何实体；拉伸面操作是通过修改已创建的三维几何体来形成新的几何体。

五、旋转

1. 二维旋转（ROTATE）

在一个平面内旋转二维图形。

该命令的调用方法有以下几种。

方法 1："修改"菜单→"旋转"；

方法 2："修改"工具栏→"旋转"按钮；

方法 3：在命令行中输入 ROTATE。

启用该命令并指定对象后，系统将绕指定的基点旋转对象，旋转轴以指定的基点为参照。

2. 三维旋转

在三维空间旋转图形或实体面。

（1）在三维空间中旋转二维图形或实体（ROTATE3D）。

命令调用方法有以下几种。

方法 1："修改"菜单→"三维操作"→"三维旋转"；

方法 2：命令行中输入 ROTATE3D。

指定轴上的第一个点或定义轴依据［对象（O）/最近的（L）/视图（V）/X 轴（X）/Y 轴（Y）/Z 轴（Z）/两点（2）]：X（指定绕 X 轴旋转）

ROTATE3D 命令可以根据两点、对象、X 轴、Y 轴、Z 轴或者在当前视图的 Z 方向上指定旋转轴。

（2）旋转绘制的二维图形创建三维实体（REVOLVE）。

可以对应用多段线、多边形、矩形、圆、椭圆和面域等工具创建的闭合二维对象使用"REVOLVE"命令，使其围绕当前 UCS 的 X 轴或 Y 轴旋转一定角度后形成三维实体。

命令调用方法有以下几种。

方法 1："绘图"菜单→"建模"→"旋转"；

方法 2："实体"工具栏→"旋转"按钮；

方法 3：命令行中输入 REVOLVE。

绘制的二维对象需要闭合成一个整体才可以用来创建三维实体，若用不同的绘图工具绘制封闭二维图形，还需要应用面域工具构建具有一定面积的闭合区域后再应用旋转工具创建实体。

（3）旋转三维几何体的面修改三维实体（SOLIDEDIT）。

创建或改变实体时，可以将需要旋转的面对象围绕当前 UCS 的 X 轴、Y 轴或 Z 轴旋转一定角度，也可以围绕指定的直线、多段线或两个点旋转面对象。

命令调用方法有以下几种。

方法 1："绘图"菜单→"建模"→"旋转"；

方法 2："实体编辑"工具栏→"旋转面"按钮；

方法 3：命令行中输入 SOLIDEDIT 后依次选择"面（F）"和"旋转（R）"。

用户输入" SOLIDEDIT"命令后，命令行会提示"输入面编辑选项［拉伸（E）/移动（M）/旋转（R）/偏移（O）/倾斜（T）/删除（D）/复制（C）/着色（L）/放弃（U）/退出（X）］"，选择其中任意一项对三维实体的面进行编辑操作，从而修改三维实体，形成新的几何体造型。

六、阵列

二维阵列分为矩形阵列、路径阵列和环形阵列，而三维阵列只有矩形阵列和环形阵列两种。在二维阵列中阵列的结果是一层，在三维阵列中操作的对象是三维实体，阵列的结果也是三维的，可以设置多层阵列。

1. 单层阵列（ARRAY）

该命令调用方法有以下几种。

方法 1："修改"菜单→"阵列"；

方法 2："修改"工具栏→"阵列"按钮；

方法 3：命令行中输入 ARRAY。

2. 多层阵列（3DARRAY）

该命令调用方法有以下几种。

方法 1："修改"菜单→"三维操作"→"三维阵列"；

方法 2：命令行中输入 3DARRAY。

七、实体截面（SECTION）

某平面经过三维实体与实体的相交面就是经过该平面的实体截面。

新建原点，以通孔圆心为原点，水平方向为 X 轴方向，垂直方向为 Y 轴方向创建用户坐标系。

图 4.3.1 中黑色加深线条所在平面（YZ 平面）经过中心轴线，与换向轴套相交的公共面即为实体截面。

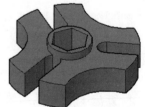

图 4.3.1 实体截面

命令调用：命令行中输入 SECTION。

命令提示如下：

命令：SECTION

选择对象：找到 1 个（选择要创建相交截面的对象）

选择对象：（单击鼠标右键确认并结束选择）

指定截面上的第一个点，依照［对象（O）/Z 轴（Z）/视图（V）/XY 平面（XY）/YZ 平面（YZ）/ZX 平面（ZX）/三点（3）］〈三点〉：YZ（指定经过实体的剪切平面，例如指定坐标系 Y 轴和 Z 轴所在的平面，则输入 YZ）

指定 YZ 平面上的点〈0，0，0〉：0，0，0（指定截面经过的点，可以单击指定或输入点坐标指定）

技能点拨：

若以用户坐标系平面为截面剪切平面，则可以将用户坐标系原点移动到需要截面的实体关键点上，再选定坐标系平面。

若需要自定义截面剪切平面，则可以输入参数"3"选择"三点"模式后通过三点定义剪切平面。

若要对截面进行图案填充，则应用填充命令，填充时需要考虑填充面是否在 YZ 平面上，具体操作可以参考案例。

八、实体剖切（SLICE）

实体剖切是指以经过实体的一个平面为剪切平面切开实体，从而形成两个新实体。

沿图 4.3.2 中黑色加深线条所在平面进行剖切换向后，得到剖切实体。

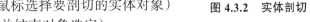

命令调用方法有以下几种。

方法 1："修改"菜单→"三维操作"→"剖切"；

方法 2：命令行中输入 SLICE。

命令提示如下：

命令：SLICE

选择对象：找到 1 个（单击鼠标选择要剖切的实体对象）

选择对象：（按 Enter 键确认并结束对象选定）

图 4.3.2　实体剖切

指定切面上的第一个点，依照［对象（O）/Z 轴（Z）/ 视图（V）/XY 平面（XY）/YZ 平面（YZ）/ZX 平面（ZX）/ 三点（3）]〈三点〉：YZ（指定用户坐标系 YZ 平面为切面）

指定 YZ 平面上的点〈0，0，0〉：0，0，0（指定切面经过的点，可以单击指定或输入点坐标指定）

在要保留的一侧指定点或［保留两侧（B）]：（单击要保留的一侧，若两侧都要保留则输入参数 B）

截面后原实体没有改变，得到的是二维图形；剖切后实体变为两部分，得到的是三维几何体。二者都需要剪切平面，命令操作相似，但结果不同。

任务 3.2　绘制齿轮泵外壳

🔧 任务需求

绘制如图 4.3.3 所示的齿轮泵外壳实体。

图 4.3.3　齿轮泵外壳实体

绘制齿轮泵外壳

齿轮泵外壳的底座直径为 110、宽为 60、厚度为 10，底座上有 4 个 R4 的定位孔，并在下方挖去 40×60×3 的长方体，底座上方直立空心柱体外直径为 50、内直径为 36、高度为 65，中空圆柱体内直径为 30、外直径为 40，齿轮泵外壳主体的左右部分为肋板，其角度为 65°、定位尺寸为 100、厚度为 10。具体尺寸标注如图 4.3.4 所示。

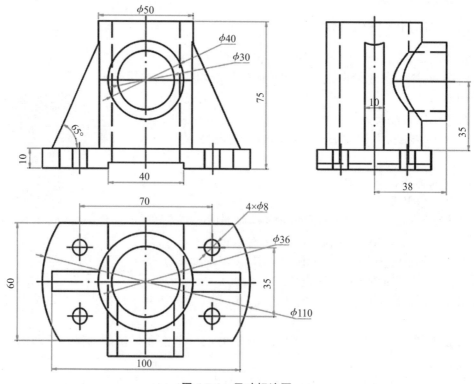

图 4.3.4　尺寸标注图

知识与技能目标

理解三维实体空间结构；创建基本三维实体；掌握三维实体编辑的操作方法；掌握三维用户坐标系在三维实体建模中的应用。

任务分析

该实体是机械工程中常用的齿轮泵外壳，它由四部分组成：齿轮泵板、直立空心圆柱体、中空圆柱体以及肋板。从图中可以看出，该齿轮泵外壳是由多个圆柱体、两个楔体和一个长方体组合而成。绘图时先绘制底板，再绘制轴套直立空心圆柱体和中空圆柱体，最后绘制肋板，可以边创建边组合。应用布尔运算等编辑工具处理时要注意操作对象的选择，特别是作"差集"运算时要理解对象的"减"与"被减"的关系。灵活应用用户坐标系是本案例成图的关键，要求能在绘图环境中灵活改变坐标系，准确应用坐标画图。

🎓 任务详解

一、设置三维实体模型空间

1. 新建图形文件，设置模型空间界限

命令调用：选择"格式"菜单→"图形界限"。

命令提示如下：

重新设置模型空间界限：

指定左下角点或［开（ON）/关（OFF）］〈0 00，0 00〉：（默认为左下角点）

指定右上角点〈320 00，270 00〉：420，297（A3 幅面）

2. 新建图层并命名为"齿轮泵外壳"

新建一个图层，将其命名为"齿轮泵外壳"，颜色选 1，并选取"齿轮泵外壳"图层为当前层。

3. 变换用户坐标系

要在模型空间中心位置绘制图形，需要变换用户坐标系，设定用户原点到绘图区中心处。

命令调用：选择"工具"菜单→"新建 UCS"→"原点"。

命令提示如下：

命令：UCS

当前 UCS 名称：＊世界＊

指定 UCS 的原点或［面（F）/命名（NA）/对象（OB）/上一个（P）/视图（V）/世界（W）/X/Y/Z/Z 轴（ZA）］〈世界〉：O

指定新原点〈0，0，0〉：（在绘图区中心处单击鼠标左键，确定 UCS 坐标原点位置）

二、创建底板部分

底板为图 4.3.5 所示的图形，效果图可参考素材"齿轮泵外壳底板 .dwg"。

（绘图思路：先画出底板基本图形和四个小圆孔，再拉伸，接着画长方体，最后作"差集"）

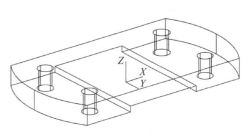

图 4.3.5 底板

1. 绘制底板基本图形

命令调用：选择"绘图"菜单→"圆"或单击"绘图"工具栏→"圆"。

命令：CIRCLE

指定圆心或［直径（D）］〈0，0，0〉：（0，0）（图 4.3.5 所示坐标原点处）

输入半径 55

打开极轴模式，绘制圆的中心线。

命令调用：选择"绘图"菜单→"直线"或单击"绘图"工具栏→"直线"。

命令：LINE

指定第一个点：-60，0

指定下一点或［放弃（U）］：@130，0

按回车键结束水平中心线的绘制。

再按回车键重复指令。

命令：LINE

指定第一个点：（单击通过圆心的垂直方向极轴线上方圆外的点作为第一点）

指定下一点或［放弃（U）］：（单击通过圆心的垂直方向极轴线下方圆外的点）

命令调用：选择"修改"菜单→"偏移"或单击"修改"工具栏→"偏移"。

命令：OFFSET

指定偏移距离或［通过（T）删除（E）图层（L）］：30

选择要偏移的对象或［退出（E）放弃（U）］：（选择水平中心线）

指定要偏移的点或［退出（E）多个（M）放弃（U）］：（单击水平中心线的上方）

选择要偏移的对象或［退出（E）放弃（U）］：（选择水平中心线）

指定要偏移的点或［退出（E）多个（M）放弃（U）］：（单击水平中心线的下方）

选择要偏移的对象或［退出（E）放弃（U）］：（回车结束偏移命令）

2. 绘制底板上的小圆

按回车键重复偏移命令。

命令：OFFSET

指定偏移距离或［通过（T）删除（E）图层（L）］：17.5

选择要偏移的对象或［退出（E）放弃（U）］：（选择水平中心线）

指定要偏移的点或［退出（E）多个（M）放弃（U）］：（单击水平中心线的上方）

选择要偏移的对象或［退出（E）放弃（U）］：（选择水平中心线）

指定要偏移的点或［退出（E）多个（M）放弃（U）］：（单击水平中心线的下方）

选择要偏移的对象或［退出（E）放弃（U）］：（回车结束偏移命令）

命令：OFFSET

指定偏移距离或［通过（T）删除（E）图层（L）］：35

选择要偏移的对象或［退出（E）放弃（U）］：（选择垂直中心线）

指定要偏移的点或［退出（E）多个（M）放弃（U）］：（单击垂直中心线的左侧）

选择要偏移的对象或［退出（E）放弃（U）］：（选择垂直中心线）

指定要偏移的点或［退出（E）多个（M）放弃（U）］：（单击垂直中心线的右侧）

选择要偏移的对象或［退出（E）放弃（U）］：（回车结束偏移）

命令调用：选择"绘图"菜单→"圆"或单击"绘图"工具栏→"圆"命令。

命令：CIRCLE

指定圆心或［直径（D）］〈0，0，0〉：（单击 A 点，即偏移线交点处）

输入半径 4

再按回车键重复圆命令，单击其余三个小圆圆心位置（其余偏移线交点处），得到图 4.3.6 所示图形。

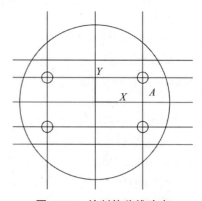

图 4.3.6　绘制偏移线确定底板上小圆孔的圆心位置

修剪多余的线。

命令调用：选择"修改"菜单→"修剪"。

命令：TRIM

选择对象或［模式（O)]〈全部选择〉：（单击多余的线条）

按 Enter 键结束修剪，得到如图 4.3.7 所示的底板平面图。

命令调用：选择"修改"菜单→"合并"。

命令：JOIN

选择源对象或要一次合并的多个对象：（依次单击外框线）

结束命令，此时外框线合并形成一个封闭线框。

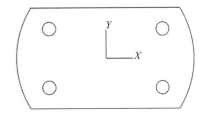

图 4.3.7 底板平面图

3. 拉伸外框线与四个小圆得到底板初步模型

命令调用：选择"绘图"菜单→"建模"→"拉伸"。

命令：EXTRUDE

当前线框密度：ISOLINES=4，闭合轮廓创建模式 = 实体

选择要拉伸的对象或［模式（MO)]：_MO 闭合轮廓创建模式［实体（SO）/曲面（SU)]〈实体〉：_SO

（依次单击外框线和四个小圆）

选择要拉伸的对象或［模式（MO)]：指定对角点：找到 1 个，总计 1 个
选择要拉伸的对象或［模式（MO)]：指定对角点：找到 1 个，总计 2 个
选择要拉伸的对象或［模式（MO)]：指定对角点：找到 1 个，总计 3 个
选择要拉伸的对象或［模式（MO)]：指定对角点：找到 1 个，总计 4 个
选择要拉伸的对象或［模式（MO)]：指定对角点：找到 1 个，总计 5 个
选择结束拉伸对象的选择。

指定拉伸的高度或［方向（D）/路径（P）/倾斜角（T）/表达式（E)]：10（拉伸高度为 10）

完成后的效果如图 4.3.8 所示。

4. 绘制长方体

变换用户坐标系，设定用户坐标系原点为主视图底板下框线中点。

命令调用：选择"工具"菜单→"新建 UCS"→"原点"。

命令：UCS

当前 UCS 名称：* 世界 *

指定 UCS 的原点或［面（F）/命名（NA）/对象（OB）/上一个（P）/视图（V）/世界（W）/X/Y/Z/Z 轴（ZA)]〈世界〉：O

指定新原点〈0，0，0〉：（鼠标捕捉底板主视图下框线中点，单击确定 UCS 坐标原点位置）

命令调用：选择"绘图"菜单→"建模"→"长方体"或单击"实体"工具栏→"长方体"按钮。

命令：BOX

指定第一个角点或［中心（C)]〈0，0，0〉：-20，0，0

指定其他角点或［立方体（C）/长度（L）］：L

指定长度：40

指定宽度：60

指定高度或［两点 2P］：3（高度为 3）

按回车键后得到的长方体如图 4.3.9 所示。

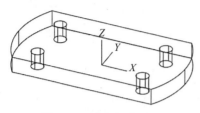

图 4.3.8　底板初步模型

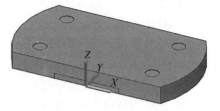

图 4.3.9　绘制长方体

5. 将底板、四个小圆柱体以及长方体进行布尔运算作"差集"

命令调用：选择"修改"菜单→"实体编辑"→"差集"。

命令：SUBTRACT

选择对象：选择要从中减去的实体或面域

选择对象：找到 1 个（单击底板初步模型再按回车键结束被减对象的选择）

选择要减去的实体或面域

选择对象：找到 5 个，总计 5 个（依次单击四个小圆柱体以及长方体，确定其为要减去的实体）

选择对象：（单击鼠标右键结束命令）

作"差集"前后效果如图 4.3.10 所示。

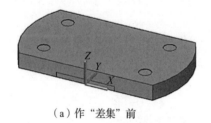

（a）作"差集"前

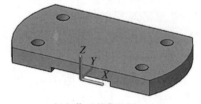

（b）作"差集"后

图 4.3.10　作"差集"前后效果

三、创建直立空心圆柱体

命令调用：选择"绘图"菜单→"建模"→"圆柱体"或单击"实体"工具栏→"圆柱体"按钮。

命令：CYLINDER

当前线框密度：ISOLINES=4

指定圆柱体底面的中心点或［椭圆（E）］〈0，0，0〉：0，30，10

指定圆柱体底面的半径或［直径（D）］：25

指定圆柱体高度或［另一个圆心（C）］：65

按回车键完成大圆柱体的绘制。

再按回车键重复圆柱体指令。

命令：CYLINDER

当前线框密度：ISOLINES=4

指定圆柱体底面的中心点或［椭圆（E）］〈0，0，0〉：（捕捉大圆柱体上表面圆心为圆心）

指定圆柱体底面的半径或［直径（D）］：18

指定圆柱体高度或［另一个圆心（C）］：−70

按回车键完成小圆柱体的绘制，完成后效果如图 4.3.11 所示。

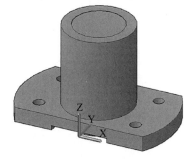

图 4.3.11　直径空心圆柱体绘制效果

四、创建中空圆柱体

单击界面左上角视图视角，切换视图视角为主视图或者单击右上角视图立方的主视图方向。

1. 绘制三条辅助直线确定圆心的位置

命令调用：选择"绘图"菜单→"直线"或单击"绘图"工具栏→"直线"命令。

命令：LINE

指定第一个点：（捕捉底板上表面左边的中点）

指定下一点或［放弃（U）］：（捕捉底板上表面右边的中点）

按两次回车键重复直线命令。

命令：LINE

指定第一个点：（捕捉圆柱体上表面圆心）

指定下一点或［放弃（U）］：（捕捉圆柱体下表面的圆心）

命令调用：选择"修改"菜单→"偏移"或单击"修改"工具栏→"偏移"命令。

命令：OFFSET

指定偏移距离或［通过（T）删除（E）图层（L）］：35

选择要偏移的对象或［退出（E）放弃（U）］：（单击底板上的辅助线）

指定要偏移的点或［退出（E）多个（M）放弃（U）］：（单击辅助线的上方确定偏移方向）

按回车键结束指令，完成后的效果如图 4.3.12 所示。

2. 绘制圆柱体

命令调用：选择"绘图"菜单→"建模"→"圆柱体"或单击"实体"工具栏→"圆柱体"按钮。

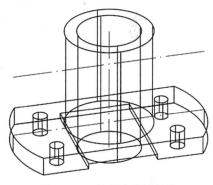

图 4.3.12　绘制中空圆柱体

命令：CYLINDER

当前线框密度：ISOLINES=4

指定圆柱体底面的中心点或［椭圆（E）］〈0，0，0〉：（捕捉并单击辅助线上方的交点）

指定圆柱体底面的半径或［直径（D）］：20

指定圆柱体高度或［另一个圆心（C）］：38

按回车键完成大圆柱体的绘制。

再按回车键重复圆柱体指令。

命令：CYLINDER

当前线框密度：ISOLINES=4

指定圆柱体底面的中心点或［椭圆（E）］〈0，0，0〉：
（按回车键默认上次的圆心为圆心）

指定圆柱体底面的半径或［直径（D）］：15

指定圆柱体高度或［另一个圆心（C）］：38

按回车键完成小圆柱体的绘制，完成后效果如图
4.3.13 所示。

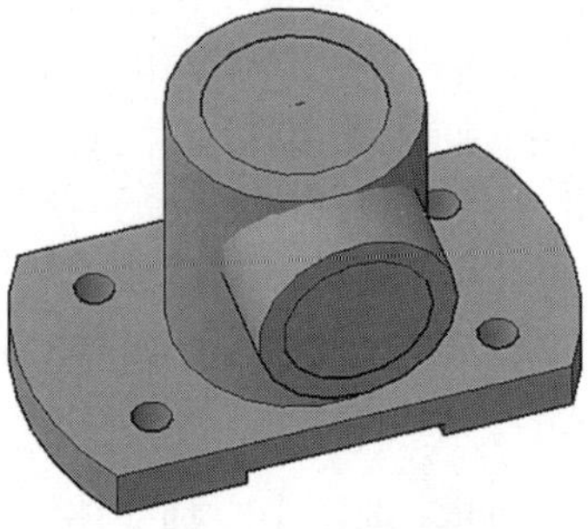

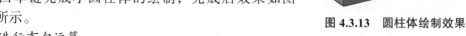

图 4.3.13　圆柱体绘制效果

3. 进行布尔运算

应用布尔运算"并集"合并 2 个大圆柱体和底板，使其成为一个主体，应用"差集"从主体中减去两个正交的小圆柱体。

命令调用：选择"修改"菜单→"实体编辑"→"并集"。

命令：UNION

选择对象：找到 1 个，总计 1 个（单击底板）

选择对象：找到 1 个，总计 2 个（单击 R25 直立大圆柱体）

选择对象：找到 1 个，总计 3 个（单击 R20 外圆柱体后按回车键确认，结束对象选定，完成并集操作）

命令调用：选择"修改"菜单→"实体编辑"→"差集"。

命令：SUBTRACT

选择要从中减去的实体或面域

选择对象：找到 1 个（单击底板主体，将其确定为被减对象）

选择对象：（按回车键结束被减对象的指定）

选择要减去的实体或面域

选择对象：找到 1 个（单击 R15 内圆柱体，将其指定为要减去的实体）

选择对象：找到 1 个，总计 2 个（单击另一个 R18 内圆柱体，将其指定为要减去的实体）

选择对象：（按回车键结束对象的选择，完成差集操作）

完成后效果如图 4.3.14 所示。

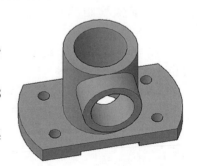

图 4.3.14　布尔运算后的效果

五、绘制肋板

单击"视图"菜单，切换到前视图方向。

1. 变换用户坐标系

以直立空心圆柱体 R25 的圆心为原点，选定水平方向为 X 轴方向，选定垂直方向为 Y 轴方向设定用户坐标系。

命令调用：选择"工具"菜单→"新建 UCS"→"三点"。

命令：UCS

当前 UCS 名称：＊没有名称＊

指定 UCS 的原点或［面（F）/ 命名（NA）/ 对象（OB）/ 上一个（P）/ 视图（V）/ 世界（W）/X/Y/Z/Z 轴（ZA）]〈世界〉：

指定新原点〈0，0，0〉：（鼠标捕捉底板圆心点 1）

在正 X 轴范围上指定点〈9 0000，0 0000，0 0000〉：（鼠标捕捉水平方向上的点 2）

在 UCS XY 平面的正 Y 轴范围上指定点〈9 0000，0 0000，0 0000〉：（鼠标捕捉垂直方向上的点 3）

2. 绘制肋板轮廓线

命令调用：选择"绘图"菜单→"直线"或单击"绘图"工具栏→"直线"命令。

命令：LINE

指定第一个点：20，0（即点 4 的位置）

指定下一点或［放弃（U）]：@30，0（即点 5 的位置）

指定下一点或［放弃（U）]：100 < 115°（经过点 5 和点 6 的直线）

按两次回车键结束并重复命令，重新绘制直线。

命令：LINE

指定第一个点：20，0（即点 4 的位置）

指定下一点或［放弃（U）]：（鼠标捕捉斜线上直立空心圆柱体内的点，如点 6）

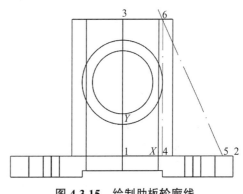

绘制效果见图 4.3.15。

修剪多余的线。

命令调用：选择"修改"菜单→"修剪"。

命令：TRIM

选择对象或［模式（O）]〈全部选择〉：按回车键默认为全部选择

单击多余的线进行修剪。

按回车键结束修剪。

图 4.3.15　绘制肋板轮廓线

3. 合并肋板轮廓线并拉伸实体

命令调用：选择"修改"菜单→"合并"。

命令：JOIN

选择源对象或要一次合并的多个对象：（依次单击肋板轮廓线线条）

按回车键完成合并。

命令调用：选择"绘图"菜单→"建模"→"拉伸"。

命令：EXTRUDE

当前线框密度：ISOLINES=4，闭合轮廓创建模式 = 实体

选择要拉伸的对象或［模式（MO）]：_MO　闭合轮廓创建模式［实体（SO）/ 曲面（SU）]〈实体〉：_SO

选择要拉伸的对象或［模式（MO）]：指定对角点：找到 1 个，总计 1 个

选择要拉伸的对象或［模式（MO）]：（单击肋板线框）

指定拉伸的高度或［方向（D）/路径（P）/倾斜角（T）/表达式（E）］〈240000〉：5（拉伸高度为5，之后镜像一次厚度就变成10）

4. 将肋板实体沿XY平面和YZ平面各镜像一次，得到厚度为10的完全对称的肋板

命令调用：选择"修改"菜单→"镜像"。

命令：MIRROR

选择对象：（单击肋板并按回车键）

指定镜像平面（三点）的第一点或［对象（O）/最近的（L）/Z轴（Z）/视图（V）/XY平面（XY）/YZ平面（YZ）/ZX平面（ZX）］：XY

指定XY平面上的点：（单击1点）

是否删除源对象？［是（Y）/否（N）］：N

按回车键结束镜像。

继续按回车键重复镜像命令。

命令：MIRROR

选择对象：找到1个（单击肋板）

选择对象：找到1个，共计2个（单击刚才镜像后的肋板）

按回车键结束对象选择。

指定镜像平面（三点）的第一点或［对象（O）/最近的（L）/Z轴（Z）/视图（V）/XY平面（XY）/YZ平面（YZ）/ZX平面（ZX）］：YZ

指定YZ平面上的点：（单击1点）

是否删除源对象？［是（Y）/否（N）］：N

按回车键结束。

5. 将肋板与齿轮泵外壳主体进行布尔运算"并集"

命令调用：选择"修改"菜单→"实体编辑"→"并集"。

命令：UNION

选择对象：找到1个（单击齿轮泵外壳主体）

选择对象：找到1个，总计2个（单击肋板）

按回车键确认，结束对象选定，完成并集操作。

任务 3.3 绘制换向轴套

任务需求

应用三维实体创建和编辑技术绘制换向轴套，如图4.3.16所示。

换向轴套的主体是R30的圆柱体，周边被3个U形块和3个R20圆柱体挖切而成，其具体尺寸如图4.3.17所示，中间突出的是通孔，其外径为20，内接底面半径为7.5的正六棱柱。

绘制换向轴套

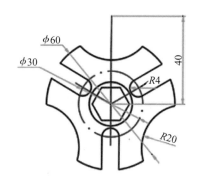

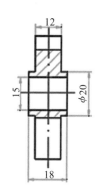

图 4.3.16　换向轴套

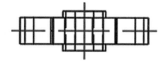

图 4.3.17　换向轴套具体尺寸图

📚 **知识与技能目标**

正确分析三维实体空间结构；掌握绘制、旋转、修剪二维线框的操作方法；能通过拉伸二维图形创建三维实体；掌握"差集""并集"在三维实体创建中的应用；掌握三维用户坐标系在三维实体建模中的应用。

📖 **任务分析**

先绘制换向轴套外轮廓线和中间通孔等基本图形，合并外框线后进行拉伸形成实体，然后绘制内接六边形，再进行拉伸，最后进行三维实体的移动和布尔运算"差集""并集"。

🎓 **任务详解**

一、新建图形文件，设置模型空间界限

命令调用：选择"格式"菜单→"图形界限"。
重新设置模型空间界限：
指定左下角点或［开（ON）/关（OFF)］〈0　00，0　00〉：（默认为左下角点）
指定右上角点〈320　00，270　00〉：420，297（A3 幅面）

二、绘制换向轴套外轮廓线和通孔基本图形

新建图层并命名为"换向轴套"，颜色取"0"。选取"换向轴套"图层为当前层。
1. 变换用户坐标
设定绘图区中心处为用户坐标系原点，以在中心位置开始绘制图形。

命令调用：选择"工具"菜单→"新建 UCS"→"原点"。

命令：UCS

当前 UCS 名称：＊世界＊

指定 UCS 的原点或［面（F）/命名（NA）/对象（OB）/上一个（P）/视图（V）/世界（W）/X/Y/Z/Z 轴（ZA）]〈世界〉：

指定新原点〈0，0，0〉：（在绘图区中心处单击鼠标左键确定 UCS 原点位置，并以水平方向为 X 轴方向，垂直方向为 Y 轴方向）

2．绘制换向轴套基本轮廓线

（1）切换图层颜色为 1，画中心线和基本辅助线，以便于绘图。

命令调用：选择"绘图"菜单→"直线"或单击"绘图"工具栏→"直线"命令。

命令：LINE

指定第一个点：−50，0，0（见图 4.3.18 中点 1）

指定下一点或［放弃（U）]：@100，0，0（见图 4.3.18 中点 2）

按两次回车键结束并重复直线命令，从新的点开始绘制直线。

命令：LINE

指定第一个点：0，50，0（见图 4.3.18 中点 3）

指定下一点或［放弃（U）]：@0，−100，0（见图 4.3.18 中点 4）

按两次回车键结束并重复直线命令，从新的点开始绘制直线。

命令：LINE

指定第一个点：0，0，0（见图 4.3.18 中点 5）

指定下一点或［放弃（U）]：50＜30°（见图 4.3.18 中 6 点）

辅助线绘制结果见图 4.3.18。

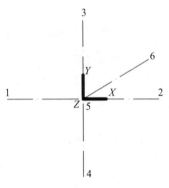

图 4.3.18　绘制辅助线

（2）阵列过点 5 和点 6 的辅助线并绘制辅助圆。

命令调用：选择"修改"菜单→"阵列"→"环形阵列"。

命令：ARRAYPOLAR

选择对象：指定对角点：找到 1 个

选择对象：（选择前面绘制的过点 5 和点 6 的直线）

类型＝极轴　关联＝是

指定阵列的中心点或［基点（B）/旋转轴（A）]：0，0，0

选择夹点以编辑阵列或［关联（AS）/基点（B）/项目（I）/项目间角度（A）/填充角度（F）/行（ROW）/层（L）/旋转项目（ROT）/退出（X）]〈退出〉：I（选择项目）

输入阵列中的项目数或［表达式（E）]〈8〉：6（复制出 6 条直线，具体数目由图分析可知，R4 圆和 R20 圆对称轴线间的夹角为 60°）

命令调用：选择"绘图"菜单→"圆"或单击"绘图"工具栏→"圆"命令。

命令：CIRCLE

指定圆心或［直径（D）]〈0，0，0〉：0，0，0（图 4.3.18 所示坐标原点处）
输入半径 15
按回车键重复圆命令。
命令：CIRCLE
指定圆心或［直径（D）]〈0，0，0〉：0，0，0
输入半径 40（辅助直线与辅助圆的交点就是换向轴套外轮廓圆弧的圆心）
切换图层颜色为 0，选择"换向轴套"图层。
按回车键重复圆命令。
命令：CIRCLE
指定圆心或［直径（D）]〈0，0，0〉：（单击选
择图 4.3.19 的点 7）

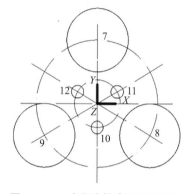

输入半径 20
按回车键重复圆命令。
命令：CIRCLE
指定圆心或［直径（D）]〈0，0，0〉：（单击选
择图 4.3.19 的点 8）
按回车键默认半径 20。
按回车键重复圆命令。

图 4.3.19　确定外轮廓圆弧的圆心

命令：CIRCLE
指定圆心或［直径（D）]〈0，0，0〉：（单击选择图 4.3.19 的点 9）
按回车键默认半径 20。
按回车键重复圆命令。
命令：CIRCLE
指定圆心或［直径（D）]〈0，0，0〉：（单击选择图 4.3.19 的点 10）
输入半径 4
按回车键重复圆命令。
命令：CIRCLE
指定圆心或［直径（D）]〈0，0，0〉：（单击选择图 4.3.19 的点 11）
按回车键默认半径 4。
按回车键重复圆命令。
命令：CIRCLE
指定圆心或［直径（D）]〈0，0，0〉：（单击选择图 4.3.19 的点 12）
按回车键默认半径 4。
（3）绘制大轮廓圆 R30 和通孔 R10。
按回车键重复圆命令。
命令：CIRCLE
指定圆心或［直径（D）]〈0，0，0〉：0，0，0
输入半径 10
按回车键重复圆命令。

命令：CIRCLE

指定圆心或［直径（D）］〈0，0，0〉：0，0，0

输入半径 30

按回车键得到图 4.3.20 所示图形

（4）绘制过 R4 小圆的直线并偏移。

命令调用：选择"绘图"菜单→"直线"或单击"绘图"工具栏→"直线"命令。

命令：LINE

指定第一个点：（图 4.3.21 中的点 A）

指定下一点或［放弃（U）］：（图 4.3.21 中的点 O）

指定下一点或［放弃（U）］：（图 4.3.21 中的点 B）

按两次回车键结束并重复直线命令。

命令：LINE

指定第一个点：（图 4.3.21 中的点 O）

指定下一点或［放弃（U）］：（图 4.3.21 中的点 C）

删除多余线条后进行偏移。

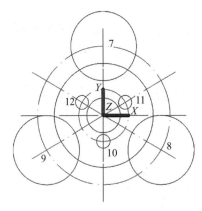

图 4.3.20　绘制辅助圆

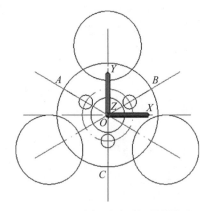

图 4.3.21　绘制过 R4 小圆的直线

命令调用：选择"修改"菜单→"偏移"或单击"修改"工具栏→"偏移"命令。

命令：OFFSET

指定偏移距离或［通过（T）删除（E）图层（L）］：4（输入距离为 4）

选择要偏移的对象或［退出（E）放弃（U）］：（单击选择直线 OA）

指定要偏移的点或［退出（E）多个（M）放弃（U）］：（单击选择直线 OA 上方的点）

选择要偏移的对象或［退出（E）放弃（U）］：（单击选择直线 OA）

指定要偏移的点或［退出（E）多个（M）放弃（U）］：（单击选择直线 OA 下方的点）

选择要偏移的对象或［退出（E）放弃（U）］：（单击选择直线 OB）

指定要偏移的点或［退出（E）多个（M）放弃（U）］：（单击选择直线 OB 上方的点）

选择要偏移的对象或［退出（E）放弃（U）］：（单击选择直线 OB）

指定要偏移的点或［退出（E）多个（M）放弃（U）］：（单击选择直线 OB 的下方的点）

选择要偏移的对象或［退出（E）放弃（U）］：（单击选择直线 OC）

指定要偏移的点或［退出（E）多个（M）放弃（U）］：（单击选择直线 *OC* 上方的点）

选择要偏移的对象或［退出（E）放弃（U）］：（单击选择直线 *OC*）

指定要偏移的点或［退出（E）多个（M）放弃（U）］：（单击选择直线 *OC* 下方的点）

删除多余线条与偏移后的效果如图 4.3.22 所示。

（5）修剪和删除多余的线条。

命令调用：选择"修改"菜单→"修剪"。

命令：TRIM

选择对象或［模式（O）］〈全部选择〉：（按回车键选择默认设置）

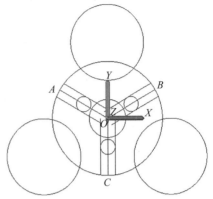

图 4.3.22　偏移效果图

单击多余的线进行修剪。

按回车键结束修剪，修剪效果如图 4.3.23 所示。

3. 合并换向轴套外轮廓线并拉伸外轮廓图形

命令调用：选择"修改"菜单→"合并"。

命令：JOIN

选择源对象或要一次合并的多个对象：（依次单击换向轴套轮廓线线条）

按回车键完成合并。

命令调用：选择"绘图"菜单→"建模"→"拉伸"。

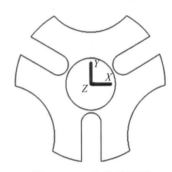

图 4.3.23　修剪效果图

命令：EXTRUDE

当前线框密度：ISOLINES=4，闭合轮廓创建模式 = 实体

选择要拉伸的对象或［模式（MO）］：_MO　闭合轮廓创建模式［实体（SO）/曲面（SU）］〈实体〉：_SO

选择要拉伸的对象或［模式（MO）］：指定对角点：找到 1 个，总计 1 个

选择要拉伸的对象或［模式（MO）］：（单击换向轴套外轮廓线）

指定拉伸的高度或［方向（D）/路径（P）/倾斜角（T）/表达式（E）］：12（拉伸高度为 12）

拉伸后的效果如图 4.3.24 所示。

4. 绘制内接六边形并拉伸

命令调用：选择"绘图"菜单→"多边形"。

命令：POLYGON

输入侧面数：6

指定正多边形的中心点或［边（E）］：（鼠标捕捉 *R*10 的圆心）

图 4.3.24　换向轴套外轮廓
拉伸效果图

输入选项［内接于圆（I）/外切于圆（C）］：C

指定圆的半径：7.5

按回车键完成正六边形的绘制。

命令调用：选择"绘图"菜单→"建模"→"拉伸"。

命令：EXTRUDE

当前线框密度：ISOLINES=4，闭合轮廓创建模式 = 实体

选择要拉伸的对象或［模式（MO）］：_MO　闭合轮廓创建模式［实体（SO）/曲面（SU）］〈实体〉：_SO

选择要拉伸的对象或［模式（MO）］：指定对角点：找到 1 个，总计 1 个（单击 $R10$ 的圆）

选择要拉伸的对象或［模式（MO）］：指定对角点：找到 1 个，总计 2 个（单击正六边形）

选择要拉伸的对象或［模式（MO）］：

指定拉伸的高度或［方向（D）/路径（P）/倾斜角（T）/表达式（E）］：18（拉伸高度为 18）

拉伸效果如图 4.3.25 所示。

图 4.3.25　内接正六边形拉伸效果图

5. 移动 $R10$ 圆柱体和正六棱柱，进行布尔运算"并集""差集"

命令调用：选择"修改"菜单→"三维移动"。

命令：3D MOVE

选择对象：找到 1 个（单击选择 $R10$ 圆柱体）

选择对象：找到 1 个，共计 2 个（单击选择正六棱柱）

选择对象：（按回车键结束对象选择）

指定基点或［位移（D）］：（指定圆心）

指定第二点或〈使用第二点作为位移〉：–3<90°

按回车键完成移动。

命令调用：选择"修改"菜单→"实体编辑"→"并集"。

命令：UNION

选择对象：找到 1 个（单击选择 $R10$ 圆柱体）

选择对象：找到 1 个，总计 2 个（单击换向轴套主体，按回车键结束对象的选择，完成并集操作）

命令调用：选择"修改"菜单→"实体编辑"→"差集"。

命令：SUBTRACT

选择要从中减去的实体或面域

选择对象：找到 1 个（单击换向轴套主体，确定其为被减对象）

选择对象：（单击鼠标右键结束被减对象的指定）

选择要减去的实体或面域

选择对象：找到 1 个，总计 1 个（单击正六棱柱，将其指定为要减去的实体）

选择对象：（单击鼠标右键完成差集）

最终完成效果如图 4.3.26 所示。

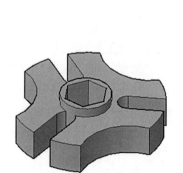

图 4.3.26　完成效果图

任务 3.4 换向轴套的截面与剖切

任务需求

用垂直平面对换向轴套进行截面和剖切，并将截面图填充为"ANSI32"图案，如图 4.3.27 所示。

换向轴套
的截面与剖切

图 4.3.27 换向轴套

知识与技能目标

理解并掌握截面和剖切的操作方法；掌握截面填充的操作方法。

任务分析

截面、剖切都有一个剪切平面，前者形成的是一个二维面，后者形成的是三维实体，操作的关键在于从哪里"切"，剪切平面就是一把"切刀"，切下去后三维实体变成两部分，拿去一部分后看到的剖面就是截面。"三点确定一个平面"，需要从哪里剪切实体就从哪里建构"切刀"。

任务详解

一、打开或新建素材文件

打开或新建素材文件"换向轴套 .dwg"。

二、设置原点

指定换向轴套三维实体通孔的圆心为用户坐标系原点。

命令调用：选择"工具"菜单→"新建 UCS"→"原点"。

当前 UCS 名称：* 没有名称 *

指定 UCS 的原点或［面（F）/命令（NA）/对象（OB）/上一个（P）/视图（V）/世界（W）/X/Y/Z/Z 轴（ZA）]〈世界〉：

指定新原点〈0，0，0〉：（单击通孔圆心位置确定为新原点）

三、截面

指定经过换向轴套三维组合实体水平中心轴线的垂直平面为剪切平面，对换向轴套进行实体截面。

命令：SECTION

选择对象：找到 1 个（选择换向轴套三维组合实体）

选择对象：

指定截面上的第一个点，依照 [对象（O）/Z 轴（Z）/视图（V）/XY 平面（XY）/YZ 平面（YZ）/ZX 平面（ZX）/三点（3）]〈三点〉：YZ

指定 YZ 平面上的点〈0，0，0〉：0，0，0（指定用户坐标系原点）

技能点拨：指定用户坐标系 YZ 平面为剪切平面，由于当前 UCS 坐标系原点位于轴套口圆心位置，经过水平中心轴线的垂直平面为三维坐标系 YZ 平面。

完成截面操作后选定并删除换向轴套实体可显示截面图，如图 4.3.28 所示。若应用"三维线框视觉样式"则截面显示为轮廓线图，如图 4.3.29 所示。

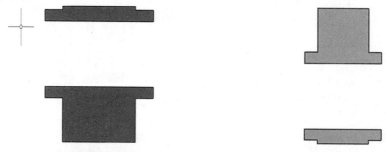

图 4.3.28　换向轴套中心截面图　　　　图 4.3.29　换向轴套中心截面轮廓线图

四、截面填充

1. 切换到左视图（视当前坐标系状态确定视图）

命令调用：单击"视图"菜单→"三维视图"→"左视图"。

命令：VIEW

输入选项 [?/分类（C）/图层状态（A）/正交（O）/删除（D）/恢复（R）/保存（S）/UCS（U）/窗口（W）]：指定左视图

正在重生成模型。

2. 填充截面

（1）三维线框着色。

命令调用：单击"视图"菜单→"视觉样式"→"线框"。

命令：VSCURRENT

输入选项 [二维线框（2）/线框（W）/隐藏（H）/真实（R）/概念（C）/着色（S）/带边缘着色（E）/灰度（G）/勾画（SK）/X 射线（X）/其他（O）]〈概念〉：W

（2）图案填充。

填充"ANSI32"图案，如图 4.3.30 所示。

操作提示如下：

单击"绘图"菜单→"图案填充"，调用"图案填充"命令，弹出"图案填充和渐变色"对话框，如图 4.3.31 所示。单击"添加：选择对象"按钮，拾取截面对象；单击"图案"项"…"按钮，弹出"填充图案选项板"对话框，单击 ANSI 选项卡，选择"ANSI32"图案，如图 4.3.32 所示。单击"确定"返回"图案填充和渐变色"对话框，完成对象和图案设置。可单击"预览"按钮预览效果，单击"确定"完成图案填充。

图 4.3.30 换向轴套中心截面
图案填充左视图

图 4.3.31 "图案填充和渐变色"对话框

图 4.3.32 "填充图案选项板"对话框

命令：BHATCH
选择对象或［拾取内部点（K）/删除边界（B）］：找到 1 个
选择对象或［拾取内部点（K）/删除边界（B）］：
拾取或按 Esc 键返回对话框，或单击鼠标右键接受图案填充。

五、剖切

用经过换向轴套三维组合实体中心轴线的垂直平面对三维实体进行剖切后留下一半实体，如图 4.3.33 所示。

命令调用：单击"修改"菜单→"三维操作"→"剖切"。
命令：SLICE
选择要剖切的对象：找到 1 个（选择换向轴套三维组合实体）
选择要剖切的对象：
指定切面的起点或［平面对象（O）/曲面（S）/Z 轴（Z）/视图（V）/XY（XY）/YZ（YZ）/ZX（ZX）/三点（3）］〈三点〉：YZ（指定用户坐标系 YZ 平面为切面）
指定 YZ 平面上的点〈0，0，0〉：0，0，0（指定用户坐标系原点）

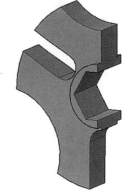

图 4.3.33 换向轴套
中心剖切图

在所需的侧面上指定点或［保留两个侧面（B）］〈保留两个侧面〉：（单击换向轴套中心靠后的空白处）

项目小结

本项目通过"换向轴套"等的绘制巩固了基本三维实体的创建知识，学习了三维实体编辑命令以及截面、剖切在三维实体创建中的应用。

实训与评价

一、基础实训

1. 三维对象与二维对象的复制、镜像、阵列操作有何异同点？
2. 举例说明二维图形经"拉伸""旋转"后生成三维实体的操作过程。
3. 举例说明实体布尔运算（并集、交集、差集）的操作过程。
4. 怎样给三维组合体修角（倒直角、圆角）？
5. 什么是截面、剖切？它们分别应用于哪些场合？
6. 编辑三维实体包含哪些操作？

二、拓展实训

1. 应用三维实体创建和编辑功能绘制阀门，如图 4.3.34 所示。

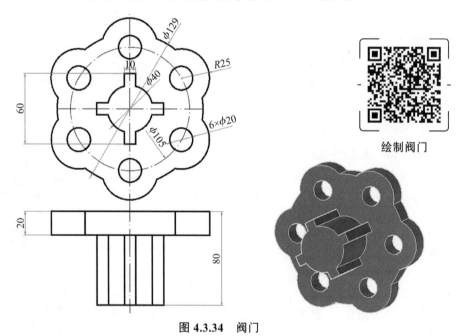

绘制阀门

图 4.3.34　阀门

绘图提示：

（1）绘制实体：先绘制 $\phi 105$ 的圆，而后绘制 $\phi 129$ 的大圆。以垂直中心轴线和 $\phi 105$ 的交点为圆心分别绘制 $\phi 20$ 和 $R25$ 的圆。用阵列命令进行环形阵列，阵列数量设为 6 个。以中心轴线为圆心画出 $\phi 40$ 的圆，并利用偏移命令画出宽度为 10 的长方形凸起。然后利用修剪命令统一对图形进行修剪，完成平面图形。最后采用面域命令分别将阀门底座和阀门凸起部分进行封闭处理。平面图形完成后利用拉伸命令依照俯视图的尺寸进行拉伸，阀门底座拉伸长度为 20，底座 6 个圆孔拉伸长度为 30，利用差集命令作出阀门底座的孔。阀门凸起部分拉伸尺寸为 60，最后利用并集命令完成整套阀门的三维绘制。

（2）截面剖切：当前 UCS 坐标系原点在中心轴线上，指定经过中心轴线的垂直坐标平面为剪切面对实体进行剖切，如图 4.3.35 所示。

2. 如图 4.3.36 所示，以经过中心轴线且偏移 45° 的平面为剪切平面对斜向套筒进行剖切，得到截面图和剖切的后半部分。

图 4.3.35 阀门剖切图

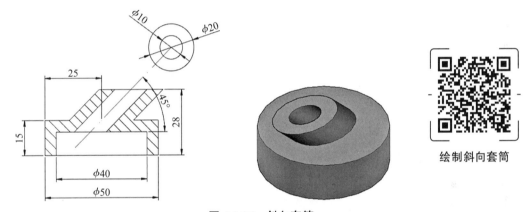

图 4.3.36 斜向套筒

绘制斜向套筒

绘图提示：

（1）绘制实体：首先在默认平面上绘制 $\phi 40$ 和 $\phi 50$ 的图形，然后进行拉伸，再通过三维工具中的 UCS 命令，选择 *X* 轴，输入 45°，在新定义的 *CY* 坐标平面画 $\phi 10$ 和 $\phi 20$ 两个圆，利用拉伸命令进行拉伸，拉伸完成后返回初始平面进行移动，使两圆柱的中心穿过底座上表面圆心位置。再利用"交""并""差"等布尔运算生成三维组合体，在此过程中一定要注意各实体间布尔运算的顺序。

（2）截面剖切：当前 UCS 坐标系原点在中心轴线上，指定经过中心轴线的垂直坐标平面为剪切面对实体进行剖切，如图 4.3.37 所示。

图 4.3.37 斜向套筒剖切图

三维实体造型综合应用

掌握各种实体造型工具的使用方法，如拉伸、旋转、放样、扫掠等；掌握 UCS 坐标的相关操作、动态 UCS 的操作。

项目目标

培养视图分析能力、读图和识图能力、综合布局能力，以及空间逻辑思维能力；会创建基本三维实体，进一步熟悉三维作图，培养分析三维几何空间的能力；掌握 UCS 坐标的相关操作、动态 UCS 的操作。

重点难点

项目重点

基本几何实体的创建方法与综合应用；根据尺寸数据和几何结构分析视图并熟练应用三维坐标系。

项目难点

组合实体的创建应用；三维坐标系的综合应用。

实训概述

任务 4.1　绘制凳子实体模型。
任务 4.2　绘制底座实体模型。
任务 4.3　绘制轴体实体模型。
任务 4.4　绘制斜板实体模型。
本项目评价标准如表 4.4.1 所示。

表 4.4.1 项目评价标准

序号	评分点	分值	得分条件	判分要求（分值作参考）
1	UCS 坐标系	10	UCS 坐标系相关操作正确	有错扣分
2	基本建模	25	三维实体建模	必须全部正确才有得分
3	构建建模思路	30	构建合理的建模思路	有错扣分
4	运用建模命令	35	合理运用建模相关命令	有错扣分

任务 4.1　绘制凳子实体模型

任务需求

如图 4.4.1 所示，完成凳子实体模型的绘制，并以"凳子 .dwg"为文件名进行保存。

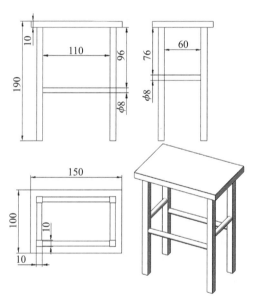

绘制凳子实体模型

图 4.4.1　凳子模型

知识与技能目标

能进行三维图形空间结构分析；熟练应用 UCS 坐标的空间变换；领会应用实体造型工具绘制三维图形的技巧，会调整线框密度。

任务分析

本任务是绘制一个凳子的简单模型，主要用到了长方体、圆柱体等工具。在绘制时要厘清几何体创建时的起点与终点，例如绘制凳面时可以从底面向上绘制，绘制凳脚时可以从上平面向下绘制，这时要注意在 Z 方向上位移的正负变化，将用户坐标系原点移动到定形定位的中心点，使坐标数据分析更简单，绘图思路更清晰。

📖 任务详解

一、新建文件

新建"无样板公制"图形文件，切换工作空间至三维建模，选择西南等轴测视图。

二、绘制凳面

绘制规格为 $150 \times 100 \times 10$ 的长方体。

命令调用：选择"绘图"菜单→"建模"→"长方体"。

命令提示如下：

命令：BOX

指定第一个角点或［中心（C）］⟨0，0，0⟩：（直接按回车键，以坐标原点为长方体的一个角点）

指定其他角点或［立方体（C）/长度（L）］：L

指定长度：150

指定宽度：100

指定高度：10

完成后的西南等轴测实时缩放视图如图 4.4.2 所示。

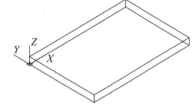

图 4.4.2　绘制凳面

三、绘制四根凳腿

1. 移动 UCS 坐标

坐标原点沿 X、Y、Z 轴分别移动 10、–10、0 个单位。

命令调用：选择"常用"工具栏→"坐标"→"UCS"。

命令提示如下：

命令：UCS

当前 UCS 名称：＊世界＊

输入选项［新建（N）/移动（M）/正交（G）/上一个（P）/恢复（R）/保存（S）/删除（D）/应用（A）/?/世界（W）]⟨世界⟩：M（移动坐标系需要输入 M）

指定新原点或［Z 向深度（Z）]⟨0，0，0⟩：10，–10，0

2. 绘制凳脚长方体

绘制长方体，规格为 $10 \times 10 \times 180$。

命令调用：选择"常用"工具栏→"建模"→"长方体"。

命令提示如下：

命令：BOX

指定第一个角点或［中心（C）]⟨0，0，0⟩：（直接按回车键，以坐标原点为长方体的一个角点）

指定其他角点或［立方体（C）/长度（L）］：10，–10，–180

完成后的西南等轴测视图如图 4.4.3 所示。

3. 三维镜像凳脚长方体

命令提示如下：

命令：MIRROR3D

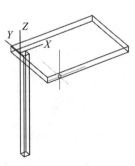

图 4.4.3　绘制凳脚

选择对象：找到 1 个

指定镜像平面（三点）的第一个点或［对象（O）/最近的（L）/Z 轴（Z）/视图（V）/XY 平面（XY）/YZ 平面（YZ）/ZX 平面（ZX）/ 三点（3）］〈三点〉：

在镜像平面上指定第二点：

在镜像平面上指定第三点：

完成后的西南等轴测视图如图 4.4.4 所示。

按同样方法继续三维镜像凳脚长方体，效果如图 4.4.5 所示。

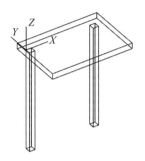
图 4.4.4　镜像凳脚

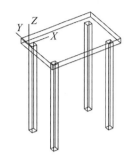
图 4.4.5　绘制四根凳脚

四、绘制长度方向两根支撑圆柱

1. 复原坐标系

命令调用：选择"常用"工具栏→"坐标"→"UCS，世界"。

2. 移动 UCS 坐标

原点沿 X、Y、Z 轴分别移动 10、−15、−100 个单位。

命令调用：选择"常用"工具栏→"坐标"→"UCS"。

命令提示如下：

命令：UCS

当前 UCS 名称：＊世界＊

输入选项［新建（N）/ 移动（M）/ 正交（G）/ 上一个（P）/ 恢复（R）/ 保存（S）/ 删除（D）/ 应用（A）/?/ 世界（W）］〈世界〉：M（移动坐标系需要输入 M）

指定新原点或［Z 向深度（Z）］〈0，0，0〉：10，−15，−100

指定 X 轴上的点或〈接受〉：

指定 XY 平面上的点或〈接受〉：

3. 绘制支撑圆柱体

以 UCS 坐标原点为圆心绘制圆柱体，底面半径为 4，高为 130。

命令调用：选择"常用"工具栏→"建模"→"圆柱体"。

命令提示如下：

命令：CYLINDER

指定圆柱体底面的中心点或［椭圆（E）］〈0，0，0〉：

指定圆柱体底面的半径或［直径（D）］：4

指定圆柱体高度或［另一个圆心（C）］：130

完成后的西南等轴测视图如图 4.4.6 所示。

4. 三维镜像长度支撑柱

对长度支撑柱进行镜像，如图 4.4.7 所示。

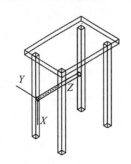

图 4.4.6　绘制长度支撑圆柱

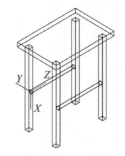

图 4.4.7　镜像长度支撑圆柱

五、绘制宽度方向两根支撑圆柱

1. 复原坐标系

命令调用：选择"常用"工具栏→"坐标"→"UCS，世界"。

2. 移动 UCS 坐标

原点沿 *X*、*Y*、*Z* 轴分别移动 15、–10、–80 个单位。

工具栏命令："常用"工具栏→"坐标"→"UCS"

命令提示如下：

命令：UCS

当前 UCS 名称：＊世界＊

输入选项［新建（N）/移动（M）/正交（G）/上一个（P）/恢复（R）/保存（S）/删除（D）/应用（A）/?/世界（W）]〈世界〉：M（移动坐标系需要输入 M）

指定新原点或［Z 向深度（Z）]〈0，0，0〉：15，–10，–80

指定 X 轴上的点或〈接受〉：

指定 XY 平面上的点或〈接受〉：

3. 绘制支撑圆柱体

以 UCS 坐标原点为圆心绘制圆柱体，底面半径为 4，高为 80。

命令调用：选择"常用"工具栏→"建模"→"圆柱体"。

命令提示如下：

命令：CYLINDER

指定圆柱体底面的中心点或［椭圆（E）]〈0，0，0〉：

指定圆柱体底面的半径或［直径（D）]：4

指定圆柱体高度或［另一个圆心（C）]：80

绘制效果如图 4.4.8 所示。

4. 三维镜像宽度支撑圆柱

对宽度支撑圆柱进行镜像，效果如图 4.4.9 所示。

六、完成效果图

在自定义视觉样式中选择真实，效果图如图 4.4.10 所示。

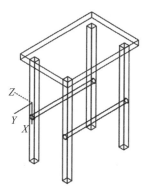

图 4.4.8　绘制宽度支撑圆柱

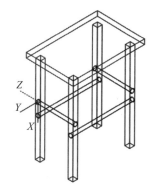

图 4.4.9　镜像宽度支撑圆柱

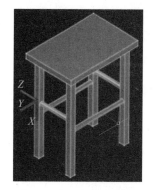

图 4.4.10　完成效果图

任务 4.2　绘制底座实体模型

任务需求

　　根据图 4.4.11，完成"底座"实体模型的绘制，并以"底座 .dwg"为文件名进行保存。

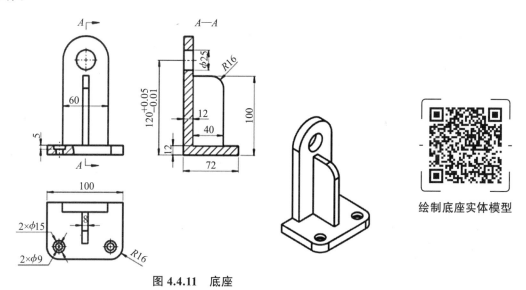

图 4.4.11　底座

绘制底座实体模型

知识与技能目标

　　正确分析三维实体基本几何体结构；掌握三维实体动态观察的操作方法；掌握用户坐标系的应用。

任务分析

　　如图 4.4.11 所示是一个底座简单模型，由长方体、圆角、圆柱孔组成。底座结构为上下结构，需应用拉伸命令绘制。绘制三维图形时，需要将工作空间切换到三维建模空间。为适应轴测图的绘制，要能在绘图环境中灵活改变绘图视图，并在相应的绘图视图中运用 UCS 建立新的坐标原点。

🎓 **任务详解**

一、新建文件

新建"无样板公制"图形文件，切换工作空间至三维建模，选择西南等轴测视图。

二、绘制底板

1. 应用"长方体"工具绘制底板，底板长宽为 100×72，厚为 12。

命令调用：选择"绘图"菜单→"建模"→"长方体"。

命令提示如下：

命令：BOX

指定第一个角点或 [中心（C）]〈0，0，0〉：0，0，0（长方体第一角点坐标，定为世界坐标系的原点）。

指定其他角点或 [立方体（C）/长度（L）]：100，72，12

2. 对长方体倒圆角 $R16$

命令调用：选择菜单→"实体"菜单→"圆角边"。

命令：FILLETEDGE

选择边或 [链接（C）环（L）半径（R）]：R

输入圆角半径或 [表达式（E）]〈1.000〉：16

选择底板长方体对应两边，完成效果如图 4.4.12 所示。

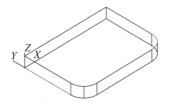

图 4.4.12 底板倒圆角

3. 绘制圆柱孔 $\phi15$

以底板圆角的圆心为圆心绘制圆柱体，底面直径为 15，高为 5。

命令调用：选择"常用"工具栏→"建模"→"圆柱体"。

命令：CYLINDER

指定底面的中心点或 [三点（3P）/两点（2P）/切点、切点、半径（T）/椭圆（E）]：（运用鼠标右键 +Shift 键调出捕捉对象菜单，选择圆角的圆心）

指定底面半径或 [直径（D）]：D

指定直径：15

指定高度或 [两点（2P）/轴端点（A）]〈10.0000〉：5

4. 绘制圆柱孔 $\phi9$

以底板圆角的圆心为圆心绘制圆柱体，底面直径为 9，高为 15。

命令调用："常用"工具栏→"建模"→"圆柱体"。

命令：CYLINDER

指定底面的中心点或 [三点（3P）/两点（2P）/切点、切点、半径（T）/椭圆（E）]：（运用鼠标右键 +Shift 键调出捕捉对象菜单，选择圆角的圆心）

指定底面半径或 [直径（D）]：D

指定直径：9

指定高度或［两点（2P）/轴端点（A）］〈10.0000〉：15

5. 合并两个圆柱体

命令调用：选择"实体"工具栏→"布尔值"→"并集"。

命令：UNION

6. 三维镜像圆柱体到右边

命令调用：选择"常用"工具栏→"修改"→"三维镜像"。

命令提示如下：

命令：MIRROR3D

选择对象：找到 1 个

指定镜像平面（三点）的第一个点或

［对象（O）/最近的（L）/Z 轴（Z）/视图（V）/XY 平面（XY）/YZ 平面（YZ）/ZX 平面（ZX）/三点（3）］〈三点〉：在镜像平面上指定第二点：在镜像平面上指定第三点：

7. 差集

命令调用：选择"实体编辑"工具栏→"差集"。

命令：SUBTRACT

选择长方体与两个圆柱体作差集，完成效果如图 4.4.13 所示。

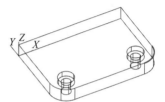

图 4.4.13 绘制底板孔

三、绘制立板

1. 切换 UCS

命令：UCS

当前 UCS 名称：＊没有名称＊

指定 UCS 的原点或［面（F）/命名（NA）/对象（OB）/上一个（P）/视图（V）/世界（W）/X/Y/Z/Z 轴（ZA）]〈世界〉：@20，0，0

指定 X 轴上的点或〈接受〉：

指定 XY 平面上的点或〈接受〉：

2. 绘制长方形，并倒角

绘制宽为 60、高为 150 的长方形，并对其倒圆角，圆角半径为 30。

命令调用：选择"常用"工具栏→"绘图"→"长方形"。

命令提示如下：

命令：RECTANG

指定第一个角点：0，0

指定其他角点：60，150

命令：FILLET

修改圆角为 30。

3. 生成实体

命令调用：选择"常用"工具栏→"建模"→"拉伸"。

命令：EXTRUDE

拉伸高度为 12，完成效果如图 4.4.14 所示。

4. 绘制圆柱体

命令调用：选择"常用"工具栏→"建模"→"圆柱体"。

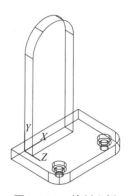

图 4.4.14 绘制立板

选择圆角的中心点，绘制底面直径为25、高为15的圆柱体。

命令：CYLINDER

指定底面的中心点或［三点（3P）/两点（2P）/切点、切点、半径（T）/椭圆（E）］：（鼠标捕捉圆角的中心点）

指定底面半径或［直径（D）]〈4.5000〉：D

指定直径〈9.0000〉：25

指定高度或［两点（2P）/轴端点（A）]〈12.0000〉：15

5. 差集

命令调用：选择"实体"工具栏→"差集"。

命令：SUBTRACT

选择长方体与圆柱体作差集，完成效果如图4.4.15所示。

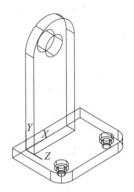

图 4.4.15　绘制立板孔

四、绘制中心立板

1. 切换 UCS

复原为世界坐标系，再变换用户坐标。

命令：UCS

当前 UCS 名称：＊世界＊

指定 UCS 的原点或［面（F）/命名（NA）/对象（OB）/上一个（P）/视图（V）/世界（W）/X/Y/Z/Z 轴（ZA）]〈世界〉：@46，0，0

指定 X 轴上的点或〈接受〉：

指定 XY 平面上的点或〈接受〉：

2. 绘制长方形，并倒角

绘制宽为52、高为100的长方形，并倒圆角，圆角半径为16。

命令调用：选择"常用"工具栏→"绘图"→"长方形"。

命令提示如下：

命令：RECTANG

指定第一个角点：0，0

指定其他角点：52，100

对长方形上边倒圆角，圆角半径为16。

3. 生成实体

命令调用：选择"常用"工具栏→"建模"→"拉伸"。

命令：EXTRUDE

拉伸高度为8，完成效果如图4.4.16所示。

五、并集

命令调用：选择"实体"菜单→"并集"。

命令：UNION

选择所有实体作并集，完成效果如图4.4.17所示。

六、完成效果图

在自定义视觉样式中选择着色，如图4.4.18所示。

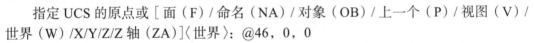

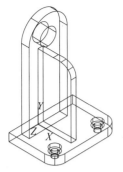

图 4.4.16　绘制中心立板

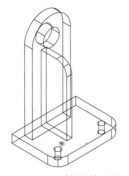

图 4.4.17　并集效果图

图 4.4.18　完成效果图

任务 4.3　绘制轴体实体模型

任务需求

根据图 4.4.19 所示，完成"轴体"的实体模型绘制，并以"轴 .dwg"为文件名进行保存。

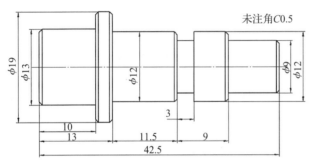

图 4.4.19　轴体

绘制轴体实体模型

知识与技能目标

正确分析三维实体基本几何体结构；掌握三维实体动态观察的操作方法；掌握动态 UCS 捕捉的运用。

任务分析

如图 4.4.19 所示是一个简单轴类零件组合实体，"轴体"零件需应用拉伸命令进行绘制。本实例绘图空间设置为三维建模空间。为养成良好的绘图习惯，适应轴测图视图窗口绘图，要求能运用动态 UCS 捕捉画图。使用动态 UCS 功能，可以在创建对象时使 UCS 的 XY 平面自动与实体模型上的平面临时对齐。使用绘图命令时，可以通过在面的一条边上移动光标对齐 UCS，而无须使用 UCS 命令。结束 UCS 命令后，UCS 将恢复到上一个位置和方向。

🎓 | 任务详解

一、新建文件

新建"无样板公制"图形文件。

二、切换视图为左视图，选择东南等轴测视图

命令调用：选择"视图控件"→"左视"→"东南等轴测"。

单击右侧的自定义按键，勾选动态 UCS 选项，开启动态 UCS，如图 4.4.20 所示。

图 4.4.20　开启动态 UCS

三、绘制轴

1. 绘制 10×φ13 圆柱体

（1）绘制 φ13 圆。

命令调用：选择"绘图"菜单→"绘图"→"圆"。

命令：CIRCLE

指定圆的圆心或 ［三点（3P）/两点（2P）/切点、切点、半径（T）］：0, 0

指定圆的半径或 ［直径（D)］〈6.0000〉：D

指定圆的直径〈12.0000〉：13

绘制出直径为 13 的圆。

（2）生成高度为 10 的圆柱体。

命令调用："常用"菜单→"建模"→"拉伸"。

命令：EXTRUDE

当前线框密度：ISOLINES=4，闭合轮廓创建模式 = 实体

选择要拉伸的对象或 ［模式（MO)］：（选择刚才绘制的直径为 13 的圆）

指定拉伸的高度或 ［方向（D）/路径（P）/倾斜角（T）/表达式（E)］〈10.0000〉：10

生成高度为 10 的圆柱体，完成效果如图 4.4.21 所示。

2. 绘制 3×φ19 圆柱体

（1）绘制 φ19 圆。

命令调用：选择"绘图"菜单→"绘图"→"圆"。

命令：CIRCLE

指定圆的圆心或 ［三点（3P）/两点（2P）/切点、切点、半径（T)］：（选择圆柱右端面圆心）

指定圆的半径或 ［直径（D)］〈6.5000〉：D

指定圆的直径〈13.0000〉：19

绘制出直径为 19 的圆。

（2）生成高度为 3 的圆柱体。

命令调用：选择"常用"菜单→"建模"→"拉伸"。

命令：EXTRUDE

当前线框密度：ISOLINES=4，闭合轮廓创建模式 = 实体

选择要拉伸的对象或［模式（MO）］：（选择刚才绘制的直径为 19 的圆）

指定拉伸的高度或［方向（D）/路径（P）/倾斜角（T）/表达式（E）]〈10.0000〉：3

生成高度为 3 的圆柱体，完成效果如图 4.4.22 所示。

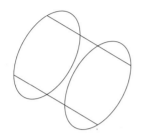
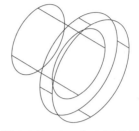

图 4.4.21　10×ϕ13 圆柱体　　　　　图 4.4.22　3×ϕ19 圆柱体

3. 绘制 11.5×ϕ12 圆柱体

（1）绘制 ϕ12 圆。

命令调用：选择"绘图"菜单→"绘图"→"圆"。

命令：CIRCLE

指定圆的圆心或［三点（3P）/两点（2P）/切点、切点、半径（T）]：（选择圆柱右端面圆心）

指定圆的半径或［直径（D）]〈9.5000〉：D

指定圆的直径〈19.0000〉：12

绘制出直径为 12 的圆。

（2）生成 11.5 长的圆柱体。

命令调用：选择"常用"菜单→"建模"→"拉伸"。

命令：EXTRUDE

当前线框密度：ISOLINES=4，闭合轮廓创建模式 = 实体

选择要拉伸的对象或［模式（MO）］：（选择刚才绘制的直径为 12 的圆）

指定拉伸的高度或［方向（D）/路径（P）/倾斜角（T）/表达式（E）]〈3.0000〉：11.5

选择圆拉伸高度为 11.5 的圆柱体，完成效果如图 4.4.23 所示。

同理，绘制余下的圆柱体。

四、并集

命令调用：选择"菜单"→"实体编辑"→"并集"。

命令：UNION

选择所有实体作并集，完成效果如图 4.4.24 所示。

五、倒角，完成绘制

在圆柱体相应位置进行倒角，倒角距离为 0.5。

命令调用：选择"实体"菜单→"修改"→"倒角边"。

命令：CHAMFER

选择第一条直线或［放弃（U）/ 多段线（P）/ 距离（D）/ 角度（A）/ 修剪（T）/ 方式（E）/ 多个（M）］：D

输入曲面选择选项［下一个（N）/ 当前（OK）］〈当前（OK）〉：OK

指定基面倒角距离或［表达式（E）］：0.5

指定其他曲面倒角距离或［表达式（E）］〈0.5000〉：0.5

选择边或［环（L）］：L

选择相应的环进行倒角处理，完成效果如图 4.4.25 所示。

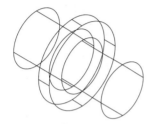  

图 4.4.23　11.5×φ12 圆柱体　　　图 4.4.24　并集效果图　　　图 4.4.25　完成效果图

任务 4.4　绘制斜板实体模型

任务需求

根据图 4.4.26 所示，完成"斜板"实体模型的绘制，并以"斜板 .dwg"为文件名进行保存。

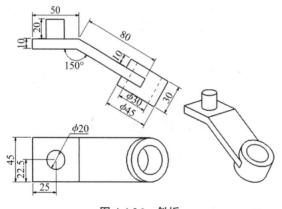

图 4.4.26　斜板

绘制斜板实体模型

知识与技能目标

正确分析三维实体基本几何体结构；掌握三维实体动态观察工具的运用；熟练应用 UCS 和动态 UCS 捕捉功能。

📖 **任务分析**

如图 4.4.26 所示斜板零件是一个三维实体，斜板零件需要应用拉伸命令进行绘制。选用轴测图视图窗口绘图，可使成图更为形象，在绘图过程中要能运用动态 UCS 捕捉功能。本案例在东南等轴测图中绘图。

🎓 **任务详解**

一、新建文件

新建"无样板公制"图形文件。

二、切换视图为前视，选择东南等轴测视图

命令调用：选择"视图控件"→"前视"→"东南等轴测"。
单击右侧的自定义按键，勾选动态 UCS 选项，开启动态 UCS。

三、绘制底面 L 形长方体

1. 绘制多段线
命令调用：选择"常用"工具栏→"绘图"→"多段线"。
命令：PLINE
指定起点：0，0
当前线宽为 0.0000
指定下一个点或［圆弧（A）/ 半宽（H）/ 长度（L）/ 放弃（U）/ 宽度（W）］：50，0
指定下一点或［圆弧（A）/ 闭合（C）/ 半宽（H）/ 长度（L）/ 放弃（U）/ 宽度（W）］：@80<-30

2. 拉伸成曲面
命令调用：选择"常用"工具栏→"建模"→"拉伸"。
命令：EXTRUDE
把多段线拉伸成宽 45 的曲面，完成效果如图 4.4.27 所示。

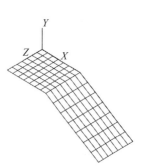

图 4.4.27 L 形草图

3. 加厚成实体
命令调用：选择"常用"工具栏→"实体编辑"→"加厚"。
命令：THICKEN
选择曲面，并加厚为厚度为 10 的实体，完成效果如图 4.4.28 所示。

四、绘制 20 × Φ20 圆柱体

1. 绘制辅助线
命令调用：选择"常用"工具栏→"绘图"→"直线"。
命令：PLINE
指定起点：

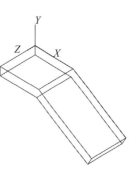

图 4.4.28 拉伸实体

技能点拨：运用动态 UCS 功能，鼠标右键 +Shift 键调出捕捉对象菜单，如图 4.4.29 所示。本次选择中点，选择上表面边的中点，长度为 25，完成效果如图 4.4.30 所示。

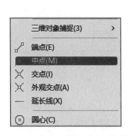

图 4.4.29　捕捉对象菜单

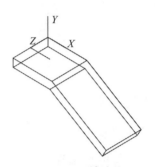

图 4.4.30　辅助线

2. 绘制 20×Φ20 圆柱体

命令调用：选择"常用"工具栏→"建模"→"圆柱体"。

指定圆柱体的圆心：（动态 UCS 捕捉辅助线端点和上表面）

绘制底面直径为 20、高为 20 的圆柱体。

命令：CYLINDER

指定底面的中心点或［三点（3P）/ 两点（2P）/ 切点、切点、半径（T）/ 椭圆（E）］:

指定底面半径或［直径（D）]〈10.0000〉: 10

指定高度或［两点（2P）/ 轴端点（A）]〈20.0000〉: 20

完成效果如图 4.4.31 所示。

五、绘制 30×ϕ45 圆柱体

命令调用：选择"绘图"菜单→"绘图"→"圆"。

命令：CIRCLE

指定圆的圆心：（动态 UCS 捕捉斜面下边中点）

绘制直径 45 的圆，再应用拉伸命令生成圆柱体。

命令调用：选择"常用"菜单→"建模"→"拉伸"。

命令：EXTRUDE

选择圆进行拉伸，拉伸高度为 10，生成实体，在删除定义对象选项中选择否，再次往下拉伸，拉伸高度为 20，完成效果如图 4.4.32 所示。

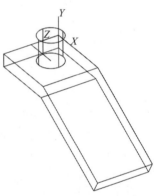

图 4.4.31　20×Φ20 圆柱体

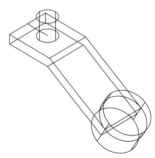

图 4.4.32　30×ϕ45 圆柱体

六、并集

命令调用：选择"实体"菜单→"并集"。

命令：UNION

选择所有实体作并集，完成效果如图 4.4.33 所示。

七、绘制 $40 \times \phi 30$ 圆柱体

命令调用：选择"绘图"菜单→"绘图"→"圆"。

命令：CIRCLE

指定圆的圆心：（动态 UCS 捕捉直径为 45 的圆上表面的圆心）

绘制直径为 30 的圆，再应用拉伸命令生成圆柱体。

命令调用：选择"常用"菜单→"建模"→"拉伸"。

命令：EXTRUDE

选择圆进行拉伸，拉伸高度为 40，完成效果如图 4.4.34 所示。

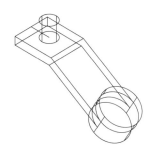

图 4.4.33　并集效果图

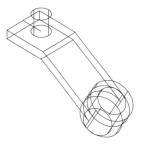

图 4.4.34　$40 \times \phi 30$ 圆柱体

八、差集并删除相应的辅助线

命令调用：选择"实体"菜单→"差集"。

命令：SUBTRACT

选择实体作差集，并删除相应辅助线，完成效果如图 4.4.35 所示。

九、完成效果图

在自定义视觉样式中选择着色，完成效果如图 4.4.36 所示。

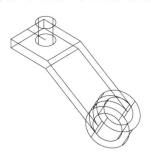

图 4.4.35　差集效果图

图 4.4.36　完成效果图

项目小结

　　本项目通过三维实体的绘制对三维实体的创建方法进行训练，理顺了三维实体的建模思路，学习了三维实体编辑命令的应用。

实训与评价

一、基础实训

1. 请说明三维实体建模的思路。
2. 举例说明镜像命令操作过程。
3. 举例说明如何使用三维阵列命令。

二、拓展实训

1. 绘制如图 4.4.37 所示的机械连接件实体。

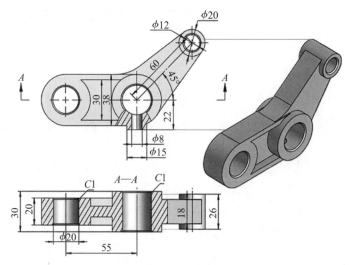

图 4.4.37 机械连接件

2. 绘制如图 4.4.38 所示的台虎钳底座实体。

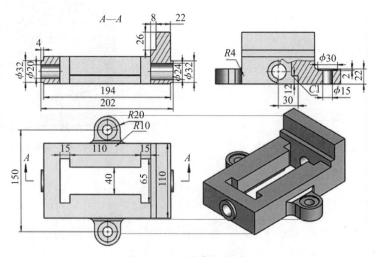

图 4.4.38 台虎钳底座

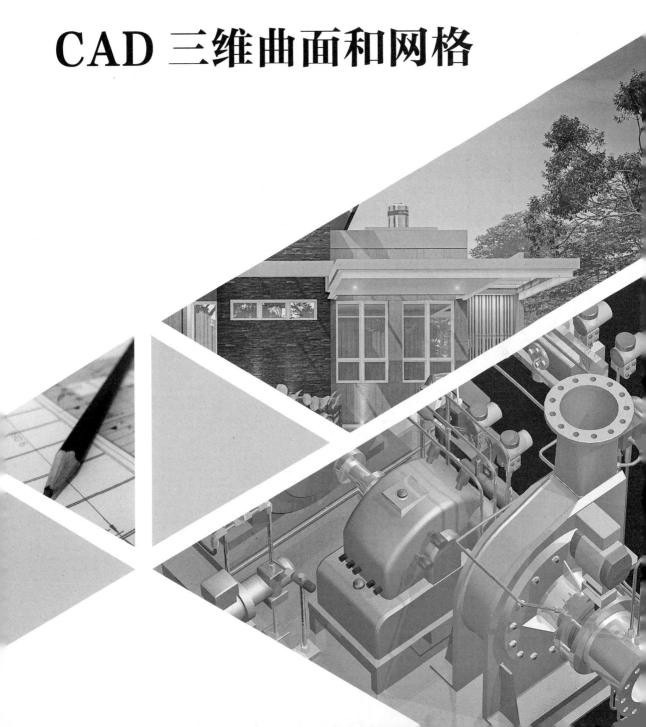

模块 5
CAD 三维曲面和网格

内容提要

本模块包括两个项目。

项目 1：三维曲面造型和网格建模。学习三维曲面和网格的创建；学习绘制球、半球、长方体、圆锥、五棱锥、圆环体等基本体曲面网格；掌握平面、网格、过渡、修补、偏移、圆角等曲面操作技能及图元、平滑网格、三维面、旋转、平移、直纹、边界等网格操作技能。

项目 2：三维曲面和网格编辑。网格编辑主要包括修剪、延伸、造型、转换、优化网格、锐化、分割面、拉伸面、合并面等操作。重点掌握视图转换、多视口设置、二维三维空间转换、曲面网格基本属性设置等的方法，掌握创建基本三维曲面的操作方法及进行真实视觉处理的方法。

本模块常用绘图命令见表 5.0.1。

表 5.0.1　本模块常用绘图命令

序号	命令说明	命令	快捷键	序号	命令说明	命令	快捷键
1	网格密度	ISOLINES	—	7	扫掠曲面	TABSURF	—
2	曲面分段数	SURFTAB（1 或 2）	---------- --	8	基本体曲面	MESH	—
3	视图	VIEW	V	9	放大	ZOOM	Z
4	边界曲面	EDGESURF	—	10	阵列	ARRAYRECT	—
5	旋转曲面	REVSURF	—	11	曲面过渡	SURFBLEND	—
6	直纹曲面	RULESURF	—	12	曲面修剪	SURFTRIM	—

>> **项目** 1

三维曲面造型和网格建模

项目要求

创建与编辑三维曲面网格；利用三维曲面网格进行建模。

项目目标

培养视图分析能力、读图和识图能力、综合布局能力、空间逻辑思维能力；会创建基本三维曲面；掌握多边形网格、旋转曲面（网络）、直纹曲面（网络）、平移曲面（网络）、边界曲面（网络）等的应用；会编辑三维曲面对象；掌握复制、删除、移动、旋转、阵列、镜像等的操作方法。

重点难点

项目重点

三维曲面的创建；三维曲面对象的编辑。

项目难点

三维曲面综合应用；三维坐标系的综合应用。

实训概述

任务 1.1　绘制曲面网格基本体。掌握绘制曲面网格基本体的方法，掌握曲面基本操作。

任务 1.2　绘制小彩旗阵列曲面模型。掌握坐标系转换、边界曲面绘制、空间复制等基本操作。

任务 1.3　绘制五角星曲面模型。掌握二维五角形绘制、直纹曲面创建、阵列等的操作方法。

任务 1.4　绘制扫掠曲面模型。掌握二维曲线绘制、扫掠曲面创建等的操作方法。

本项目评价标准表 5.1.1 所示。

表 5.1.1　项目评价标准

序号	评分点	分值	得分条件	判分要求（分值作参考）
1	二维、三维坐标系转换	10	能进行二维与三维坐标系变换	没有按要求操作要扣分
2	多视口设置	10	设置四个视口并定义	没有按要求操作要扣分
3	多视图转换	10	能进行多视图转换	没有按要求操作要扣分
4	绘制基本体曲面网格	10	能进行多种基本体曲面建模	没有按要求操作要扣分
5	平移网格曲面建模	15	利用平面网格进行曲面建模	没有按要求操作要扣分
6	直纹网格曲面建模	15	利用直纹网格进行曲面建模	没有按要求操作要扣分
7	旋转网格曲面建模	15	利用旋转网格进行曲面建模	没有按要求操作要扣分
8	边界网格曲面建模	15	利用边界网格进行曲面建模	没有按要求操作要扣分

任务 1.1　绘制曲面网格基本体

任务需求

绘制球、半球、长方体、圆锥、五棱锥、圆环体等曲面网格基本体，并进行着色处理。

知识与技能目标

掌握曲面网格基本体的绘制方法；熟练进行视图转换。

任务分析

本任务是基本体的绘制，要先绘制二维图形，再运用曲面网格等功能定义进行曲面的生成。

任务详解

一、用户坐标系（UCS）的创建

1. 新建用户坐标系

命令调用：单击"工具"菜单→"新建 UCS"→"原点"。

命令提示如下：

命令：UCS

指定 UCS 的原点或 [面（F）/ 命名（NA）/ 对象（OB）/ 上一个（P）/ 视图（V）/ 世界（W）/X/Y/Z/Z 轴（ZA）]〈世界〉：0，0，0

指定 X 轴上的点或〈接受〉：（打开正交限定光标，鼠标选定 X 轴的正向点）

指定 Y 轴上的点或〈接受〉：（鼠标选定 Y 轴的正向点）

UCS 建立完毕。

2. 设置图层

（1）设置中心线层：直线颜色为红色，线型为 ACAD_ISO04W100，线宽为默认。

（2）设置粗实线层：直线颜色为红色，线型为 Continuous，线宽为 0.7mm。

二、绘制半径为 20 的曲面网格球体

1. 创建自定义网格（曲面）

网格曲面有多少个网格由 M（"行"）和 N（"列"）的值来决定（网格交点总数 =M×N，即网格顶点数）。

命令：SURFTAB1 和 SURFTAB2

命令行提示如下：

SURFTAB1 输入 M 方向上的网格数量：30（"行"方向顶点数：输入 2 到 256 之间的数值）

绘制球体曲面

SURFTAB2 输入 N 方向上的网格数量：30（"列"方向顶点数：输入 2 到 256 之间的数值）

2. 绘制曲面网格球体

命令调用：选择"网格"菜单→"网格球体"。

命令：MESH

指定中心点或 [三点（3P）/ 两点（2P）/ 切点、切点、半径（T）]：0，0，0（输入原点坐标，设置其为曲面球体中心点）

指定中心点或 [三点（3P）/ 两点（2P）/ 切点、切点、半径（T）]：20（输入网格球体的半径）

按回车键，生成曲面网格球体。

3. 转换成西南等轴测视图

命令调用：选择"视图管理器"→"西南等轴测"。

命令：VIEW

4. 修改曲面球体颜色

单击鼠标选择图形，在图层颜色中选择红色，如图 5.1.1（a）所示，改变曲面球体为红色，效果如图 5.1.1（b）所示。

5. 切换视觉样式为真实

命令调用：单击"视图"菜单→"视图样式"→"真实"。

命令提示如下：

命令：VSCURRENT

（a）图层修改

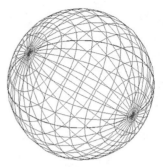

（b）红色曲面球体

图 5.1.1　修改曲面网格球体颜色为红色

输入选项［二维线框（2）/线框（M）/隐藏（H）/真实（R）/概念（C）/着色（S）/带边缘着色（E）/灰度（G）/勾画（SK）/X射线（X）/其他（O）］〈二维线框〉：R（输入R显示真实）

完成效果如图 5.1.2 所示。

三、绘制半径为 20 的曲面网格半球体

1. 绘制四分之一圆弧

绘制四分之一圆弧，圆弧圆心在原点（0，0，0），如图 5.1.3 所示。

2. 创建自定义网格（曲面）

命令：SURFTAB1 和 SURFTAB2

3. 绘制曲面网格半球体

命令调用：选择"网格"菜单→"旋转曲面"。

命令：REVSURF

选择要旋转的对象：（选择圆弧、旋转轴）

按回车键，完成效果如图 5.1.4 所示。

4. 修改样式

修改半球线框颜色为红色，并切换视觉样式为真实。

5. 切换视图

切换至东南等轴测图，完成效果如图 5.1.5 所示。

图 5.1.2　曲面网格球体
真实效果图

绘制半球体曲面

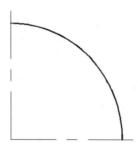

图 5.1.3　四分之一圆弧

图 5.1.4　半球体曲面网格

图 5.1.5　曲面网格半球体

四、绘制曲面网格长方体

绘制长 40、宽 20、高 15 的曲面网格长方体。

1. 绘制网格长方体

命令调用：选择"网格"菜单→"网格长方体"。

命令：MESH

指定第一个角点或［中心（C）］：C（中心方式）

指定中心点：0，0，0

指定角点或［立方体（C）/长度（L）］：L（指定长度）

指定长度：40

指定宽度：20

指定高度：15

2. 调整视图

调整至东南等轴测视图，如图 5.1.6 所示。

3. 修改样式

修改长方体线框颜色为红色，并切换视觉样式为真实，如图 5.1.7 所示。

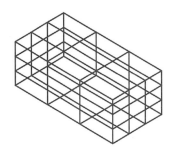

图 5.1.6　长方体曲面网格

图 5.1.7　曲面网格长方体

五、绘制曲面网格圆锥体

绘制底面半径为 20、高度为 30 的曲面网格圆锥体。

1. 创建自定义网格（曲面）

命令：SURFTAB1 和 SURFTAB2

2. 绘制网格圆锥体

命令调用：选择"网格"菜单→"网格圆锥体"。

命令：MESH

指定底面的中心点或［三点（3P）/两点（2P）/切点、切点、半径（T）/椭圆（E）］：0，0（指定底面中心点）

指定底面半径或［直径（D）］：20（输入半径）

指定高度或［两点（2P）/轴端点（A）/顶面半径（T）］〈15.000e〉：30（输入高度）

按回车键结束命令。

绘制圆锥体曲面

3. 调整视图

调整至东南等轴测视图，如图 5.1.8 所示。

4. 修改样式

修改圆锥体线框颜色为红色，并切换视觉样式为真实，如图 5.1.9 所示。

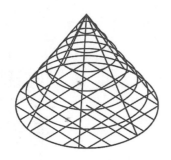

图 5.1.8　曲面圆锥体

图 5.1.9　红色圆锥体真实视图

六、绘制曲面网格棱锥体

绘制底内接圆半径为 20、高度为 30 的网格曲面正五棱锥体。

1. 绘制曲面网格正五棱锥体

命令调用：选择"网格"菜单→"网格棱锥体"。

命令：MESH

指定底面的中心点或［边（E）/侧面（S）］：S（选择面数）

输入侧面数〈4〉：5

指定底面的中心点或［边（E）/侧面（S）］：0，0，0（指定底面中心点）

绘制棱锥体曲面

指定底面半径或［内接（I）〕〈16.6251〉：I

指定底面半径或［外切（C）〕〈16.6251〉：20

指定高度或［两点（2P）/ 轴端点（A）/ 顶面半径（T）〕〈30.0000〉：30

按回车键结束命令，完成效果如图 5.1.10 所示。

2. 修改样式

修改棱锥体线框颜色为红色，并切换视觉样式为真实，如图 5.1.11 所示。

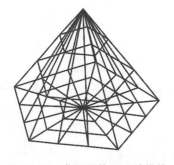

图 5.1.10　曲面网格正五棱锥体

图 5.1.11　红色正五棱锥体真实视图

七、绘制曲面网格圆环体

绘制底面半径为 20、圆管半径为 8 的网格曲面圆环体。

1. 绘制网格圆环体

命令调用：选择"网格"菜单→"网格圆环体"。

命令：MESH

指定中心点或 [三点（3P）/ 两点（2P）/ 切点、切点、半径（T）]：0，0（指定圆环中心点）

指定半径或 [直径（D)]〈20.000e〉：20

指定圆管半径或 [两点（2P）/ 直径（D)]：8

按回车键，生成效果如图 5.1.12 所示。

绘制圆环体曲面

2. 修改样式

修改圆环体线框颜色为红色，并切换视觉样式为真实，如图 5.1.13 所示。

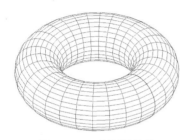

图 5.1.12　曲面圆环体

图 5.1.13　红色曲面圆环体真实视图

任务1.2　绘制小彩旗阵列曲面模型

任务需求

应用三维曲面创建技术绘制图 5.1.14 所示的小彩旗阵，旗杆由半径为 15、高度为 2000 的圆柱曲面组成。旗面是由两条直线和两条样条曲线组成的曲面轮廓进行曲面创建而成的，小彩旗阵由 9 面小彩旗组成。

绘制小彩旗阵列
曲面模型

图 5.1.14　飘扬的小彩旗阵

知识与技能目标

掌握自定义曲面网格、二维曲线绘制、三维曲面网格创建、边界曲面建模及基本圆柱体建模的方法；熟练进行多个视口及三视图的构建。

任务分析

如图 5.1.14 所示是一个整合图，旗面轮廓线是由两条线段和两条样条曲线组成，通过曲面网格绘制出来的。旗杆是通过绘制圆柱体完成的。

为了便于曲面造型，本案例引入了三视图的学习方法，即前视图、左视图、俯视图，并于第四个视口引入西南等轴测视图，方便进行曲面视图的变换。

任务详解

一、新建多视口

1. 绘制四个视口

命令调用：选择"可视化"菜单→"视口配置"→"四个：相等"。

四个视口设置

2. 定义四个视口

命令调用：选择"视图"菜单→"命名视图"。

（1）定义前视图。

选择"视图"→"未保存的视图"→"前视"。

命令调用：单击窗口右上角→"未命名"→"新 USC"。

命令提示如下：

指定 UCS 的原点或 [面（F）/命名（NA）/对象（OB）/上一个（P）/视图（V）/世界（W）/X/Y/Z/Z 轴（ZA）]〈世界〉：NA（输入"NA"，按回车键，进行视图命名）

输入选项 [恢复（R）保存（S）删除（D）？]：S（输入"S"，按回车键，进行视图保存）

输入保存当前 UCS 的名字或 [？]：前视图（输入"前视图"，按回车键，命名当前视图）

（2）定义俯视图。

选择"视图"→"未保存的视图"→"俯视"。

（3）定义左视图。

选择"视图"→"未保存的视图"→"左视"。

（4）定义西南等轴测图。

选择"视图"→"未保存的视图"→"西南等轴测"。

二、绘制旗面

1. 绘制旗面轮廓，选择西南等轴测窗口

命令调用：选择"绘图"菜单→"直线"。

命令：LINE

指定第一个点：0，0，300

指定下一个点或［放弃（U）］：0，600，0

指定下一个点或［放弃（U）］：-1000，600，0

指定下一个点或［闭合（C）/放弃（U）］：-1000，0，0

指定下一个点或［闭合（C）/放弃（U）］：C（输入 C，封闭绘制图形）

单击各个视图，通过鼠标滑轮调整各视图到合适的位置，完成效果如图 5.1.15
所示。

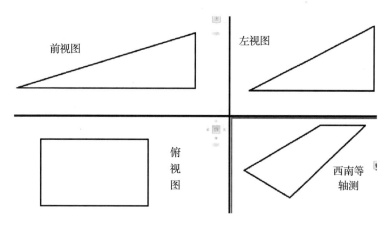

图 5.1.15　旗面的直线轮廓

2. 绘制旗面的样条曲线

（1）选取俯视图，进行绘图操作。

（2）绘制旗面飘动的曲线 1。

命令调用：选择"绘图"菜单→"样条曲线"命令。

命令：SPLINE

当前设置：方式 = 拟合节点 = 弦

指定第一个点或［方式（M）/节点（K）/对象（O）］：（捕捉端点 *A*）

输入下一个点或［端点相切（T）/公差（L）］：（于空白处确定点 *B*）

输入下一个点或［起点切线（T）/公差（L）/放弃（U）］：（捕捉 *AE* 中点 *C*）

输入下一个点或［起点切线（T）/公差（L）/放弃（U）/闭合（C）］：（于空白处确定 *D* 点）

输入下一个点或［起点切线（T）/公差（L）/放弃（U）/闭合（C）］：（捕捉端点 *E*）

完成样条曲线 1，效果如图 5.1.16 所示。

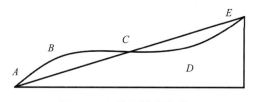

图 5.1.16　旗面轮廓曲线 1

（3）单击左视图，进入左视图。

（4）绘制旗面飘动的曲线 2。

命令调用：选择"绘图"菜单→"样条曲线"命令。

命令：SPLINE

当前设置：方式＝拟合 节点＝弦

指定第一个点或［方式（M）/节点（K）/对象（O）］：（捕捉端点 *A*）

输入下一个点或［端点相切（T）/公差（L）］：（于空白处确定点 *B*）

输入下一个点或［起点切线（T）/公差（L）/放弃（U）］：（捕捉 *AE* 中点 *C*）

输入下一个点或［起点切线（T）/公差（L）/放弃（U）/闭合（C）］：（于空白处确定 *D* 点）

输入下一个点或［起点切线（T）/公差（L）/放弃（U）/闭合（C）］：（捕捉端点 *E*）

输入下一个点或［起点切线（T）/公差（L）/放弃（U）/闭合（C）］：（按回车键）

输入下一个点或［起点切线（T）/公差（L）/放弃（U）/闭合（C）］：（按回车键）

完成样条曲线 2，效果如图 5.1.17 所示。

（5）单击东南等轴测图，进入东南等轴测图。

（6）删除两条直线段，效果如 5.1.18 所示。

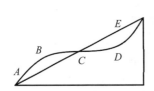

图 5.1.17　旗面轮廓曲线 2

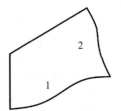

图 5.1.18　旗面直线

三、绘制旗面曲面网格

命令：DEGESUFR（边界曲面）

选择作曲面边界的对象 1：（选择直线 1）

选择作曲面边界的对象 2：（选择曲线 2）

选择作曲面边界的对象 3：（选择直线 3）

选择作曲面边界的对象 4：（选择曲线 4）

完成效果如图 5.1.19 所示。

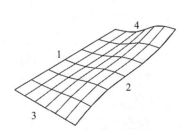

图 5.1.19　旗面曲面网格

四、绘制旗杆

1. 绘制圆柱体

单击左视图，进入左视图进行操作。

命令调用：选择"网格"菜单→"网格圆柱体"。

命令：MESH

指定底面的中心点或［三点（3P）/两点（2P）/切点、切点、半径（T）/椭圆（E）］：（指定 *A* 点，按回车键）

指定底面半径或 [直径 (D)]：15 (输入圆柱体半径，按回车键)

指定高度或 [两点 (2P) / 轴端点 (A)]：-2000 (输入圆柱体高度，按回车键)

完成效果如图 5.1.20 所示。

工作空间改为"草图与注释"，将旗面图层由粗实线改为细实线，并改成红色，旋转观察角度，如图 5.1.21 所示。

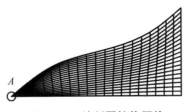

图 5.1.20　绘制圆柱体网格

图 5.1.21　绘制完成的旗面和旗杆

2. 观察彩旗效果

彩旗完成效果如图 5.1.22 所示。

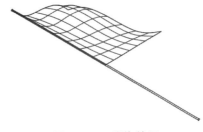

图 5.1.22　彩旗效果

五、绘制小彩旗阵

1. 切换视图

单击西南等轴测视图，正交限制光标打开。

2. 复制形成 9 面小彩旗

命令调用：选择"常用"菜单→"复制"。

命令：COPY

选择对象：(全选，按回车键)

指定第二个点或 [阵列 (A)]〈使用第一个点作为位移〉：〈正交开〉：1000

指定第二个点或 [阵列 (A)]〈使用第一个点作为位移〉：〈正交开〉：2000

指定第二个点或 [阵列 (A)]〈使用第一个点作为位移〉：〈正交开〉：3000

指定第二个点或 [阵列 (A)]〈使用第一个点作为位移〉：〈正交开〉：4000

指定第二个点或 [阵列 (A)]〈使用第一个点作为位移〉：〈正交开〉：5000

指定第二个点或 [阵列 (A)]〈使用第一个点作为位移〉：〈正交开〉：6000

指定第二个点或 [阵列 (A)]〈使用第一个点作为位移〉：〈正交开〉：7000

指定第二个点或 [阵列 (A)]〈使用第一个点作为位移〉：〈正交开〉：8000

视口设置成"单个"视口，方便调整视图。

视口选择西南等轴测视图，形成小彩旗阵，如图 5.1.23 所示。

图 **5.1.23** 小彩旗阵

任务1.3 绘制五角星曲面模型

任务需求

绘制图 5.1.24 所示的五角星曲面模型，应用旋转曲面及边界曲面绘制技术制作五角星曲面模型，五角星底盘宽为 100，高为 10，外接圆半径为 80，高度为 30。

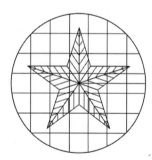

绘制五角星
曲面模型

图 **5.1.24** 五角星曲面模型

知识与技能目标

掌握三维坐标系的应用，旋转曲面、边界曲面的创建方法，以及三维曲面对象的阵列编辑方法。

任务分析

本案例是制作一个五角星曲面模型。使用多视口技术，对前视图、俯视图、左视图、东南等轴测图进行定义，方便随时进行视图的转换，便于观察。

📖 任务详解

一、建立四个视口

利用多视口技术，建立前视图、俯视图、左视图、东南等轴测图。

命令调用：选择"视图"→"视口"→"四个视口"，绘制四个视口。选择"视图"→"新视口"，定义四个视口。创建出前视图、俯视图、左视图、东南等轴测图。

二、绘制底盘曲面

1. 选择左视图，绘制长度分别为 100、10 的二维直线

命令调用：选择"绘图"菜单→"直线"。

命令：LINE

指定第一个点：0，0

指定下一点或［放弃（U）］：100，0

指定下一点或［放弃（U）］：100，-10

指定下一点或［闭合（C）/放弃（U）］：U（直线不闭合）

2. 设置图纸全屏显示

进行主视图的缩放，显示全部图形。

命令调用：选择"视图"菜单→"缩放"→"全部"。

命令提示如下：

命令：ZOOM

［全部（A）/中心（C）/动态（D）/范围（E）/上一个（P）/比例（S）/窗口（W）/对象（O）］〈实时〉：A

按回车键，完成全部图纸的缩放，绘制图形如图 5.1.25 所示。

图 5.1.25　二维直线

3. 旋转直线形成曲面

命令调用：选择"曲面"菜单→"旋转曲面"。

命令提示如下：

命令：REVSURF

选择要旋转的对象：（选择轮廓线）

选择要旋转的对象或［模式（MO）］：（选择第二段轮廓线）

指定轴起点或根据以下选项之一定义轴［对象（O）/X/Y/Z］〈对象〉：（选择旋转轴）

指定旋转角度或［起点角度（ST）/反转（R）/表达式（EX）］〈360〉：0

选择东南等轴测图，完成旋转，曲面图形如图 5.1.26 所示。

4. 选择俯视图绘制二维五角星模型

命令调用：选择"绘图"菜单→"正多边形"。

命令：POLYGON

输入侧面数〈4〉：5

指定正多边形的中心点或［边（E）］：0，0

输入选项［内接于圆（I）/外切于圆（C）]〈I〉：I

指定圆的半径：80

按回车键，完成正五边形绘制，将图形变为红色，如图 5.1.27 所示。

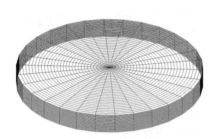

图 5.1.26　底面曲面

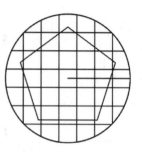

图 5.1.27　正五边形

5. 生成正五角星

用直线连接正五边形的 5 个顶点，然后删除多余线段，生成正五角星，如图 5.1.28 所示。

6. 生成正五角星体

输入五角星顶点，连接形成五角星体造型，如图 5.1.29 所示。

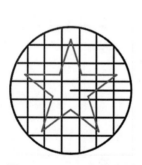

图 5.1.28　正五角星造型

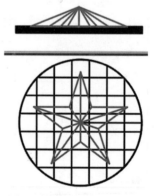

图 5.1.29　正五角星体

命令调用：选择"绘图"菜单→"直线"。

命令：LINE

指定第一个点：0，0，30

指定下一点或［放弃（U）]：（依次连接五角星各个端点）

7. 生成两个直纹曲面

（1）创建第一个直纹曲面。

命令调用：选择"曲面"菜单→"直纹曲面"。

命令：RULESURF

选择第一条定义曲线：（选择线段 1）

选择第二条定义曲线：（选择线段 2）

按回车键，完成第一个直纹曲面。

（2）创建第二个直纹曲面。

命令调用：选择"曲面"菜单→"直纹曲面"。

命令：RULESURF

选择第一条定义曲线：（选择线段 3）

选择第二条定义曲线：（选择线段 4）

按回车键，完成第二个直纹曲面，完成效果如图 5.1.30 所示。

8. 阵列曲面，完成五角星模型

在"阵列"对话框中，选择"环形阵列"单选框，单击"选择对象"，选择两个直纹曲面，修改"中心点"为（0，0），"项目总数"为 5，按回车键完成五角星模型。观察俯视图和东南等轴测图，如图 5.1.31 所示。

图 5.1.30 生成直纹曲面

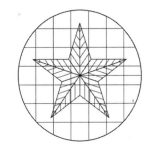 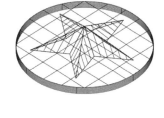

图 5.1.31 俯视图及东南等轴测视图效果图

9. 切换视觉样式为真实

按 Ctrl+A 全选图形，单击"视图"菜单→"视觉样式"→"真实"，命令提示如下：

命令：VSCURRENT

输入选项［二维线框（2）/线框（W）/隐藏（H）/真实（R）/概念（C）/着色（S）/带边缘着色（E）/灰度（G）/勾画（SK）/射线（X）/其他（0）]〈二维线框〉：R（显示真实）

完成效果图如图 5.1.32 所示。

图 5.1.32 俯视图及东南等轴测视图真实显示

任务 1.4　绘制扫掠曲面模型

任务需求

绘制图 5.1.33，应用扫掠曲面技术制作曲面模型，尺寸如图 5.1.33 所示。

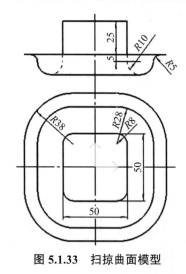

图 5.1.33　扫掠曲面模型

绘制扫掠曲面模型

知识与技能目标

掌握多视口的创建方法、二维曲线的绘制方法和扫掠曲面的创建方法。

任务分析

本案例是绘制一个扫掠曲面模型。要熟练使用多视口技术，对前视图、俯视图、左视图、东南等轴测图进行定义，方便随时进行视图的转换，便于观察。绘制时，先绘制扫掠曲线，再沿扫掠路径生成扫掠曲面。

任务详解

一、建立四个视口

利用多视口技术，建立前视图、俯视图、左视图、东南等轴测图。

1. 绘制四个视口

命令调用："视图"→"视口"→"四个视口"。

2. 定义四个视口

命令调用：选择"视图"菜单→"命名视图"。

（1）定义前视图。

选择"视图"→"未保存的视图"→"前视"。

命令调用：单击窗口右上角→"未命名"→"新 USC"。

命令提示如下：

指定 UCS 的原点或［面（F）/命名（NA）/对象（OB）/上一个（P）/视图（V）/世界（W）/X/Y/Z/Z 轴（ZA）］〈世界〉：NA（输入"NA"，按回车键，进行视图命名）

输入选项［恢复（R）保存（S）删除（D）？］：S（输入"S"，按回车键，进行视图保存）

输入保存当前 UCS 的名字或［？］：前视图（输入"前视图"，按回车键，命名当前视图）

（2）定义俯视图。

选择"视图"→"未保存的视图"→"俯视"。

（3）定义左视图。

选择"视图"→"未保存的视图"→"左视"。

（4）定义东南等轴测图。

选择"视图"→"未保存的视图"→"东南等轴测"。

二、绘制底盘曲面

1. 单击俯视图，新建坐标系

新建坐标系，坐标系原点为（0，0，40）。

命令调用：选择"工具"菜单→"新建 UCS"→"原点"。

命令：O

［新建（N）/移动（M）/正交（G）/上一个（P）/恢复（R）/保存（S）/删除（D）-应用（A）/?/世界（W）］：W

指定新原点〈0.0.0〉：0，0，40（输入新坐标原点）

按回车键，完成新建坐标系。

2. 绘制圆角为 $R8$，边长为 50 的正方形

命令调用：选择"绘图"菜单→"长方形"。

命令：REC

指定第一个角点或［倒角（C）/标高（E）/圆角（F）/厚度（T）/宽度（W）］：F

指定矩形的圆角半径〈0.0000〉：8（指定圆角半径为 8）

指定第一个角点或［倒角（C）/标高（E）/圆角（F）/厚度（T）/宽度（W）］：-25，-25

指定另一个角点或［尺寸（D）］：25，25

按回车键，完成效果如图 5.1.34 所示。

3. 绘制主视图二维图形

单击主视图，绘制主视图二维图形，完成图形如图 5.1.35 所示。

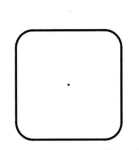

图 5.1.34　绘制正方形并倒圆角

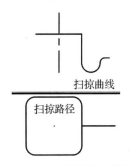

图 5.1.35　主、俯视图二维绘图

三、生成扫掠曲面

1. 自定义网格网格

命令行：SURFTAB1 和 SURFTAB2

命令提示如下：

SURFTAB1 输入 M 方向上的网格数量：10（"行"方向顶点数：输入 2 到 256 数值）

SURFTAB2 输入 N 方向上的网格数量：10（"列"方向顶点数：输入 2 到 256 数值）

2. 生成扫掠曲面

选择扫掠曲线，沿扫掠路径生成扫掠曲面，生成图形如图 5.1.36 所示。

命令调用：选择"曲面"菜单→"扫掠"。

命令：SWEEP

选择要扫掠的对象或［模式 (MO)］：（选定扫掠曲线，按回车键）

选择扫掠路径或［对齐（A）基点（B）比例（S）扭曲（T）］：（选定扫掠路径，按回车键）

3. 切换视觉样式为真实

键盘按下 Ctrl+A 全选图形，单击"视图"菜单→"视觉样式"→"真实"。

命令提示如下：

命令：VSCURRENT

输入选项［二维线框（2）线框（w）隐藏（H）真实（R）概念（C）着色（S）带边缘着色（E）灰度（G）勾画（SK）射线（×）其他（0）]〈二维线框〉：R（显示真实）

完成效果图如图 5.1.37 所示

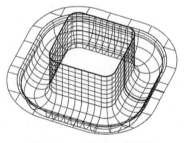

图 5.1.36　生成扫掠曲面

图 5.1.37　扫掠曲面

项目小结

本项目旨在帮助学生初步搭建起绘制曲面网格基本体的思路框架，了解生成曲面的方法和步骤，进而掌握多视口设置、视图转换、空间坐标系建立等基本操作方法，为后续曲面编辑奠定基础。

实训与评价

一、基础实训

1. 根据如图 5.1.38 所示图形尺寸，绘制曲面图形。（7 个曲面球体半径都是 20；圆

环体半径为 40，环半径为 8；正方体曲面边长为 40）

　　绘图提示：先设置好中心线层、细实线层、粗实线层。然后在俯视图中，使用中心线，绘制基准线及其他辅助线。绘制图形时，先绘制中心球体曲面，再绘制另一个球体曲面，并进行环形阵列，生成 6 个球体曲面。然后按要求绘制圆环体曲面，最后绘制底部正方形曲面。

　　2. 根据尺寸绘制图 5.1.39 所示曲面的二维线条，并生成边界曲面。

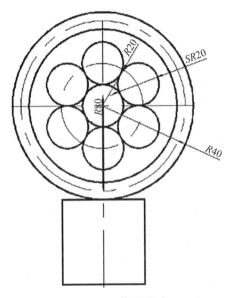

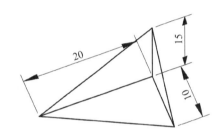

图 5.1.38　曲面图形 1　　　　　　图 5.1.39　曲面图形 2

　　绘图提示：先设置好中心线层、细实线层、粗实线层。然后在俯视图中，绘制长 10、高 20 的三角形。转换视图，绘制长为 15 的线段。依次连接各线段，形成三维图形。依次生成边界曲面。

二、拓展实训

　　1. 绘制图 5.1.40 所示二维线段，并生成旋转曲面。

　　绘图提示：绘制直线及样条曲线，尺寸自定，生成旋转曲面。

　　2. 绘制图 5.1.41 所示样条曲线，并生成直纹曲面。

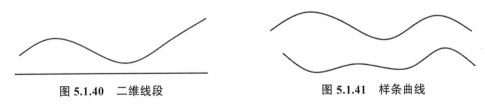

图 5.1.40　二维线段　　　　　　　图 5.1.41　样条曲线

　　绘图提示：绘制两条样条曲线，尺寸自定，生成直纹曲面。

　　3. 根据图 5.1.42 创建扫掠曲面模型。

　　绘图提示：在主视图中根据尺寸绘制椭圆，在左视图中根据尺寸绘制半椭圆，完成扫掠曲面模型。

4. 根据图 5.1.43 创建扫掠曲面模型。

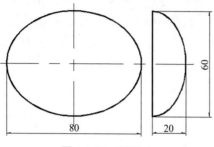

图 5.1.42　图形 1

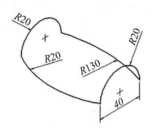

图 5.1.43　图形 2

绘图提示：在俯视图中根据尺寸绘制两段圆弧，转换视图根据尺寸绘制另两段圆弧。完成扫掠曲面模型。

5. 根据图 5.1.44 创建扫掠曲面模型。

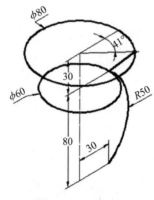

图 5.1.44　图形 3

绘图提示：建议设置三类线层，即中心线层、细实线层、粗实线层。绘制圆 $\phi 60$、$\phi 80$，并将 $\phi 80$ 圆向上平移距离 30。转换视图为前视图，绘制样条曲线，并生成扫掠曲面。

>> **项目** ②

三维曲面和网格编辑

绘制三维曲面；进行网格编辑。

培养视图分析能力、培养读图、识图能力、空间逻辑思维能力；会编辑三维曲面对象，掌握修剪、延伸、造型、转换、优化网格、锐化、分割面、拉伸面、合并面等的操作技能；熟悉曲面的复制、删除、移动、旋转、阵列、镜像等操作。

项目重点
三维曲面对象编辑。
项目难点
三维曲面编辑综合应用；三维用户坐标系在曲面造型中的应用。

任务 2.1　绘制曲面造型一。绘制储物盒曲面造型。
任务 2.2　绘制曲面造型二。绘制花边水果盘曲面造型。
本项目评价标准见表 5.2.1。

表 5.2.1　项目评价标准

序号	评分点	分值	得分条件	判分要求（分值作参考）
1	三维用户坐标系的建立	15	建立三维用户坐标系的操作正确	没有按要求操作要扣分
2	三维用户坐标系的转换	15	变换三维用户坐标系坐标方向操作正确	没有按要求操作要扣分
3	三维曲面对象编辑工具	20	正确运用三维曲面对象编辑工具	没有按要求操作要扣分
4	视图与实体对应绘制	15	视图与实体的对应关系理解正确，绘制正确	绘制有误要扣分
5	三维曲面裁剪、平移和缝合等功能的综合应用	15	能完成基本的曲面编辑	没有按要求操作要扣分
6	三维旋转、三维镜像、曲面过渡等功能的综合应用	20	能完成高级曲面编辑	没有按要求操作要扣分

任务 2.1　绘制曲面造型一

任务需求

绘制图 5.2.1 所示储物盒曲面造型。

知识与技能目标

掌握通过拉伸生成曲面、曲面并集、曲面倒圆角的操作方法。

绘制曲面造型一

任务分析

本案例难点是对储物盒底部倒圆角。绘制完曲面造型的其他部位后，需将所有曲面合并，通过实体倒圆角方式对储物盒底部倒圆角，绘制过程中要注意圆角半径的大小，否则可能导致操作失败。

图 5.2.1　储物盒曲面造型

任务详解

一、绘制四边形底面线框

切换视图为俯视图，并在俯视图中绘制
命令调用：选择"绘图"菜单→"矩形"。
命令：REC
指定第一个角点或［倒角（C）/标高（E）/圆角（F）/厚度（T）/宽度（W）］：0，0
指定另一个角点或［面积（A）/尺寸（D）/旋转（R）］：@100，60

命令：F

当前设置：模式 = 修剪，半径 =0.0000

选择第一个对象或 [放弃（U）/ 多段线（P）/ 半径（R）/ 修剪（T）/ 多个（M）]：R

指定圆角半径〈0.0000〉：10

选择第一个对象或 [放弃（U）/ 多段线（P）/ 半径（R）/ 修剪（T）/ 多个（M）]：M

绘制效果如图 5.2.2 所示。

图 5.2.2　四边形底面

二、生成底面曲面造型和周边曲面造型

命令调用：选择"三维造型"→"曲面"→"平面"。

命令：PLANESURF

指定第一个角点或 [对象（O）]〈对象〉：O

选择对象：找到 1 个

命令调用：选择"三维造型"→"曲面"→"拉伸"。

命令：EXTRUDE

当前线框密度：ISOLINES=4，闭合轮廓创建模式 = 曲面

选择要拉伸的对象或 [模式（MO）]：_MO　闭合轮廓创建模式 [实体（SO）/ 曲面（SU）]〈实体〉：_SU

选择要拉伸的对象或 [模式（MO）]：找到 1 个

选择要拉伸的对象或 [模式（MO）]：

指定拉伸的高度或 [方向（D）/ 路径（P）/ 倾斜角（T）/ 表达式（E）]〈20.0000〉：20

效果如图 5.2.3 所示。

图 5.2.3　拉伸成型

三、生成底部圆角

命令调用：选择"实体编辑"→"并集"。

命令：UNION

选择对象：指定对角点：找到 4 个

按回车键确认。

命令调用：选择"实体编辑"→"圆角边"。

命令：FILLETEDGE

半径 =1.0000

选择边或 [链（C）/ 环（L）/ 半径（R）]：R

输入圆角半径或 [表达式（E）]〈1.0000〉：3

选择边或 [链（C）/ 环（L）/ 半径（R）]：（选择所有底边）

已选定 8 个边用于圆角。

按回车键确认，完成圆角的绘制，完成效果图见图 5.2.4。

图 5.2.4　底部倒圆角

任务 2.2　绘制曲面造型二

任务需求

绘制图 5.2.5 所示花边水果盘曲面造型。

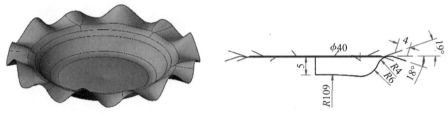

图 5.2.5　花边水果盘曲面造型

知识与技能目标

掌握曲面镜像、曲面倒圆角的方法。

任务分析

使用环形阵列命令绘制三维线架，旋转曲面生成果盘底部，放样曲面生成果盘花边（生成半圆周或四分之一圆周），利用镜像或环形阵列命令生成全部花边，对曲面倒圆角完成曲面接缝过渡。

绘制曲面造型二

任务详解

一、绘制三维线架

1. 绘制水果盘底部和周边线架

单击"视图"，选择"前视图"，将前视图设置为当前绘图平面。

命令：LINE

指定第一个点：（单击视图中任一点）

指定下一点或 [放弃（U）]：20

指定下一点或 [放弃（U）]：

命令：LINE

指定第一个点：（捕捉上一条直线起点）

指定下一点或 [放弃（U）]：5

指定下一点或 [放弃（U）]：

命令：C

指定圆的圆心或 [三点（3P）/两点（2P）/切点、切点、半径（T）]：（单击视图中任一点）

指定圆的半径或 [直径（D）]〈4.0000〉：4

命令：M

选择对象：指定对角点：找到 1 个

选择对象：

指定基点或 [位移 (D)] 〈位移〉：(单击图上一点)

指定第二个点或〈使用第一个点作为位移〉：(单击第一条直线终点)

命令：ARC

圆弧创建方向：逆时针 (按住 Ctrl 键可切换方向)

指定圆弧的起点或 [圆心 (C)]：

指定圆弧的第二个点或 [圆心 (C) / 端点 (E)]：E

指定圆弧的端点：

指定圆弧的圆心或 [角度 (A) / 方向 (D) / 半径 (R)]：R

指定圆弧的半径：109

命令：F

当前设置：模式 = 修剪，半径 =6.0000

选择第一个对象或 [放弃 (U) / 多段线 (P) / 半径 (R) / 修剪 (T) / 多个 (M)]：R

指定圆角半径〈6.0000〉：6

选择第一个对象或 [放弃 (U) / 多段线 (P) / 半径 (R) / 修剪 (T) / 多个 (M)]：

选择第二个对象，或按住 Shift 键选择对象以应用角点或 [半径 (R)]：

命令：L

指定第一个点：

指定下一点或 [放弃 (U)]：4

指定下一点或 [放弃 (U)]：* 取消 *

命令：ROTATE

UCS 当前的正角方向：ANGDIR= 逆时针　ANGBASE=0

选择对象：找到 1 个

选择对象：

指定基点：

指定旋转角度，或 [复制 (C) / 参照 (R)]〈0〉：C

旋转一组选定对象。

指定旋转角度，或 [复制 (C) / 参照 (R)]〈0〉：-18

命令：ROTATE

UCS 当前的正角方向：ANGDIR= 逆时针　ANGBASE=0

选择对象：找到 1 个

选择对象：

指定基点：

指定旋转角度，或 [复制 (C) / 参照 (R)]〈342〉：19

命令：TR

当前设置：投影 =UCS，边 = 无

选择剪切边…

选择对象或〈全部选择〉：

选择要修剪的对象，或按住 Shift 键选择要延伸的对象，或［栏选（F）/ 窗交（C）/ 投影（P）/ 边（E）/ 删除（R）/ 放弃（U）］：

选择要修剪的对象，或按住 Shift 键选择要延伸的对象，或［栏选（F）/ 窗交（C）/ 投影（P）/ 边（E）/ 删除（R）/ 放弃（U）］：＊取消＊

命令：ERASE 找到 1 个

命令：BREAK

选择对象：

指定第二个打断点或［第一点（F）］：

命令：

＊＊拉伸＊＊

指定拉伸点或［基点（B）/ 复制（C）/ 放弃（U）/ 退出（X）］：

绘制好的花边水果盘底部线架图如图 5.2.6 所示。

2. 绘制水果盘花边线架。

单击"视图"，选择"俯视图"切换当前绘图平面为俯视图，利用 Shift 键并滚动鼠标滑轮调整至适合观察角度，如图 5.2.7 所示。

图 5.2.6　花边水果盘底部线架图 a

图 5.2.7　调整角度观察水果盘花边线架

命令：ROTATE

UCS 当前的正角方向：ANGDIR= 逆时针　ANGBASE=0

选择对象：找到 1 个

选择对象：

指定基点：

忽略倾斜、不按统一比例缩放的对象。

指定旋转角度，或［复制（C）/ 参照（R）]〈19〉：15

绘制好的水果盘花边线架如图 5.2.8 所示。

命令：JOIN

选择源对象或要一次合并的多个对象：找到 1 个

选择要合并的对象：找到 1 个，总计 2 个

选择要合并的对象：

2 个对象已转换为 1 条多段线

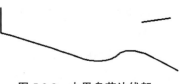

图 5.2.8　水果盘花边线架 a

命令：ARRAYPOLAR

选择对象：找到 1 个

选择对象：找到 1 个，总计 2 个

选择对象：

类型 = 极轴　关联 = 否

指定阵列的中心点或［基点（B）/ 旋转轴（A）］：

忽略倾斜、不按统一比例缩放的对象。

选择夹点以编辑阵列或［关联（AS）/基点（B）/项目（I）/项目间角度（A）/填充角度（F）/行（ROW）/层（L）/旋转项目（ROT）/退出（X）］〈退出〉：AS

创建关联阵列［是（Y）/否（N）］〈否〉：N

选择夹点以编辑阵列或［关联（AS）/基点（B）/项目（I）/项目间角度（A）/填充角度（F）/行（ROW）/层（L）/旋转项目（ROT）/退出（X）］〈退出〉：I

输入阵列中的项目数或［表达式（E）］〈6〉：12

选择夹点以编辑阵列或［关联（AS）/基点（B）/项目（I）/项目间角度（A）/填充角度（F）/行（ROW）/层（L）/旋转项目（ROT）/退出（X）］〈退出〉：正在重生成模型。

正在恢复执行 ARRAYPOLAR 命令。

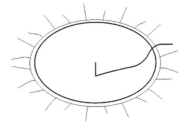

选择夹点以编辑阵列或［关联（AS）/基点（B）/项目（I）/项目间角度（A）/填充角度（F）/行（ROW）/层（L）/旋转项目（ROT）/退出（X）］〈退出〉：

命令：正在重生成模型。

水果盘三维线架如图 5.2.9 所示。

图 5.2.9　水果盘三维线架

二、绘制水果盘底部及主体曲面造型

命令调用：选择"三维建模"→"曲面"→"旋转"。

命令：REVOLVE

当前线框密度：ISOLINES=4，闭合轮廓创建模式 = 曲面

选择要旋转的对象或［模式（MO）］：_MO　闭合轮廓创建模式［实体（SO）/曲面（SU）］〈实体〉：_SU

选择要旋转的对象或［模式（MO）］：找到 1 个

选择要旋转的对象或［模式（MO）］：

指定轴起点或根据以下选项之一定义轴［对象（O）/X/Y/Z］〈对象〉：

指定轴端点：

指定旋转角度或［起点角度（ST）/反转（R）/表达式（EX）］〈360〉：

按回车键确认，调整视觉样式为灰度，完成的效果图如图 5.2.10 所示。

图 5.2.10　水果盘三维线架完成效果图

三、绘制水果盘边缘曲面

1. 放样曲面

命令调用：选择"三维建模"→"曲面"→"放样"。

命令：LOFT

当前线框密度：ISOLINES=4，闭合轮廓创建模式 = 曲面

按放样次序选择横截面或［点（PO）/合并多条边（J）/模式（MO）］：_MO　闭合轮廓创建模式［实体（SO）/曲面（SU）］〈实体〉：_SU

按放样次序选择横截面或［点（PO）/合并多条边（J）/模式（MO）］：找到 1 个

按放样次序选择横截面或［点（PO）/ 合并多条边（J）/ 模式（MO）］：找到 1 个，
总计 13 个

按放样次序选择横截面或［点（PO）/ 合并多条边（J）/ 模式（MO）］：

选中了 13 个横截面

输入选项［导向（G）/ 路径（P）/ 仅横截面（C）/ 设置（S）]〈仅横截面〉：

2. 镜像

切换视图为俯视图，再进行镜像操作。

命令调用：选择"三维建模"→"常用"→"修改"→"镜像"。

命令：MIRROR

选择对象：找到 1 个

选择对象：

指定镜像线的第一点：

指定镜像线的第二点：

要删除源对象吗？［是（Y）/ 否（N）]〈否〉：

四、修改水果盘边缘曲面接缝

命令调用：选择"三维建模"→"曲面"→"曲面倒圆角"。

命令：SURFFILLET

半径 =4.0000，修剪曲面 = 是

选择要圆角化的第一个曲面或面域或者［半径（R）/ 修剪曲面（T）]：R

指定半径或［表达式（E）]〈4.0000〉：4

选择要圆角化的第一个曲面或面域或者［半径（R）/ 修剪曲面（T）]：

选择要圆角化的第二个曲面或面域或者［半径（R）/ 修剪曲面（T）]：

按回车键接受圆角曲面或［半径（R）/ 修剪曲面（T）]：

命令：SURFFILLET

半径 =4.0000，修剪曲面 = 是

选择要圆角化的第一个曲面或面域或者［半径（R）/
修剪曲面（T）]：

选择要圆角化的第二个曲面或面域或者［半径（R）/
修剪曲面（T）]：

按回车键确认，完成效果如图 5.2.11 所示。

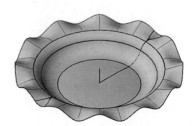

图 5.2.11 修改水果盘边缘曲面接缝完成效果图

项目小结

本项目通过两个实训案例介绍曲面造型的绘制和编辑方法，重点训练了基本曲面（长方体表面、球面、半球面、圆锥面）和特殊曲面（旋转曲面网格、边界曲面网格）的绘制和应用。掌握了上述曲面操作技能就能完成棱锥面、楔体表面、圆环面、直纹曲面网格、平移曲面网格、三维面、多边形网格等的绘制。设计各种曲面造型的重点不在于"画"，而在于科学分析造型空间结构，理解各种曲面生成原理，以及灵活运用UCS 三维坐标再现图形，学习者要在方法上多下功夫，在案例的反复训练中找技巧。

实训与评价

一、基础实训

1. 按要求裁剪曲面，裁剪后的效果如图 5.2.12 所示。
2. 采用曲面阵列命令完成图 5.2.13 所示的曲面造型。

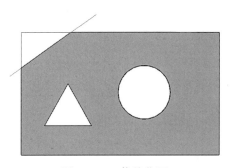

图 5.2.12　裁剪曲面

图 5.2.13　曲面造型 1

3. 采用曲面三维旋转命令和曲面过渡命令完成图 5.2.14 所示的曲面造型（折弯半径为 30 ）。
4. 使用曲面过渡命令绘制图 5.2.15 所示的曲面造型。

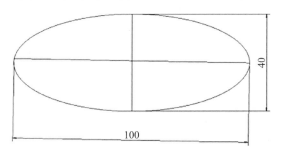

图 5.2.14　曲面造型 2

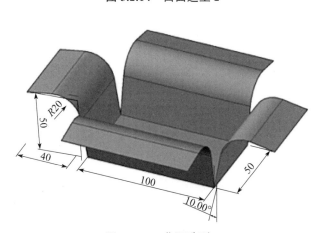

图 5.2.15　曲面造型 3

二、拓展实训

1. 绘制图 5.2.16 所示三维交叉管道曲面造型。

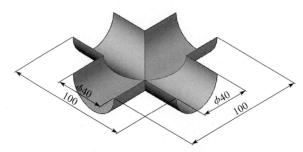

图 5.2.16　三维交叉管道曲面造型

2. 绘制图 5.2.17 所示鼠标曲面造型，自定义尺寸。

图 5.2.17　鼠标曲面造型

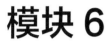

模块 6
图形输入、输出与打印

内容提要

本模块包含一个项目，即 AutoCAD 图形输入、输出与打印。通过本项目的学习，理解模型空间、图纸空间、布局设置，学会创建布局和视口，并能在布局中调整不同的三维视口，学会打印图形。

用户的设计工作一般都在模型空间中进行，图纸空间主要是为用户最后出图提供帮助，用户可以在图纸空间规划图纸布局。尽管模型空间可以显示多视口，但是同一时间只有一个视口可以输出；而在图纸空间里，同一布局中可以摆放多种视图，做到多视图输出，并且同一模型可以获得多种不同的输出布局。

本模块常用绘图命令如表 6.0.1 所示。

表 6.0.1　本模块常用绘图命令

序号	命令说明	命令	快捷键	序号	命令说明	命令	快捷键
1	命名视图	VIEW	V	7	打开图像文件	—	Ctrl+O
2	三维动态观察	3DORBIT	3DO	8	页面设置管理器	PAGESETUP	—
3	创建新布局	LAYOUT	LO	9	打开"打印"对话框	—	Ctrl+P
4	实体和曲面着色	SHADEMODE	SHA	10	在布局视口之间循环	—	Ctrl+R
5	实时缩放	ZOOM	Z	11	保存文件	—	Ctrl+S
6	打印预览	PREVIEW	PRE				

AutoCAD 图形输入、输出与打印

AutoCAD 中图形的输入、输出需要注意图形在布局中的位置，通过调整视口达到标准要求，确保图形的比例，使图形打印效果达到预设要求。学习者通过任务实训掌握图形输入、输出的参数设定，布局的设置与视口的调整，打印图形等基本操作和应用要领。

项目要求

图形的输入与输出，布局（视口）的设置与管理，打印设置与图形打印。

项目目标

能输入、输出图形；能设置、打印图形；理解并设置模型空间、图纸空间；能设置、管理布局；能使用浮动视口。

重点难点

项目重点
布局的创建与管理；图形的输出与打印。
项目难点
布局的创建与管理；图形打印。

实训概述

任务 1.1　图形输入、输出与打印基础。掌握打开和保存 DWG 格式的图形，导入或导出其他格式的图形，以及打印图形的操作方法。

任务 1.2　机械零件布局、视口创建与打印。理解布局、视口的含义；掌握创建布局与新建"上、下、左、右"视口，在布局中显示不同的视口图样，调整不同视口的图在布局中的呈现状态，打印图形（打印设置／预览、图形输出）等操作。

任务 1.3　机械零件图的输出与电子传递。介绍对文件进行不同类型的输入、输出操作的方法；学习 AutoCAD 文件电子传递的操作方法。

本项目评价标准如表 6.1.1 所示。

表 6.1.1　项目评价标准

序号	评分点	分值	得分条件	判分要求（分值作参考）
1	打开素材图形	20	正确打开图形文件	没有按路径打开文件扣分
2	设置视口布局	30	布局设置合理，视口清晰有效	没有按要求设置要扣分（每项扣）
3	设置打印参数	30	保存格式文件名、扩展名，保存位置正确	没有按要求设置要扣分（每项扣）
4	输出"图元文件"	20	正确输出指定格式	输出格式错误扣分

任务 1.1　图形输入、输出与打印基础

🛠 任务需求

合理设置输出参数，并将设计成果打印出来。

📚 知识与技能目标

会打开和保存 DWG 格式的图形；能导入或导出其他格式的图形；掌握打印图形的设置与操作。

图形输入、
输出与打印基础

📖 任务分析

熟练应用文件的输入和输出功能，并掌握基础的图形打印设置。

🎓 任务详解

一、图形输入与输出

AutoCAD 2021 可以打开和保存 DWG 格式的图形文件，也可以导入或导出其他格式的图形。

1. 图形输入

（1）导入图形。

在 AutoCAD 2021 中，可以通过以下任意一种方法导入图形。

方法 1：单击"文件"菜单→"打开"；

方法 2：按组合键 Ctrl+O。

如图 6.1.1 所示，打开的文件类型包括：图形文件（dwg）、标准文件（dws）、DXF 文件（dxf）、图形样板（dwt）。

（2）对象插入。

在"插入"菜单中选择"DWG 参照""DWF 参考底图""DGN 参考底图""PDF
参考底图""光栅图像参照""3D Studio""ACIS 文件""Windows 图元文件"等，可以
输入不同格式图形文件，如图 6.1.2 所示。

图 6.1.1 "选择文件"对话框　　　　　　　　　　图 6.1.2 "插入"菜单

（3）插入 OLE 对象。

单击"插入"菜单→"OLE 对象"，打开"插入对象"对话框，可以选择"新建"
生成多种类型的对象，也可以选择"由文件创建"插入对象链接或者嵌入对象，包含
excel、word、powerpoint、photoshop 等的文件，如图 6.1.3 所示。

图 6.1.3 "插入对象"对话框

2. 图形输出

单击"文件"菜单→"输出"，打开
"输出数据"对话框，如图 6.1.4 所示。在
"保存于"下拉列表框中可以设置文件输
出路径，在"文件名"文本框中输入文件
名称，在"文件类型"下拉列表框中选择
文件的类型，如"图元文件""ACIS""封
装 PS""DXX 提取""位图""IGES""块"
等。设置了文件的输出路径、名称及类型
后，单击"保存"按钮，将切换到绘图工
作区，指定需要保存的对象，确认后完成

图 6.1.4 "输出数据"对话框

文件输出。

二、图形打印

1. 页面设置

页面设置与布局相关联并存储在图形文件中。页面设置决定了最终输出的格式和外观。因此，在打印图形之前，需要对页面进行设置。

在 AutoCAD 2021 中，可以通过以下方法进行页面设置。

方法 1：单击"文件"菜单→"页面设置管理器（PAGESETUP）"；

方法 2：选择"功能区"选项面板→"输出"选项卡，单击"打印"面板→"页面设置管理器"按钮。

打开"页面设置管理器"对话框后，选择所需操作的布局，可新建或修改设置，弹出"页面设置"对话框，可以指定每个新布局的布局页面、打印设置和图纸尺寸等，如图 6.1.5 所示。

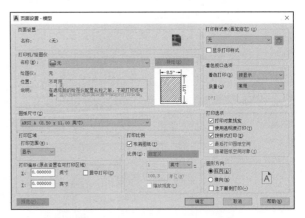

图 6.1.5 页面设置

2. 打印预览

在打印输出图形之前应先预览输出结果，如图 6.1.6 所示，以检查设置是否正确，有无错误，如有则返回继续调整。

在 AutoCAD 2021 中，可以通过以下方法进行打印预览。

方法 1：单击"文件"菜单→"打印预览"；

方法 2：单击"常用"工具栏→"打印预览"按钮；

方法 3：输入快捷命令 PRE（PREVIEW）直接打开预览结果。

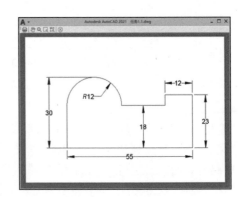

图 6.1.6 打印预览

3. 打印图形

在 AutoCAD 2021 中，可以使用"打印"对话框打印图形。首先在绘图窗口中选择一个布局选项卡，然后执行下列操作之一：

方法 1：单击"文件"菜单→"打印"；

方法 2：单击"常用"工具栏→"打印"按钮；

方法 3：按组合键 Ctrl+P。

打开"打印"对话框，设置好参数，即可开始打印。

任务 1.2 机械零件布局、视口创建与打印

任务需求

如图 6.1.7 所示，是一个三维机械零件图。本任务需创建布局，新建"上、下、左、右"视口，并在布局中显示不同的视口图样，预览并打印视图。（具体参数见任务详解）

机械零件布局、
视口创建与打印

知识与技能目标

理解模型空间、图纸空间、布局、视口的含义；学会创建并应用布局和视口；能调整视口角度和效果；学会打印图形（打印设置 / 预览、图形输出）。

任务分析

创建布局和视口，完成参数设置，并能调整不同的视口角度，能设置和打印图形。

区分模型空间及图纸空间，根据图形特点创建布局和视口，正确设置打印参数。

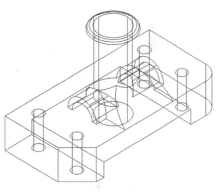

图 6.1.7 机械零件

任务详解

一、打开（或新建）素材文件

命令调用：选择"文件"→"打开"。

打开素材文件"任务 1.2.dwg"图形文件。

二、创建布局

1. 模型空间与图纸空间

（1）模型空间与图纸空间概念。

AutoCAD 设立了两个工作空间：模型空间和图纸空间，如图 6.1.8 所示。模型空间是绘图的真实空间，用户的设计工作一般都在模型空间中进行；图纸空间主要用于用户出图，用户可以在图纸空间中规划图纸布局，生成工程图纸。在模型空间里可以设置多个视口用于显示视图，但只能有一个是当前视口，默认情况是单视口视图。在图纸空间里，同一布局中可以摆放多个视口视图，同一模型可以获得不同角度的输出布局。

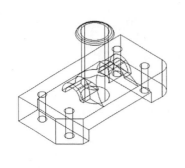
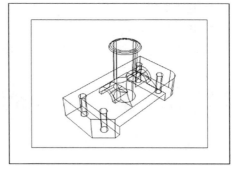

（a）模型空间   （b）图纸空间

图 6.1.8　模型空间与图纸空间

（2）模型空间与图纸空间的切换。

模型空间是完成绘图和设计的工作空间，使用在模型空间中建立的模型可以完成二维或三维物体的造型，并且可以根据需要用多个二维或三维视图来表示物体，同时配有必要的尺寸标注和注释等来完成所需要的全部绘图工作。在模型空间和图纸空间中，用户可以创建多个不重叠的（平铺）视口以展示图形不同角度的视图。如图 6.1.9 所示为在模型空间中显示四个视口视图，分别为"主视图""左视图""俯视图""西南等轴测图"。有关视口概念在下面讲述。

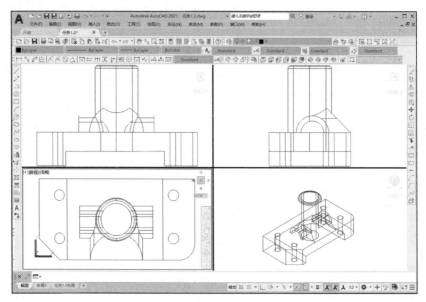

图 6.1.9　四个视口视图

单击"模型"→"图纸"按钮或"模型"→"布局"按钮可以切换"模型空间"和"图纸空间"。

2. 创建和管理布局

在 AutoCAD 中缺省情况下，图纸空间有两个布局选项卡，即"布局 1"和"布局2"。可以创建多个布局，每个布局都代表一张单独的打印输出图纸。创建新布局后就可以在布局中创建浮动视口。视口中的各个视图可以使用不同的打印比例，并可以控制视口中图层的可见性。

（1）创建布局。

在 AutoCAD 2021 中，可以通过以下方法创建新布局。

1）直接创建布局。

方法 1：单击"插入"菜单→"布局"→"新建布局"。

方法 2：单击"布局"工具栏→"新建布局"按钮。

方法 3：在"模型"→"布局"选项卡上单击鼠标右键，在弹出的快捷菜单中选择"新建布局"选项来创建一个新布局。（AutoCAD 2021 在"模型"或"布局"右边增加一个"＋"，单击它可直接新建布局）

方法 4：命令行中输入 LAYOUT。

执行 LAYOUT 命令后，命令提示如下：

输入布局选项［复制（C）/删除（D）/新建（N）/样板（T）/重命名（R）/另存为（SA）/设置（S）/?］〈设置〉：

在该提示下输入"N"并按回车键，AutoCAD 2021 继续提示输入"新布局名"，此时可以直接按回车键，选择系统默认的名称创建一个新布局。

2）利用样板图形创建布局。

方法 1：单击"插入"菜单→"布局"→"来自样板的布局"。

方法 2：命令行中输入 LAYOUT，在出现命令行提示后输入 T。

方法 3：在"布局"选项卡上单击鼠标右键，在弹出的快捷菜单中选择"从样板"选项。

弹出"从文件选择样板"对话框后，在对话框显示的样板图形中选择一个文件，如选择"acadISO Named Plot Styles"，单击"打开"按钮，弹出"插入布局"对话框（见图 6.1.10），在该对话框中选择要插入样板图形的布局，单击"确定"按钮，即可以创建一个新布局，新布局中含有样板图形"图纸"设置，如图 6.1.11 所示。

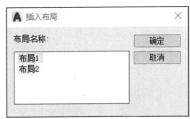

图 6.1.10 "插入布局"对话框

3）使用布局向导创建布局。

选择"工具"→"向导"→"创建布局"命令，打开"创建布局"对话框，在该对话框中可以指定打印设备、确定相应的图纸尺寸和图形的打印方向，选择布局中使用的标题栏并确定视口设置，如图 6.1.12 所示。

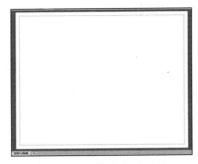

图 6.1.11 新建布局页面

图 6.1.12 使用布局向导创建布局

（2）布局设置。

在"布局"选项卡上单击鼠标右键，在弹出的快捷菜单中选择"页面设置管理器"选项，弹出"页面设置管理器"对话框，在该对话框中选择需要设置的布局，单击"修改"按钮，如图 6.1.13 所示。切换至"页面设置"对话框，其中主要的布局设置参数有图纸尺寸、图形方向、打印区域、打印比例和打印偏移等，如图 6.1.14 所示。

图 6.1.13　页面设置管理器　　　　　图 6.1.14　"页面设置"对话框

1）图纸尺寸。

该参数用于选择适当幅面的打印图纸和图纸单位（缺省设置为毫米）。如果要打印在 A2 图纸上，可以选择"ISO A2"（594.00×420.00）。

2）图形方向。

选中"纵向"单选按钮，表示沿图纸纵向打印；选中"横向"单选按钮，表示沿图纸横向打印；选中"上下颠倒打印"复选框，表示将图形翻转 180° 打印。

3）打印区域。

该参数用于设置打印范围。选中"布局"选项，表示打印图形界限内的图形；选中"范围"选项，表示打印全部图形；选中"显示"选项，表示打印在屏幕上显示的图形；选中"窗口"选项，将回到绘图区域，用户可以用一个矩形窗口选择要打印的图形。

4）打印比例。

该参数用于设置图形的打印比例。既可以从"比例"下拉列表框中选择打印比例，也可以在自定义的两个文本框中输入自定义的比例。选中"缩放线宽"复选框，表示与打印比例成正比缩放线宽。

5）打印偏移。

该参数用于调整图形在图纸上的位置。选中"居中打印"复选框，表示将图形打印在图纸的中央；X、Y 文本框用于设置打印区域相对于图纸左下角的横向和纵向偏移量。

（3）管理布局。

鼠标右键单击"布局"选项卡，弹出快捷菜单，使用其中的命令可以删除、新建、重命名、移动或复制布局。

三、创建视口

布局创建完成后，接下来就要创建视口（也称浮动视口），安排图形在"图纸"中的显示位置。

视口是在图纸空间中显示模型的一个"窗口"，可以方便地缩放视口视图。创建多个视口可以从多个不同角度观察图形并生成图纸。

在构造布局图时，可以将浮动视口视为图纸空间的图形对象，并对其进行移动和调整。浮动视口可以相互重叠或分离。在图纸空间中无法编辑模型空间中的对象，如果要编辑模型，必须激活浮动视口，进入浮动模型空间。

1. 删除视口

在布局图中，选择浮动视口边界，按 Delete 键即可删除浮动视口。

2. 新建浮动视口

在 AutoCAD 2021 中，可以通过以下方法新建视口。

方法 1：单击"视口"工具栏→"显示视口对话框"，如图 6.1.15 所示。

方法 2：单击"视图"菜单→"视口"。

图 6.1.15 "视口"工具栏

3. 设置视口

在"视口"对话框中，选择"新建视口"选项卡，在"标准视口"框中选择"四个：相等"；在"设置"下拉列表框中选择"三维"；单击"预览"框左上方框，在"修改视图"下拉列表框中选择"＊前视＊"（将在该视口中显示模型空间图形"前视图"），在"视觉样式"下拉列表框中按图纸要求选择需要显示的样式（如"线框"），如图 6.1.16 所示。用同样的操作方法分别设置另三个区域为"左视""俯视""西南等轴测"视图。

单击"确定"按钮，这时系统要求指定第一个角点，此时单击"任务 1.2 布局"的左上角，系统再次要求指定对角点，此时单击"任务 1.2 布局"的右下角，完成四个视口的布局创建，如图 6.1.17 所示。可以打开素材文件"任务 1.2.dwg"观察设置效果。

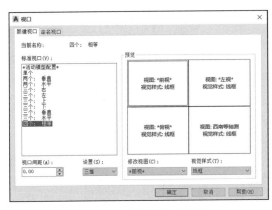

图 6.1.16 "视口"对话框

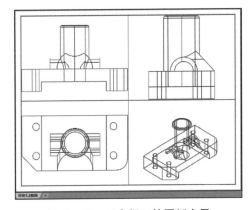

图 6.1.17 四个视口的图纸布局

若存在系统默认的单视口，可选中后删除，或在创建新布局前应用"工具"→"选项"，在"显示"标签中取消选中"在新布局中创建视口"复选项，从而取消创建新布局时系统自动创建单视口的设置。

4. 调整视口视图

创建视口后系统可对视口内的视图进行调整，若视图中的图形大小、位置并未达到预期的显示效果，则双击需要调整视图的视口（转到模型空间状态），视口边框显示加粗，然后就可以在模型空间里一样编辑更改图形。应用"实时平移"工具，滚动鼠标滚轮来移动和缩放视图，单击布局外的位置以退出编辑状态。

技能点拨：

激活视口后，视口边框线变粗，此时可以用平移（PAN）和缩放（ZOOM）工具进行粗调，比如图形在图纸和视口中尽量居中，图形的大小不要超出视口和打印范围。在"视口"工具栏上选择合适的输出比例，比如 2：1。

调整好后，在视口外双击即可取消激活，回到图纸空间，此时只能通过平移和缩放工具查看图形而不能编辑图形。如果要编辑图形，需切换到模型空间。

四、打印视图

安装打印机后，打印"任务 1.2 布局"。

1. 打印预览

打印图形文件前，应先进行页面设置再预览图形，看是否符合要求，否则需要返回调整预览直到满意为止。

选择"任务 1.2 布局"选项卡，单击"文件"菜单→"打印预览"，可进行打印预览。

2. 打印视图

单击"文件"菜单→"打印"，打开"打印"对话框，设置打印范围为"布局"，比例为"1：1"，图纸尺寸为"ISO A4（297.00×210.00 毫米）"，预览满意即可选择打印机并单击"确定"按钮开始打印。打印设置如图 6.1.18 所示。

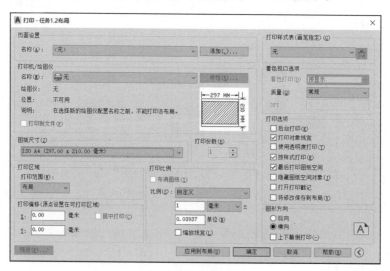

图 6.1.18　打印设置

技能点拨：

视口是在模型空间基础上建立的，在绘制大型或复杂图纸时，应用布局、视口可以将图形的全部、局部或不同角度都表示出来。绘制的图形也可以指定到多个布局中，每个布局中又能灵活设置比例和不同的视口视图，选择"打印范围"可以便捷地打印图纸。

视口的大小要合适，一般和纸张大小相同即可。在视口外的图形不会被打印出来，同样在视口内的图形如果超出了纸张的可打印范围，也不能被打印。

任务 1.3　机械零件图的输出与电子传递

🔧 任务需求

如图 6.1.19 所示是一个固定支座机械零件图，要求将其导入 AutoCAD 中，然后输出为"图元文件"类型，并执行电子传递为自解压 Zip 文件。

机械零件图的
输出与电子传递

📚 知识与技能目标

会对文件作不同类型的输入、输出操作；会对 AutoCAD 文件进行电子传递。

📖 任务分析

根据要求输入和输出不同类型的文件，设置输出参数。

🎓 任务详解

一、打开（或新建）素材文件

图 6.1.19　固定支座

命令调用：选择"文件"菜单→"打开"。

打开或新建素材文件："任务 1.3.dwg"图形文件。

二、输出为"图元文件"类型

命令调用：选择"文件"菜单→"输出"。

打开"输出数据"对话框，如图 6.1.20 所示。在其中的"保存于"下拉列表框中单击设置文件输出路径，在"文件名"文本框中输入文件名称"任务 1.3"，在"文件类型"下拉列表框中选择"图元文件"（文件类型还有三维 DWF、三维 DWFx、ACIS、平版印刷、封闭 PS、DXX 提取、位图、块、V8 DGN、V7 DGN、IGES），单击"保存"按钮，将切换到绘图窗口，选择"固定支座"图形对象后按回车键完成图元文件的保存。

三、电子传递

命令调用：选择"文件"菜单→"电子传递"。

电子传递为图纸创建 Zip 文件或自解压 exe 文件传递包。执行命令后，弹出"创建传递"对话框，如图 6.1.21 所示，在该对话框中单击"传递设置"按钮，弹出"传递设置"对话框，如图 6.1.22 所示；再单击右边的"修改"按钮，弹出"修改传递设置"对话框，如图 6.1.23 所示，单击"传递包类型"下拉列表框，选择"Zip（*.zip）"，其他参数取默认值，单击"确定"按钮返回"传递设置"对话框；关闭"传递设置"对话框，单击"创建传递"对话框中的"确定"按钮，选择保存位置并保存传递文件，完成传递包的创建，操作结果可参考模块 6 项目素材文件夹中的传递包文件"任务 1.3-Standard"。

图 6.1.20 "输出数据"对话框

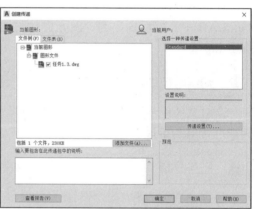

图 6.1.21 "创建传递"对话框

图 6.1.22 "传递设置"对话框

图 6.1.23 "修改传递设置"对话框

项目小结

本项目通过三个任务讲解了 AutoCAD 2021 中模型空间和图纸空间的概念，介绍了设置、管理布局的方法及浮动视口的应用，练习了输入、输出及打印图形的方法。

在 AutoCAD 2021 中，打印图形的基本流程如下：

（1）在模型空间中按比例绘制图形；

（2）转入图纸空间，进行布局设置，包括打印设备、图纸尺寸和打印比例等；

（3）在图纸空间的布局内创建视口，并把视口中各个图形调整至合适的角度和比例；

（4）注意检查图形表述的完整性；

（5）打印预览，再次检查是否有误；

（6）打印图形。

实训与评价

一、基础实训

1. 请说明模型空间和图纸空间的区别。

2. 尝试创建图纸布局，按三视图的规范要求，设置四个视口。

3. 图形"打印"对话框中各项参数的设置方法。

4. 输出 IGES（*iges）格式的图形文件。

5. 对图纸布局进行页面设置，打印机为 Microsoft Print to PDF，并预览图形。

6. 从图纸布局中调出样板"acad 3D"，并创建视口。

二、拓展实训

1. 打开 AutoCAD 文件，或选用素材文件，如"任务 1.3.dwg"图形文件。

2. 在模型空间中创建多视口，单独调整各视口的角度与视觉样式。

3. 创建新布局并新建"三个：右"的标准视口，设置为"三维"，视觉样式为"线框"，单独调整各视口中的视觉样式。

4. 打开"页面设置管理器"对话框，选择有效的打印机和纸张大小。

5. 图形预览，打印 A4 图纸。

6. 输出"图元文件"类型的文件，并进行电子传递练习。

参考文献

［1］张付花. AutoCAD 家具制图技巧与实例. 2 版. 北京：中国轻工业出版社，2019.

［2］王灵珠. AutoCAD 2014 机械制图实用教程. 北京：机械工业出版社，2020.

［3］曹昌仁，蔡志钢，黄启辉. AutoCAD 中文版实用教程. 上海：同济大学出版社，2019.

［4］张宏彬，王铁军，张斌. AutoCAD 2014 项目与应用. 北京：中国原子能出版社，2014.

［5］国家职业技能鉴定专家委员会计算机专业委员会. AutoCAD 2012 试题汇编（绘图员级）. 北京：北京希望电子出版社，2017.